대통령의 안보리더십

| KODEF 안보총서 116 |

대통령의 안보리더십

1948-2022: 역사의 검증, 우리의 교훈

김충남

플래닛미디어
Planet Media

| 프롤로그 |

대통령의 안보리더십은 왜 중요한가

"사느냐, 죽느냐, 그것이 문제다.(To be, or not to be, that is the question.)" 이 말은 셰익스피어의 희곡 『햄릿(Hamlet)』 3막 1장에 나오는 햄릿 왕자의 독백 첫 구절로, 절망에 빠진 사람의 심정을 웅변적으로 표현하고 있다. 그런데 이 말이 대한민국의 안보를 걱정하는 사람들의 심정을 대변해주고 있는 것처럼 들리는 것은 왜일까? 현재 대한민국은 그 어느 때보다도 큰 안보 위협을 받고 있다. 그야말로 대한민국의 생존이 걸린 위급한 처지에 몰려 있는 것이다.

북한은 핵탄두를 운반할 수 있는 미사일을 수시로 발사하며 도발 수위를 높여가고 있다. 얼마 전 김정은은 우리를 '전멸'시킬 것이라고 위협하기까지 했다. 대한민국 건국 단계부터 북한은 우리를 말살하려 했다. 1948년 9월 9일 북한정권 수립일에 김일성은 남한 공산화를 의미하는 국토완정(國土完整)을 선언했고, 1949년 신년사에서 이를 열세 번이나 강조했으며, 1950년 신년사에서도 되풀이

한 후 남침을 감행했다. 그 후 70년이 넘도록 북한의 적화통일전략은 변한 적이 없다. 핵무력 완성은 그들의 적화전략의 최후 수단이라 할 수 있다. 세계는 언제든 전쟁이 일어날 수 있는 한반도를 '세계의 화약고'라고 불러왔고, 6·25 전쟁 이래 국가안보가 가장 위험한 단계에 와 있는 한반도의 상황을 예의 주시하고 있다. 그런데도 우리는 무사태평이다.

국가안보에서 있어서 무엇보다 중요한 것은 대통령의 안보리더십이다. 필자는 오랫동안 대통령에 대해 연구해왔다. 필자가 대통령 연구의 일환으로 집필한 이 책은 대통령 리더십에 있어서 가장 중요한 문제인 안보리더십을 다루고 있다. 필자는 1991년에 대통령 연구를 시작하여 1992년에 『성공한 대통령 실패한 대통령』이라는 책을 출간했다. 청와대에서 근무하면서 대통령 연구가 너무도 빈약하다고 판단했기 때문이다. 『성공한 대통령 실패한 대통령』은 권력 중심이 아니라 국가경영 측면에서 대통령 리더십을 연구한 책으로, 1998년에는 개정판이 출간되기도 했다. 1999년부터 하와이 동서문화센터(East-West Center)에서 본격적인 연구를 시작하여 5년간의 노력 끝에 2006년에 『대통령과 국가경영: 이승만에서 김대중까지』를 출간했고, 2007년에는 미국에서 『The Korean Presidents: Leadership for Nation Building』이라는 책을 출간했다. 2011년에는 『대통령과 국가경영』의 후속편으로 『노무현과 이명박 리더십의 명암과 교훈』을 출간했다.

하와이에서 연구 활동을 하는 동안 김일성과 북한 연구의 대가

(大家) 서대숙 교수와 대화할 기회가 있었다. 필자가 한국 대통령 연구를 한다고 하니까 그는 한국에는 신통한 지도자가 없지 않느냐고 했다. 그의 말에 북한에는 신통한 지도자가 있다는 뜻이 함축되어 있다는 생각이 들자, 순간 한국 대통령들을 연구해봐야겠다는 강한 의욕이 솟아났다. 어떻게 신통한 지도자가 있다는 북한은 자유도 없고 인민은 굶어죽는데, 신통한 지도자가 없다고 하는 한국에는 자유와 풍요가 넘치는가? 이에 대한 해답을 찾아야겠다고 마음먹은 것이다.

필자는 대다수 개발도상국들이 여전히 빈곤에서 벗어나지 못하고 있고 정치도 혼란스러운 데 반해, 6·25전쟁으로 거의 모든 것이 파괴되어 최악의 여건에 있던 한국은 어떻게 단기간에 경제발전과 민주발전을 이룰 수 있었는지 답을 찾고자 했다. 연구를 하면서 서구 선진국들 역시 국가발전 과정에서 시행착오가 많았다는 사실을 알게 되었고, 선진국의 기준에서 한국의 역사와 대통령들을 평가해서는 안 된다는 결론을 얻게 되었다.

대한민국은 건국 당시 기본 인프라가 구축되어 있지 않아서 국가다운 역할을 할 수 없었기 때문에, 필자는 건국 후 상당기간을 국가건설(nation building) 과정으로 보고 국가건설 차원에서 대통령 리더십을 평가했다. 국가건설이란 현대 국가의 기본 인프라인 안보(security), 경제(economy), 정치(politics)의 기반을 구축하는 것을 말한다. 그중 가장 중요한 것은 안보로, 안보가 보장되지 않고서는 생존 위협 때문에 경제는 물론 민주주의도 불가능하다. 안보 다음으로 중요한 것은 경제다. 경제적 기반이 없으면 안보는 물론이고 민주주의도 뿌리 내리기 어렵다. 대한민국이 성공적으로 국가건설을 할 수 있었던 것은 안보 문제를 우선적으로 해결하고 그 바탕 위에 경제발전을 이룩한 뒤, 안보와 경제의 바탕 위에서 민주주의를 발전시켜나갔기 때문이다. 대다수 대통령 연구와 현대사 연구는 안보 측면을 경시하고 있지만, 필자는 안보를 핵심 요소로 보았다.

필자는 독자로 하여금 대통령의 위치에서 국가경영을 구조적으로 이해할 수 있도록 돕고자 했다. 대통령은 어떤 인생을 살았으며, 어떤 역사관과 국가관을 가졌고, 취임 당시에는 어떤 도전과 문제들에 직면했는가? 대통령의 국정 우선순위는 무엇이었으며, 내각과 보좌관들은 그의 국정 목표를 뒷받침할 역량이 있었는가? 대통령은 어떤 점에서 성공했으며, 어떤 점에서 실패했는가? 그리고 그의 리더십은 어떤 교훈을 주고 있는가 등을 살펴보았다.

대통령 연구는 국가 전체의 문제를 거시적 · 장기적 차원에서 볼 수 있게 해준다는 장점이 있다. 필자는 9년여간 세 분의 대통령을 보좌하는 기회가 있었고 그러한 경험을 바탕으로 30여 년간 대한민국 대통령들의 리더십을 주시하며 연구해왔다. 특히 세 분의 대통령을 위해 일하면서 특정 정권보다는 객관적 입장에서 국가에 유익한 것이 무엇인가를 보려고 노력했다.

국가안보에 대한 관심이 커지기 시작한 것은 사관생도 시절부터다. 4년간 매일 저녁 "우리는 국가와 민족을 위하여 생명을 바치다"라는 생도신조를 소리쳐 암송했다. 국가와 국민을 위해서 하나밖에 없는 생명을 바치는 것이 군인의 길이니 안보에 대해 관심이 커질 수밖에 없었다. 그 후 육군사관학교 교수로서 '공산주의 비판' 과목을 담당하며 교과서도 쓰고 강의도 하면서 공산주의 일반은 물론 북한 공산주의에 대해 보다 깊게 생각하게 되었다. 오랜 기간 대통령 비서관으로 재직하면서 대통령의 안보리더십을 관찰할 수 있는 소중한 기회를 가졌다. 그리고 외교안보연구원, 하와이 동서문화센터, 세종연구소, 한국군사문제연구원 등에서 외교안보 문제와 대통령 안보리더십을 깊이 고민할 수 있는 시간도 가졌다.

대한민국은 안보의 '우범지대'에 살고 있는 것과 마찬가지다. 북한의 위협과 도발이 계속되고 있고, 세계적 강대국인 중국, 러시아, 일본에 둘러싸여 있어 지정학적으로 취약하기 때문이다. 그럼에도 불구하고 일반 국민은 물론 집권세력까지 국가안보를 남의 일로 여기는 것 같다. 그 이유는 무엇인가?

첫째, 분단국가의 안보 딜레마 때문이다. 국가정체성 혼란으로 인해 적을 적으로 인식하지 못하거나 인식하려 하지 않는 사람들이 많다. 분단 극복을 최고의 목표로 삼고 북한과의 화해 · 협력을 우선하면, 안보는 뒷전으로 밀려나게 된다. 대북정책을 두고 국론분열이 일어날 수밖에 없다. 이런 상황에서는 북한 첩자의 침투가 용이해지고, 우리 사회에서도 친북세력이 활개 칠 수 있게 된다. 더구나 정권 안보 차원에서 대북정책을 추진하게 되면, 안보태세는 허물어질 가능성이 있다.

둘째, 냉전이 끝났으며, 우리는 체제경쟁에서 완승했다는 착각 때문이다. 그러나 한반도에서 냉전이 끝난 적이 없다. 우리가 경제발전에 몰두하는 동안 북한은 핵보유국이 되었다. 이로 인해 우리의 체제우위가 무색해졌고 생존까지 위협받게 되었다.

마지막으로, 주한미군이 있으니 걱정할 필요가 없다는 생각 때문이다. 그러나 베트남이나 아프가니스탄의 사례에서 보듯이 스스로 지키려는 의지가 없는 나라는 미국이 가차 없이 버린다. 트럼프는 자신이 재선되면 한미동맹을 끝낼 것이라고 했다고 하지 않는가. 한국 안보에 미국의 핵우산이 필수적인데도 한미동맹 해체와 미군 철수를 주장하는 시위가 끊이지 않는다. 굳건한 동맹의 결속이 필수적인데도 현실은 이와 거리가 멀다. 한국 안보는 우리의 책임이지 미국의 책임이 아니다. 조선왕조가 500년 동안 문약(文弱)에 빠져 안보를 중국에 의존하다가 더 이상 중국에 기댈 수 없게 되었을 때 어떤 일이 벌어졌는지 잘 알지 않는가.

그렇기 때문에 국가안보에 있어서 대통령이 어떤 안보리더십을 가지고 있느냐는 아주 중요하다. 한 나라의 대통령이라면 역대 대통령들의 안보리더십을 살펴보고 그 공과(功過)로부터 교훈을 얻어 흔들리지 않는 확고한 안보리더십을 구축해야 한다. 이것이 필자가 이 책을 집필한 이유다.

필자는 이 책에서 이승만 대통령부터 문재인 대통령까지 시대순으로 각 대통령이 추진한 주요 안보정책과 재임 기간 중 발생한 주요 사건들을 살펴보고 역대 대통령들의 안보리더십은 어떠했는지, 그리고 그로부터 어떤 교훈을 얻어야 하는지 설명했다. 필자는 다음과 같은 기준을 가지고 역대 대통령들의 안보리더십을 최대한 객관적으로 평가하려고 했다.

첫째, 대통령과 집권세력의 국가정체성에 유의했다. 어떤 역사관,

국가관, 대북관, 동맹관을 가졌느냐에 따라 안보의 전략과 정책이 달라졌기 때문이다.

둘째, 대통령의 국정 목표에서 안보의 우선순위에 유의했다. 통일이나 남북협력을 우선순위로 할 경우 안보의 전략과 정책에 차질이 있을 수 있기 때문이다.

셋째, 변화하고 있는 북한의 대남전략에 우리의 대북정책이 적합했는가에 유의했다. 물론 중국, 일본, 미중관계 등 동북아 정세와 세계 정세도 동시에 고려했다.

넷째, 과거 지도자들의 안보리더십을 시대적 맥락에서 평가했다. 지금의 시각이 아니나 당시의 상황에서 평가했다는 것이다. 지난 70여 년 동안 국내외 정세에 엄청난 변화가 있었기 때문이다.

다섯째, 안보정책의 단기적 적합성뿐 아니라 장기적 타당성에 유의했다. 특히 5년 임기 정부의 단기 정책의 폐해를 주시했다. 북한은 처음부터 일관된 '남조선혁명전략'을 지속해왔지만, 우리는 5년 주기로 대북정책이 달라졌다. 정부 당국자들은 물론 전문가들도 단기적 관점에서만 접근했다.

마지막으로, 안보리더십은 전체 리더십과 다를 수 있다는 점에 유의했다. 지나친 이념갈등과 진영논리로 역대 대통령들에 대한 호불호(好不好)가 뚜렷해서 그러한 함정에서 벗어나고자 했다.

『오자병법(吳子兵法)』에 "무능한 지도자는 적보다 무섭다"라는 말이 있다. 지도자의 안보리더십이 중요하다는 말이다. 먹고 사는 문제인 경제가 중요하다고 하지만 민간주도 경제에 대한 대통령의 역할은 한계가 있다. 그러나 죽고 사는 문제인 안보는 국가 최고지도자인 대통령이 책임지지 않으면 안 된다. 그래서 대통령은 헌법에 국군통수권자로 규정하고 있는 것이다.

북한이 사실상 핵보유국이 되었고, 설상가상으로 세계는 신냉전으로 치닫고 있으며, 한국은 신냉전의 핵심 국가인 미국과 중국의 중간에 샌드위치가 되고 있어 외교·안보리더십이 더욱 중요해지고 있다.

요컨대, 이 책은 험난했던 대한민국의 70여 년의 생존투쟁사를 한 권의 책으로 정리한 것이다. 이 책이 지난날의 도전과 성취는 물론 과오를 되돌아보고 미래에 필요한 교훈을 얻는 데 도움이 되었으면 하는 바람이다.

이 책은 시대적 특징에 따라 3부로 나누었다. 제1부 열전과 냉전의 시대(1948-1987)는 이승만·박정희·전두환 대통령 시대를 다루었고, 제2부 탈냉전시대(1988-2002)는 노태우·김영삼·김대중 대통령 시대를 다루었으며, 제3부 한반도 신냉전시대(2003~)는 북한의 핵실험 이후인 노무현·이명박·박근혜·문재인 대통령 시대를 다루었다. 결론에서는 윤석열 대통령의 안보리더십을 간략히 살펴본 후 역대 대통령들의 안보리더십 교훈을 정리했다.

이 책이 대통령의 안보리더십이라는 전문 영역을 다루고 있다고 해서 대통령, 정책 당국자들, 군 장교들, 외교안보 전문가들만 봐야 하는 것은 아니다. 대통령과 집권세력의 잘못된 안보정책은 그들만의 책임이 아니라 국민의 책임도 크다. 국민이 알고 있어야 정치인들을 바른 길로 인도할 수 있는 것이다. 국가안보는 국민 모두의 상식이 되어야 하고 관심의 대상이 되어야 한다. 따라서 대학생, 언론인은 물론 일반 독자들에게도 이 책이 참고가 될 것으로 확신한다. 또한 대통령의 안보리더십에 대한 역사서이기 때문에 장서의 가치도 있을 것으로 본다.

이 책을 집필하는 과정에서 연구시설을 이용할 수 있도록 지원해준 한국군사문제연구원에 감사드린다. 또한 이 책의 원고를 읽고 잘못된 부분을 바로잡아주거나 귀한 조언을 해주신 분들께 사의(謝意)를 표한다. 마지막으로 출판을 위해 애쓰신 도서출판 플래닛미디어의 김세영 사장님과 이보라 편집장을 비롯한 편집진 여러분의 노고에 감사드린다.

한평생 국가와 국민으로부터 많은 혜택을 받았기에 이 한 권의 책으로 조금이나마 보답하고자 한다.

2022년 9월

민족의 한이 서린 남한산성이 바라보이는 연구실에서

김충남

| 차 례 |

| 프롤로그 | 대통령의 안보리더십은 왜 중요한가 • 5

| 서론 | 안보는 국가의 일차적 과제며 대통령의 최우선 책무다 • 19

한국 안보의 지정학적 조건 • 22

안보는 대통령의 최우선 책무 • 26

제1부 열전과 냉전의 시대(1948~1987) • 33

제1장 한국 안보의 기틀을 마련한 이승만 대통령 • 37

건국 직후의 안보 도전과 응전 • 41

기습 남침 직후 신속한 대미 지원 요청 • 47

전쟁 초부터 북진통일을 전쟁 목표로 설정 • 50

휴전반대 투쟁으로 상호방위조약을 쟁취한 탁월한 외교술 • 53

재조명되어야 할 이승만 대통령의 전쟁리더십 • 61

제2장 자주국방의 초석을 마련한 박정희 대통령 • 66
일본과의 국교 정상화와 베트남전 파병 • 70
"제2의 한국전쟁이 벌어지고 있다" • 76
한국 안보의 기반을 뒤흔든 닉슨 독트린 • 81
자주국방을 향한 박정희 대통령의 거보(巨步) • 84
남베트남 패망 후에도 시도되었던 카터의 주한미군 철수 • 91

제3장 공산세력 도전에 한미일 협력 강화로 대응한 전두환 대통령 • 99
위기관리 리더로 갑자기 등장한 전두환 • 100
총체적 위기 극복을 위한 신속한 한미관계 복원 • 102
일본으로부터 40억 달러의 안보경협(安保經協) 차관 획득 • 110
올림픽 성공을 위해 KAL 007기 피격과 아웅산 테러에 신축적 대응 • 113
실패로 끝난 북한의 서울올림픽 참가 설득 노력 • 120

제2부 탈냉전시대(1988~2002) • 123

제4장 북방정책으로 안보의 새 지평을 연 노태우 대통령 • 126
모스크바와 베이징을 거쳐 평양으로 가겠다 • 128
북한을 개혁 · 개방으로 유도하려 한 7 · 7선언 • 133
자주국방을 위한 작전통제권 환수 • 136
군 구조 개편을 위한 8 · 18계획 • 139

제5장 외교안보 노선에서 온탕과 냉탕을 오간 김영삼 대통령 • 143
1차 북한 핵 위기로 뒤틀린 김영삼 대통령의 외교안보정책 • 144
일촉즉발의 전쟁 위기로 치달았던 1994년 • 151
북한의 붕괴를 예상하고 우왕좌왕한 대북정책 • 159

제6장 북한을 개혁·개방으로 유도하려 했던 김대중 대통령 • 164
오랜 세월 통일 대통령을 꿈꿨던 지도자 • 165
햇볕정책으로 김정일의 선군정치(先軍政治) 변화 시도 • 167
남북관계의 획기적 전환을 겨냥한 남북 정상회담 • 173
노벨 평화상을 위해 정상회담을 추진했다는 논란 • 178
임기 말에 빛을 잃어버린 햇볕정책 • 181

제3부 한반도 신냉전시대(2003~) • 191

제7장 2차 북한 핵 위기에도 햇빛정책을 가속화한 노무현 대통령 • 194
불투명한 국가정체성을 가진 대통령의 안보리더십 • 196
햇볕정책을 무비판적으로 계승한 평화번영정책 • 199
미국과 중국 사이에 한국이 균형자 역할을 하겠다 • 202
한반도 평화정착을 위해 서두른 작전통제권 전환과 자주국방 • 206
북한 핵실험 후에도 계속된 평화번영정책 • 211
북한이 개방·개혁할 것으로 오판 • 215

제8장 외교안보정책의 급격한 우회전을 시도한 이명박 대통령 • 220
서두른 한미관계 복원과 한일관계 개선 • 222
대북정책의 근본적 변화 추구 • 227
천안함 폭침과 연평도 포격 후 소극적인 대응 • 231
성급한 한일관계 개선에 따른 시행착오 • 240

제9장 적대행위에 광분한 북한에 신뢰구축을 시도한 박근혜 대통령 • 244

군사적 모험 노선으로 치닫는 북한 대상으로 신뢰구축 • 246
한미 및 한일관계 개선으로 한미일 대북 공조 모색 • 252
북한 핵 문제 해결 관련, 시진핑에게 지나친 기대 • 255
통일정책으로 남북관계의 국면 전환을 노리다 • 259
북한의 군사 도발에 원칙 있는 단호한 대응 • 262

제10장 평화 추구로 안보태세를 악화시킨 문재인 대통령 • 272

"한반도 평화정착을 위해 모든 일을 다 하겠다" • 274
평창 동계올림픽을 계기로 불기 시작한 평화의 봄바람 • 277
트럼프 · 김정은 회담, 시작은 거창했지만 결국은 파탄 • 282
종전선언을 통해 한반도 평화체제 구축 시도 • 287
과연 북한에 비핵화 의향이 있었는가? • 289
대내적으로 국방개혁, 남북 간에는 군비통제 • 292
미국 · 일본과의 엇박자로 혼선을 거듭한 외교안보정책 • 262

| 결론 | 신냉전시대의 한국의 안전과 번영 • 305

대한민국의 안전과 번영을 좌우할 윤석열 대통령의 안보리더십 • 310
역대 대통령들의 안보리더십 교훈 • 322

미주(尾註) • 340

| 서론 |

안보는 국가의 일차적 과제며 대통령의 최우선 책무다

◆

외부 위협으로부터 안전을 지키는 것은 국가의 최우선 순위다.(Safety from external danger is the most powerful director of national conduct.)

– 알렉산더 해밀턴(Alexander Hamilton) –

통치술이란 위협이 감당 못 할 정도가 되기 전에 대응하는 것이다.(The art of government is to deal with threats before they become overwhelming.)

– 헨리 키신저(Henry Kissinger) –

비록 천하가 편안하더라도 전쟁을 잊으면 반드시 위태로워진다.(天下雖安 忘戰必危)

– 사마양저(司馬穰苴) –

◆

"전 세계에서 지정학적으로 가장 불리한 위치에 있는 나라가 폴란드와 한국이다. 강대국들에게 포위되어 있는 두 나라가 역사적으로 지도에서 완전히 사라진 적이 있다는 건 놀랄 일이 아니다." 국제정치학 석학인 존 미어샤이머(John Mearsheimer) 시카고대 교수가 2011년 국내 언론과의 인터뷰에서 했던 말이다. 그는 한국 국민에게 "한국은 한 치의 실수도 용납되지 않는 지정학적 환경에 살고 있다. 모든 국민이 영리하게 전략적으로 사고해야 한다. 생존과 직결된 문제다"[1]라고 조언했다. 정신이 번쩍 드는 경고다. 그런데도 대다수 사람들은 지정학적 약점을 운명처럼 여기며 안보에 무관심하다.

미국 미네소타대학의 타니샤 파잘(Tanisha Fazal) 교수는 그의 저서 『국가의 죽음(State Death)』에서 근대 국민국가(nation state)가 등장하기 시작한 1816년부터 2000년까지 모두 207개의 국가가 존재했는데, 그중 32%인 66개국이 사라졌으며, 이들 중 50개국이 주변국의 침략에 의해 패망했다고 밝히고 있다. 대한제국도 사라진 나라 가운데 하나다. 불과 200년도 안 되는 짧은 기간에 존재하고 있던 국가의 4분의 1 정도가 주변국의 침략으로 역사 속으로 사라졌다니 국가의 생존은 당연한 것이 아니라는 걸 알 수 있다.

한국 안보의 지정학적 조건

오랜 역사를 통해 "고래 싸움에 새우 등 터진다"라는 말이 유행할 정도로 한반도는 지정학적 취약성으로 인해 1000번 이상 외침을 받은 것으로 알려져 있다. 조선시대와 이후 근현대에 벌어진 전쟁만 해도 임진왜란, 병자호란, 청일전쟁, 러일전쟁, 그리고 6·25전쟁 등이 있다. 한반도는 미국·중국·러시아·일본이라는 세계 4대 강국의 국가이익이 교차하는 중요한 지역에 위치해 있어 세계 어느 나라보다 외세의 영향을 많이 받고 있다.

폴란드는 지정학적으로 강대국들 중간에 위치한 유럽의 대표적인 완충국(buffer state)이다. 역사적으로 프로이센 왕국이 독일 제국으로 바뀌고 러시아 제국이 소련으로 바뀌는 과정에서 폴란드는 프로이센 왕국과 러시아 제국, 독일과 러시아 제국, 독일과 소련 사이에 끼어 양쪽으로부터 수시로 침략당하여 나라가 다섯 번이나 분할되는 비극을 겪은, 일명 '유럽의 케이크'였다. 제2차 세계대전 당시 독일군과 소련군이 휘젓고 다니면서 나라 전체가 폐허로 변했고, 수백만 명이 소련군과 독일군에게 학살당했다. 제2차 세계대전 후 소련에 의해 공산화되었다가 1989년에 민주국가가 되었다. 지금은 유럽연합의 일원이며 나토(NATO) 회원국이 되어 국가의 안전을 도모하고 있다.

2022년 2월, 러시아의 침공을 받은 우크라이나도 서방 세력과 러시아의 중간에 위치한 지정학적 취약성이 큰 나라다. 이미 러시아는 2014년에 크림 반도 일대를 침공하여 합병했으며, 이번 침공은 그 연장선에서 실시된 것으로 해석되고 있다. 전쟁의 포화 속에 갇힌 우크라이나인들의 참상은 72년 전 북한 공산정권의 남침으로 우리나라가 잿더미가 된 6·25전쟁의 비극을 상기케 한다. 젤렌스키(Volodymyr Zelensky) 우크라이나 대통령이 결사 항전을 외치며 군과 민간의 항전 의지를 고취시키고 있고, 서방 세계를 향해 자유를 지키는 자신들을 지원해줄 것을 호소하고 있는 것도 이승만 대통령의 전쟁리더십을 연상케 한다. 6·25전쟁 당시 16개국이 군대를 보내고 다른 몇몇 나라들이 지원을 했던 것처럼 서방 20여 개국은 군사·경제적 지원을 통해 우크라이나의 주권과 민주주의 수호를 돕고 있다.

전쟁 시작 이래 우크라이나 인구(약 4,400만) 중 약 700만 명이 다른 나라로 피난을 떠났다. 러시아의 무차별적 공격으로 우크라이나 영토의 30%가 폐허로 변하여 재건 비용이 최소 700조 원이 될 것으로 추산된다. 전쟁이 장기화하면서 우크라이나의 피해 규모도 폭증할 것이다. 서방 세계와 러시아·중국 간 '신냉전'이 본격화되는 등 이 전쟁의 파장은 심각하다. 2022년 초 북한의 대륙간탄도미사일 도발에 대한 유엔 안보리의 대북제재 결의안이 중국과 러시아의 거부로 무산된 것도 그 때문이다. 이에 힘입어 북한은 7차 핵실험을 위한 준비를 마쳤다고 한다. 서방 세계가 러시아에 대한 경제 제재를 하면서 에너지 가격이 폭등했고, 러시아 흑해 함대가 우크라이나의 곡물 수출을 막으면서 세계 식량안보를 위협하고 있다. 지금 세계 경제는 오일쇼크(oil shock)와 스태그플레이션(stagflation), 그리고 공급망 위기라는 삼중고에 시달리고 있다.

우리나라는 천애의 고아와 같은 고립무원의 처지에서 건국되었다. 건국 당시부터 한국은 지정학적 취약성에 더하여 북한의 직접적인 위협에 대항하지 않으면 안 되었다. 한국보다 2년 반 앞서 정부를 수립한 북한은 적화통일을 최고의 목표로 삼았다. 1948년 9월 9일 북한 정권 수립을 선언하는 자리에서 김일성은 중국 공산군이 연전연승하는 데 고무되어 '국토완정(國土完整)'을 선언했다.[2] 국토완정이란 남한에 혼란을 조성하고 유격전을 통해 이승만 정부를 전복하거나 남침을 통해 공산화하겠다는 뜻이다. 김일성은 '조선민주주의인민공화국 정부의 정강' 제1항에서 분단은 남조선 민족반역자들 때문이며 남조선 정부는 제국주의의 괴뢰정부라고 주장했다. 따라서 통일은 남한에 북한식 체제를 이식하는 것이며, 미소 양군의 동시 철수가 국토완정과 통일의 선결조건이라고 주장했다. 김일성은 1949년 신년사에서도 "모든 것을 국토완정을 위해서 바치자"라고 역설하는 등 국토완정을 열세 차례나 강조했으며, 1949년을 적화통일의 결정적 시기로 판단하고 총공세를 벌이도록 했다. 여순사태 이후 남로당 세력이 반군에 합류하여 지리산 일대에서 빨치산이 되었고, 태백산·한라산 등 주요 산악지역에서도 빨치산이 출몰했다. 그래서 많은 산촌지역은 낮에는 대한민국이 지배하고 밤에는 '인민공화국'이 지배한다는 말까지 생겼다. 1949년 여름에 이르러 남한지역 8개 도(道) 중 5개 도가 빨치산 출몰과 남로당 세력의 소요로 시달리고 있었다.[3] 김일성은 1950년 신년사에서도 국토 완정을 거듭 강조하더니 결국 6월 25일 남침을 감행했다.

이처럼 대한민국은 건국 당시부터 심각한 생존의 위협을 계속 받아왔다. 지금은 북한의 핵미사일의 인질이 되고 있다고 할 정도로 역사상 가장 심각한 안보 위협에 직면해 있다. 한미동맹이 조금만 균열을 보이면 북한은 핵무기로 한국을 위협하거나 공격하여 1950년에 실패한 적화통일을 재시도할지도 모른다. 이처럼 현재 우리나라는 국가의 생존이 위태로운 것은 물론, 핵공격으로 민족 자체가 말살될지도 모르는 상황에 처해 있다.

북한은 핵탄두를 미국까지 날려 보낼 수 있는 대륙간탄도미사일까지 보유하고 있다. 북한은 2022년 들어 6월 초까지 대륙간탄도미사일과 중·단거리 미사일 33발을 쏘는 데 8,000억 원 이상을 날려버렸다고 한다. 이 돈이면 북한 주민 전체에게 코로나 백신을 맞힐 수 있고, 올해 식량 부족분을 수입할 수도 있다. 그런 막대한 돈을 미사일 폭주에 써버린 것이다. 핵무기 없는 한국이 핵을 가진 북한을 효과적으로 억지할 수 있는 방법은 미국의 핵우산뿐이다. 한미관계가 끊어진다면 한국은 북한의 인질이 되어 노예처럼 살거나 최악의 경우 북한에 흡수통일될 가능성이 없지 않다.

세계는 한반도를 화약고로 인식한다. 언제 전쟁이 터질지 모른다는 것이다. 한반도 전쟁 위기는 김정은의 위협과 도발 그 자체도 문제지만, 이에 대한 우리의 인식과 태세에도 문제가 있다. 조선이 왜 망했는가? 여러 가지 이유가 있지만, 가장 큰 문제는 적이 누구인지를 놓고 국론이 엇갈려서 제대로 된 대응태세를 갖추지 못했다는 것이다. 지금도 한국 사회는 누가 적이며 누가 우방인지 헷갈리고 있고 이로 인한 갈등도 만만치 않다. 우리 사회에는 미국을 적대시하거나 탐탁지 않게 생각하고 한미동맹을 달가워하지 않으며 때로는 미군 철수를 주장하는 동시에 북한을 '민족공조' 차원에서 우호적으로 바라보고 중국을 과거 사대주의의 연장선상에서 대국으로 인식하고 있는 사람들이 있다. 그러한 생각을 가진 세력이 집권하여 안보전략을 근본적으로 바꾸면서 안보위기가 심화되기도 했다. 민족이니 자주니 하는 개념이 그들의 뇌리를 지배하고 있어 북한이 위협이 된다는 인식은 들어설 자리가 없다.

안보는 대통령의 최우선 책무

건국 당시부터 지금까지 계속되어온 가장 중요하고 심각한 문제였던 국가안보를 도외시하고는 우리의 현대사와 역대 대통령들을 제대로 평가할 수 없다. 그런데 우리 사회에 잘못된 역사인식과 대통령들에 대한 왜곡된 평가가 만연되어 있다. 세계 어느 나라보다도 국가안보가 위태로운 나라에서 안보 문제를 등한시해왔다는 것은 뭔가 잘못되어도 크게 잘못된 것이다.

망국의 역사를 되돌아보자. 이완용을 비롯한 을사오적(乙巳五賊) 때문에 나라가 망했다고 비난한다. 그러나 당시의 현실을 직시해보자. 일본의 강점 직전인 1907년 대한제국의 총병력은 중앙군 4,215명, 지방군 4,305명, 헌병대 265명 등 8,785명에 불과했다. 힘이 곧 정의였던 시대에 이 정도 병력으로는 120만 명의 현대식 대군과 수많은 대포와 군함을 앞세운 일본을 상대로 나라를 지켜내기에는 역부족이었다. 그러니 나라를 내놓으라는 위협에 굴복하거나 점령당하는 수밖에 없었던 것이다.

지금부터 국가에 있어서 왜 안보가 일차적으로 중요한지 집중적으로 살펴보고자 한다. 어떤 나라라 할지라도 안보는 국가의 생존(生存)과 직결되어 있다. 생존이란 쉽게 말하면 '살아남는다'는 의미다. 다시 말하면, 국가안보는 국가와 국민의 생사(生死)가 걸린 엄중한 문제다. 국제정치학자들은 국가가 살아남는다는 말이 처절하다는 느낌이 들기 때문인지, 보다 품위 있는 학술용어인 국가안보(National Security)라는 단어를 사용한다. 안보 전문가들만 안보를 중시한 것이 아니다. 현대 경제학의 태두(泰斗) 애덤 스미스(Adam Smith) 역시 1776년에 펴낸 『국부론(The Wealth of Nations)』에서 국가의 가장 중요한 책무는 첫째 국방이고 둘째 치안이라고 했다. 외적으로부터 침략을 받거나 위협을 받고 있고, 또 치안이 불안하면 자유로운 경제활동이 어렵다고 판단했기 때문이다.

19세기 독일 역사가 오토 힌체(Otto Hintze)는 국가의 모든 조직은 원래 전쟁을 위한 것이었다고 했다. 미국 사회학자 찰스 틸리(Charles Tilly)도 "전쟁은 국가를 만들고 국가는 전쟁을 한다"면서 "국가의 형성은 사실상 전쟁의 부산물"이라고 했다. 틸리에 의하면, 계속되는 전쟁의 와중에서 국가가 살아남기 위해서 대규모 상비군을 육성해야 했고, 군대 또한 전쟁에 이기기 위해 강력한 국가가 필요했기 때문에 양자 간의 상호작용에 의해 현대 국민국가가 형성되었다고 했다. 유럽에서는 16~18세기 300년간 전쟁이 없었던 기간은 30년도 안 될 정도로 전쟁이 계속되었기 때문에 각국은 살아남기 위해 전쟁 대비태세 유지에 총력을 기울였다.

이처럼 국가의 기본 조직은 전쟁을 할 수 있는 능력의 확보와 유지라는 목표를 달성하는 데 집중되어 있다. 현대 국가의 가장 중요한 기능은 '조세와 징집'이다. 국가는 조세를 통해 전쟁을 할 수 있는 물질적 능력을 마련하고, 징집을 통해 전쟁을 할 수 있는 인적 능력, 즉 군대를 보유한다. 국민이 세금을 내고 군 복무를 하면, 국가는 국민의 안전을 보장하는 데 최선을 다해야 한다. 강대국은 전쟁을 잘 하는 나라라고 할 수 있다. 전쟁을 잘 하기 위해서는 군사력이 막강해야 한다. 군사력은 경제력과 직결되어 있다. 경제력이 뒷받침되지 않으면 강대국이 될 수 없다. 부국(富國), 그 다음에 강병(强兵)이라는 순서를 지킨 나라만이 진정한 강대국이 될 수 있었다.

미국 국제정치학자 모겐소(Hans Morgenthau) 교수는 국가의 행동에도 우선순위가 있다고 전제하고 SPPP 이론을 주장하면서 국가가 의사결정을 할 때 고려해야 할 사항으로 Security(안보), Power(힘), Prosperity(번영), Prestige(위신)를 제시했다. 그는 그 중에서도 '안보(Security)'를 국가의 최우선 고려사항으로 꼽았다. 국가는 생존이 우선이며, 국가가 무너지면 다른 것은 아무 의미가 없기 때문이다. 두 번째 고려사항은 '힘(Power)'이다. '힘'이란 군사력뿐만이 아니라 국가의 총체적 역량을 말한다. 왜 '힘'이 중요한 것일까? 국제사회는 약육강식의 세계이기 때문에 '힘'이 있어야 안전을 보장할 수 있는 것이다. 그래서 모든 나라는 서로를 두려워하고 경계한다. 민주국가든 독재국가든 '힘'을 기르는 이유는 그것이 생존을 보장하는 가장 확실한 수단이기 때문이다. 세 번째 고려사항은 '번영(Prosperity)'이다. 번영은 안보와 힘을 기르는 수단이기도 하지만, 그 자체로 국민의 복지 수준을 높여 자아실현을 가능하게 하기 때문이다. 네 번째 고려사항은 '위신(Prestige)'이다. 위신은 국민이 국가에 대해 자부심을 느끼게 만들고 국민을 감정적으로 행복하게 만드는 중요한 요소다.

러시아 출신이며 김일성대학에 유학한 바 있는 란코프(Andrei Lankov) 국민대 교수는 언론 인터뷰에서 북한의 적화통일 위협을 한국 국민은 냉정히 직시해야 한다면서 "지금 한국 입장에서 국가안보와 국가생존은 가장 중요한 제일의 과제다"라고 말했다.[4] 그럼에도 불구하고 우리 사회에는 안보불감증이 만연해 있다. 지난 20년 가까이 북한이 핵무기를 만들고 미사일을 계속 쏴대도 우리 국민들이 무감각한 것을 보고 외국 사람들이 오히려 놀랄 정도다. 우리 안보는 그야말로 백척간두(百尺竿頭)에 서 있다. 자칫 밀리면 우리 모두가 죽는 처지에 있다는 뜻이다. 지금의 북한은 10여 년 전의 북한이 아니다. 더 이상 구식 군사력으로 우리를 위협하고 있는 것이 아니다. 핵(核) 보유 국가가 되었고, 핵탄두를 날려 보낼 각종 미사일을 가지고 있는 매우 위험한 국가다.

어느 나라의 최고지도자든 안보리더십을 중요시해야 하지만, 남북이 분단된 채 첨예하게 대립하고 있고 강대국들로 둘러싸여 지정학적으로 취약한 우리나라의 경우에는 최고지도자의 안보리더십이 무엇보다 중요하다. 그럼에도 한국에서는 정치적 요인이나 경제 정책에 밀려 안보가 경시되어왔다. 한국의 국가안보전략은 전반적인 외교안보정책과 대북정책 및 통일정책을 포괄해야 한다. 대통령의 안보리더십이 결정적으로 중요한 것은 이처럼 한국의 안보 여건이 어느 나라보다 복합적이기 때문이다.

국가안보는 대통령의 핵심 책무이기 때문에 직접 챙겨야 한다. 헌법 제66조 제2항은 대통령의 국가안보 책무에 대해 다음과 같이 규정하고 있다. “대통령은 국가의 독립, 영토의 보전, 국가의 계속성과 헌법을 수호할 책무를 진다.” 이 말은 곧 대통령에게 안보리더십을 요구하고 있는 것이다. 대통령은 무엇보다도 국가안보를 우선적으로 챙겨야 한다. 대통령이 국가안전보장회의(NSC)를 주관하는 것도 이 때문이다. 국가안전보장회의에는 국무총리는 물론 외교부 · 국방부 · 행정안전부 · 통일부장관, 국가정보원장 등 외교 · 안보 관계 장관들이 참석한다. 국가안전보장회의를 국무총리가 주재하는 경우는 없다.

이처럼 대통령에게 안보리더십은 국가의 독립, 영토의 보전, 국가의 계속성과 헌법 수호를 위해 요구되는 아주 중요한 것임에도 불구하고 역대 대한민국 대통령들의 안보리더십에 대한 제대로 된 평가를 찾아보기 힘든 이유는 무엇일까? 주된 원인은 교과서적인 민주주의를 신봉하거나 낭만적 민족주의에 빠져 북한을 통일의 대상으로만 인식하기 때문이다.[5] 대통령을 오직 민주적이었느냐 아니었느냐는 기준으로만 바라보면서 민주적 대통령이면 안보 무능도 용납했고, 반면 안보에 크게 기여했더라도 민주주의를 훼손한 대통령이면 독재자로 비난하며 그의 안보리더십마저 전부 부정했다. 심지어 독재권력을 유지하기 위해 안보를 악용했다는 비난을 하기도 했다. 우리나라는 자유민주주의 국가이고, 대통령은 당연히 자유민주주의의 가치들을 수호해야 한다. 자유민주주의의 가치들을 수호하기 위해서는 그 전에 반드시 안보가 보장되어야 한다는 것을 잊어서는 안 된다. 안보가 보장되지 않으면 자유민주주의가 존속될 수 없기 때문이다.

일반적으로 생존의 위협을 받고 있는 나라에서는 민주주의보다 안보를 우선시한다. 이스라엘이 대표적이다. 한국도 이스라엘 못지 않은 상시적인 안보위기국가가 아닌가. 링컨(Abraham Lincoln) 대통령도 남북전쟁 당시 효과적인 전쟁수행을 위해 헌법과 법률을 수시로 위반했고, 그래서 언론으로부터 독재자 또는 폭군이라고 비난받았다. 이 같은 비난에 대해 링컨은 자신의 조치가 "평시에는 헌법에 위배될지 모르지만 전시에는 나라를 보위하고 헌법을 수호하기 위해 불가피하다"고 했다.

미국 코넬대 역사학 교수 클린턴 로시터(Clinton Rossiter)는 전쟁, 혼란, 빈곤을 민주주의의 3대 적(敵)이라고 했다. 이런 상황 하에서는 민주주의 자체가 존립하기 어렵다는 의미다. 독재정권이 군림했다고 하지만 한국은 1960년대까지 바로 그런 상황에 빠져 있어서 민주주의를 엄두도 내기 어려웠다. 당시 한국은 전쟁과 혼란, 그리고 빈곤으로 인해 공산주의자들의 온상이 되다시피 했다. 따라서 이승만 대통령이 민주주의를 훼손했다고 인식하는 것은 잘못된 것이다.

또한 낭만적 민족주의자들은 북한의 안보 위협을 경시한다. 그들은 대한민국의 정통성부터 부정한다. 대한민국의 건국은 민족의 분단에 불과하며, 건국 대통령은 분단의 원흉으로 인식한다. 그리고 과거 정부의 반공·안보정책은 민족 간 증오와 대결을 조장해왔다고 비난한다. 그들은 분단 극복, 즉 통일을 민족 정체성 회복의 유일한 길이라고 믿는다. 그렇기 때문에 대북정책에 있어서 북한과의 화해·협력정책만이 바람직하다고 생각하고 6·25남침을 비롯한 북한의 계속된 대남 적대행위를 완전히 도외시하고 있는 것이다.

그래서 1988년 민주화 이후 진보 성향의 대통령들은 과거 권위주의 정권이 안보를 악용했다면서 북한의 위협을 심각하게 생각하지 않았다. 전쟁은 반대한다면서도 최악의 상황에 대한 대비는 소홀히 한 채 남북 간 대화와 협력을 통해 평화를 정착해야 한다는 말만 되풀이해왔다. 그러니 국가의 최후 보루인 군대도 북한 핵 위협에 대한 대비책을 강구하기 위한 노력에 소극적이었고, 지도층 인사들도 안보 위기를 크게 우려하지 않았다. 최악의 안보 위기 상황인데도 점점 더 안보불감증이 만연한 이상한 나라가 되어가고 있다.

이러한 시점에 무엇보다 중요한 것은 국가 최고지도자로서 국가안보를 책임져야 하는 대통령의 안보리더십이다. 대통령의 안보리더십이 국가의 생존과 국민의 안보의식에 영향을 미칠 것이기 때문이다. 우리나라의 경우는 분단국이라는 특수성을 가지고 있다. 따라서 국가안보 문제나 대통령의 안보리더십을 다룰 때 외교와 국방뿐 아니라 남북관계까지 종합적으로 고려해야 한다. 지금부터 필자는 이 모든 것을 종합적으로 고려하여 역대 대통령들의 안보리더십을 객관적으로 평가하고 그 교훈을 살펴보고자 한다.

제1부

열전과 냉전의 시대
(1948~1987)

제2차 세계대전이 끝난 직후부터 민주진영과 공산진영 간 대결, 즉 냉전이 시작되었다. 소련은 소련군이 점령한 지역은 모두 공산화했고, 공산세력을 계속 확장하고자 했다. 소련이 지중해로 나가는 전략적 요충지인 그리스와 터키의 공산세력을 지원하여 게릴라전을 벌이자, 1947년에 미국 대통령 트루먼(Harry Truman)은 공산주의 팽창을 저지하기 위해 봉쇄정책(containment policy)을 선언하고 그리스와 터키에 군사지원을 시작했다. 뒤이어 유럽 부흥을 위한 마셜 플랜(Marshall Plan)을 실시하고 유럽 방위를 위한 북대서양조약기구(NATO)를 결성했다. 한편 소련은 1949년 8월 핵실험에 성공했고, 그해 10월에는 중국이 공산화되었다. 미국과 소련 간에는 직접 군사충돌이 없었지만 전 세계에서 공산세력의 의한 전쟁과 간접침략이 계속되었다.

한반도 분단과 두 개의 대립되는 체제의 등장은 소련의 한반도 공산화 야욕 때문이다. 그래서 대한민국의 건국은 공산세력의 도전을 극복하면서 이루어졌다. 북한 공산세력은 남한 공산화가 여의치 않자 1년 반 만에 남침했던 것이다. 휴전이 되었지만 남북한 대결은 계속되었다. 민주진영과 공산진영 간 대결은 1980년대 말 동유럽 공산권 붕괴 시까지 동남아시아, 중동, 중남미, 아프리카 등에서 계속되었다.

제1장

◆

한국 안보의 기틀을 마련한

이승만 대통령

◆

공산주의는 콜레라와 같은 것이다. 공산주의와 협력하거나 타협하는 것은 불가능하다.

- 이승만 -

우리는 경제든 그 무엇이든 언제든지 재건할 수 있지만, 나라를 지키는 데 실패한다면 모든 것을 가졌다 한들 무슨 소용이 있겠는가?

- 이승만 -

생존하느냐 아니냐는 타협의 문제가 아니다. 사느냐 죽느냐의 문제다.(To be or not to be is not a question of compromise. Either you be or you don't be.)

- 골다 메이어(Golda Meir) -

국가안보를 위해서는 무엇이든 할 수 있다. 이것을 제약할 수 있는 법규는 없다.(If the national security is involved, anything goes. There are no rules.)

- 헬렌 G. 더글러스(Helen Gahagan Douglas) -

◆

이승만(李承晩) 대통령에 대한 평가는 명암이 엇갈린다. 높이 평가하는 사람들이 있는가 하면, 혐오하는 사람들도 적지 않다. 분명한 점은 그가 국가안보를 위해 헌신했음에도 불구하고 이에 대한 평가는 경시되고 있다는 것이다.

국가안보에 대한 이 대통령의 남다른 집념을 이해하기 위해서는 그의 삶을 되돌아볼 필요가 있다. 그는 70평생 망국의 한을 품고 살아왔다. 1875년생인 그는 나라가 풍전등화(風前燈火)처럼 위태롭던 시기에 젊은 시절을 보냈다. 1895년 4월 20세의 나이에 배재학당에 입학했을 때는 청일전쟁이 끝날 무렵이었다. 청일전쟁의 발단이 된 동학농민운동이 일어나자 이를 진압할 능력이 없었던 조선 조정은 청나라에 원군을 요청하여 청나라 군대가 조선 땅에 들어오게 되었다. 이에 대응하여 일본도 군대를 보내면서 조선의 땅과 바다에서 조선에 대한 종주권을 차지하기 위해 청나라와 일본 간에 전쟁이 벌어졌다. 이 전쟁에서 승리한 일본은 반일본정책을 주도해 온 명성황후를 살해하여 현장에서 시신을 불태웠다. 신변에 위협을 느낀 고종은 새벽에 궁궐을 빠져나와 러시아공사관에 피신하여 1년이나 있었다. 조선은 이미 나라다운 나라가 아니었다.

이처럼 나라가 급속히 무너지고 있던 기막힌 현실을 방관하고 있을 수 없었던 이승만 등 지식인들은 '독립협회(獨立協會)'를 조직하여 내정개혁을 주장하는 한편, 일본과 러시아의 조선 침탈을 규탄했다. 또한 이승만은 각계각층이 참여하는 '만민공동회(萬民共同會)'에 나가 국정개혁을 주장하기도 했다. 이를 못마땅하게 여긴 조정은 역모 혐의로 이승만을 종신형에 처했다.

조선에서의 주도권을 놓고 러시아와 일본의 경쟁이 가열되고 있는 가운데 조선 조정은 러시아의 힘을 빌리고자 했다. 이로 인해 한반도 쟁탈을 둘러싸고 러시아와 일본 간에 러일전쟁(1904~1905)이 벌어졌다. 러일전쟁이 시작되자마자 일본은 한성을 점령하고 조선 조정의 친러파를 제거한 후 한일의정서(韓日議定書)를 강요했다. 여기에는 일본이 조선의 안전을 지킨다는 명분 하에 조선의 시정(施政) 개혁을 지도하고, 일본의 군사적 필요에 따라 토지를 임의로 수용할 수 있도록 하고, 상호 협의 없이 조선이 제3국과 동일한 협약을 맺을 수 없다는 내용이 포함되었다. 그리하여 한성은 일본군의 전진기지가 되었고 진해만은 일본의 해군기지가 되었다. 1904

년 8월 22일에는 일본이 '한일협약(韓日協約)'을 강요하여 조선의 재정권과 외교권을 박탈하고 고문정치를 실시함으로써 대한제국은 사실상 일본의 속국이나 다름없게 되었다.

이승만은 타고난 전략가였다. 청일전쟁이 종료된 지 5년 만인 1900년 한성감옥에서 청일 간 대립, 청일전쟁 경과, 청일 양국의 국가이익 확보 경쟁, 러시아·미국·영국·독일 등 주요국의 동아시아 정책, 대한제국의 독립과 자주 문제 등 동아시아 정세를 다룬 『청일전기(淸日戰記)』를 집필했다. 1904년에는 조선왕조 마지막 10여 년간의 국내외 정세 분석을 통해 조선의 약점은 무엇이고 개혁의 방향은 어떠해야 하며, 나아가 청나라·일본·러시아·미국의 동향은 어떠한지를 다룬 『독립정신(獨立精神)』을 집필했다.

그는 『독립정신』에서 "우리 대한은 태풍을 만난 배와 같다. … 슬프다! 나라가 없으면 집도 없고, 집이 없으면 나와 부모처자와 형제자매 그리고 후손들이 어디서 살며 어디로 가겠는가"라며 탄식했다. 이어서 그는 "삼천리강산 우리 대한은 삼천만 백성을 싣고 폭풍우 몰아치는 바다 위에 표류하고 있는 배와 같다. 우리의 생사와 나라의 존망이 얼마나 위급한지 어린아이들까지도 다 알고 있다"라고 토로했다.

그 후 이승만은 미국으로 건너가 프린스턴대학에서 국제정치학 박사학위를 받았고 그 후 30여 년간 독립을 위한 외교활동을 했기 때문에 국제정세에 혜안(慧眼)을 가지고 있었다. 특히 1941년 여름 뉴욕에서 출간한 『JAPAN INSIDE OUT(일본의 가면을 벗긴다)』이라는 저서에서 그는 일본 군국주의의 기원과 본질, 일본 침략야욕의 실상을 분석하고, 아시아를 석권한 일본이 조만간 미국에 도전할 것이라며 미국과 일본 간 전쟁이 불가피할 것으로 전망했다. 몇 달 후 일본이 하와이 진주만을 기습공격하면서 이승만 박사는 미국에서 탁월한 혜안이 있는 지식인으로 주목받았다.

이승만은 미국식 민주주의를 이상적인 정치체제로 인식했으며, 이에 배치되는 일본 군국주의나 소련 공산주의를 증오했다. 그럼에도 그는 4·19혁명의 여파로 독재자, 장기집권자 등으로 매도되기도 했고, 심지어 분단의 원흉, 대미종속을 심화시킨 미제의 앞잡이, 6·25전쟁을 유발한 지도자 또는 6·25전쟁 예방에 실패한 지도자라고 비난받기도 한다. 그래서 6·25전쟁이라는 최대 국난을 극복하는 데 주도적 역할을 했던 그의 안보리더십은 제대로 평가되지 못하고 있다.

이승만은 철저한 반공주의자였다. 그것은 해방 후 갑자기 형성된 것이 아니라 구한말 러시아의 한반도 이권 침탈을 목격하면서 러시아에 대한 반감에서 형성되기 시작했다. 그는 『독립정신』에서 "러시아가 한반도에 대해 일본 못지않은 침략 야욕을 지닌 위험한 이웃나라"라고 했다. 1917년 볼셰비키 혁명으로 러시아가 공산독재국가인 소련으로 바뀌면서 이승만의 반러의식은 반소·반공사상으로 바뀌었다. 그는 공산주의를 "자유롭게 되기를 원하는 인간의 본성을 거역하기 때문에 반드시 실패할 것"으로 내다봤다. 소련이 제2차 세계대전 후 소련군이 점령했던 동유럽 국가들을 모두 위성국으로 만들자, 소련 공산주의에 대한 이승만의 경계심은 더욱 높아졌다. 더구나 그는 소련이 북한을 공산위성국으로 만들고 있을 뿐 아니라 신탁통치 또는 좌우합작을 통해 남한까지 공산화하려 하고 있다고 판단했다. 귀국 직후인 1945년 12월 19일, 그는 「공산당에 대한 나의 입장」이라는 연설을 통해 "극좌 공산당원들은 소련의 세계 적화 전략에 농락당한 반민족적 이기주의자들"로 낙인찍으며 공산세력과의 대결을 분명히 했다.

이승만의 건국이념은 모범적 민주국가, 반소·반공의 보루, 문명한 부강국가 건설이었다. 그래서 그는 미소가 공동으로 추진하던 신탁통치(信託統治)를 반대했고, 미국이 추진했던 좌우합작도 반대했다. 그의 반공주의는 건국 후 국시(國是)가 되어 국민교육의 핵심가치가 되었으며, 국군도 반공민주 군대로 성장했다.

이승만 대통령은 천신만고 끝에 나라를 세우는 데 성공했지만, 정부 수립 당시부터 남로당과 공산 게릴라의 준동으로 사실상 내전 상태였고, 뒤이어 북한의 남침으로 3년이 넘도록 치열한 전쟁을 극복해야 했다. 제2차 세계대전 이후 세계는 미국을 위시한 서방세계와 소련 중심의 공산세계 간 냉전 대결이 이뤄지고 있었지만, 한반도는 냉전 아닌 열전(熱戰)에 휩싸여 있었기 때문에 이승만 대통령의 안보리더십은 특별히 조명할 필요가 있다.

건국 직후의 안보 도전과 응전

안보 차원에서 보면, 건국 직후 대한민국과 이승만 대통령은 한마디로 고립무원의 처지였다. 사방에서 적대세력이 준동하고 있었지만, 이승만 정부는 나라를 지킬 수 있는 군사적·경제적 능력이 없었다. 그럼에도 불구하고 주한 미군은 철수를 서두르고 있었다. 이 대통령에게는 군사보좌관이나 외교보좌관도 없었고, 미국의 국가안전보장회의 같은 기구도 없었다. 그렇지만 이승만 정부에도 대통령 직속으로 최고국방위원회가 설치되어 있었고, 6·25전쟁 이전에도 최고국방위원회가 운영되었다. 육군참모총장 고문이었던 하우스만(James H. Hausman) 대위는 "1주일에 한 번 이상 이승만 주재로 열린 최고국방위원회에 참석했다"라고 했다. 여기에는 대통령을 비롯하여 국방부장관, 육군참모총장, 미국 군사고문단장, 육군참모총장 고문관 등 5명이 참석했다.[6]

이승만 대통령은 미국에 무기를 지원해달라고 거듭 간청했지만, 미국은 유럽의 안전을 보장하느라 한국을 지원할 여력이 없었기 때문에 한국의 요청을 외면했다. 이승만 정부는 미군정으로부터 경찰을 보조하는 '치안예비대' 역할을 해왔던 5만 명 규모의 국방경비대를 인수하여 1948년 9월 1일 국군을 창설했다. 국방경비대는 일제 소총 등으로 경무장하고 있었을 뿐이었다.

안보 위기는 도둑처럼 닥쳤다. 정부 수립 불과 2개월 만인 10월 19일, 여수 주둔 국군 제14연대에서 남로당 침투분자 주도로 군사반란을 일으켜 순천, 보성 등 전남 일대를 장악했다. 국가 최후 보루라고 하는 군대의 반란으로 신생 한국은 풍전등화의 위기에 휩싸였다. 그럼에도 정치인들은 국가 안위에는 관심이 없었다. 오히려 이승만 정부에 도전하는 데만 급급했다. 정부 수립 한 달 뒤인 9월 22일에 국회가 반민족행위처벌법을 통과시키고, 반민족행위특별조사위원회(반민특위)가 군과 경찰의 간부들을 반민족행위자로 체포하면서 대한민국은 정치·사회적으로 심각한 혼란에 빠졌다. 당시 정부의 최우선 과제는 남로당 등 공산세력으로부터 나라를 지키는 것이었지만, 공산세력과 싸우고 있는 군인과 경찰관들을 반민족행위자로 단죄하는 바람에 군대와 경찰이 무력화되어 나라의 생존

자체가 위태로운 지경이었다.

여수 군사반란에 대한 이승만 대통령의 대응은 신속하고 단호했다. 정부는 이 지역에 즉시 계엄령을 선포하고 적극적인 진압작전을 실시하여 반란 가담자 1,700여 명을 체포했으며, 뒤이어 군대 내에 침투해 있던 남로당 분자들을 색출하는 숙군을 단행했다. 10여 명의 고위 장교와 100여 명의 위관장교, 1,000여 명의 하사관과 병사들이 구속되었다. 계속해서 전군에 침투해 있던 공산분자와 동조자 4,749명이 사형 또는 징역형을 받거나 불명예 제대되었고, 5,568명은 숙군에 위협을 느껴 도망쳤다. 이로써 국군 총 병력의 10% 정도가 제거되었던 것이다.

여순사태를 계기로 정부는 국가보안법안을 마련하여 국회에 제출했고, 국회는 그해 12월 1일 이를 통과시켰다. 국가보안법이 남로당 등 공산세력을 불법으로 규정했기 때문에 공산분자를 색출할 수 있게 되었다. 그래서 정부는 남로당은 물론 100여 개의 남로당 전위조직들을 불법단체로 규정하여 해산했고, 군대, 경찰, 공공기관, 그리고 각계에 침투해 있던 9만 명 가까운 공산주의자와 동조자들을 제거했다. 동시에 공산주의자에서 전향한 자들을 국민보도연맹에 가입시켜 관리했다.

당시 이승만 대통령은 거의 매일 군과 경찰의 수뇌부와 회의를 하는 등 공산세력과의 전쟁을 지휘하고 있었다. 또한 정부는 5만 명에 불과했던 군대를 1949년 3월 말까지 9만 8,000명으로 늘리고 경찰력도 강화했다. 그러나 제대로 무기를 갖춘 병력은 5만 명에 불과했고, 나머지는 일본 경찰이 쓰던 구식 소총으로 무장하고 있었고 훈련 수준도 형편없었다. 그래서 한국 주재 미국 군사고문관은 당시의 한국 군대는 “1775년 독립전쟁 당시의 미국 군대와 비슷하다”라고 했다.

미국의 한반도 전문가 존 메릴(John Merrill)은 그의 저서 『새롭게 밝혀낸 한국전쟁의 기원과 진실』에서 여순사건을 ‘축복으로 바뀐 비극’이라고 했다. 군대에서 공산분자들이 제거되고 그 자리를 우익 청년들이 메우면서 군사력이 급속히 증강되었고 정신전력도 강화되었기 때문이다. 그 결과, 국군은 1949년 38선 일대의 무력충돌과 전국 산악지역의 공산 빨치산 소탕에서 능력을 발휘할 수 있었고, 6·25전쟁이 발발했을 때에도 반란이나 동요 없이 용전분투(勇戰奮鬪)할 수 있었다. 만약 대대적인 숙군이 없었다면 전쟁 발발과 동시에 여러 국군 부대에서 동시에 반란이 일어나 유엔군이 도착하기 전에 대한민국이 붕괴되었을지도 모른다.

1949년 6월 말로 예정된 미군 철수를 앞두고 이승만 대통령은 안보 상황을 크게 우려했다. 미국의 지원이 없다면 한국은 공산주의 세력으로 둘러싸인 고립된 섬이나 마찬가지였다. 여순사건을 계기로 이승만은 다시 한 번 미군 철수를 반대했지만, 미군 철수는 6개월 연기되었을 뿐이었다. 김구(金九)는 1949년 1월 미군 철수와 남북협상을 주장했고, 이에 자극받은 50여 명의 의원들은 즉각적인 미군 철수를 요구하는 결의안을 내기도 했다.

미군 철수 한 달 전인 1949년 5월 이승만 대통령은 한국군이 공산세력에 대응할 수 있는 능력을 갖출 때까지 미군 철수 한 달 전인 1949년 5월 이승만 대통령은 한국군이 공산세력에 대응할 수 있는 능력을 갖출 때까지 미군 철수를 보류해줄 것을 요청하면서 미국이 기어이 철수하겠다면 북한의 침략을 저지할 정도의 무기와 장비를 지원해달라는 서한을 트루먼(Harry Truman) 대통령에게 보냈다. 그러나 미국은 한반도의 전략적 가치를 낮게 평가했을 뿐 아니라 소련이 미국과의 전면전으로 확대될지도 모르는 한국을 대상으로 한 전쟁을 벌이지 않을 것으로 판단했다. 그래서 미국은 전면전에 대비한 군사력 건설이 아니라 치안유지와 38선 무력충돌 같은 소규모 분쟁에 대응할 정도의 군사력만 지원했다.

이승만 정부는 한국에 무기와 장비를 지원해줄 수 있는 나라는 미국밖에 없었기 때문에 철수하는 미군이 보유했던 무기와 장비를 이양받으려 노력했지만, 미군은 대다수 장비를 가지고 철수했다. 1949년 중반 한국군이 보유하고 있던 군사장비의 부품은 고갈되었고, 무기의 10~15%와 차량의 30~35%는 사용 불가능한 상태였다. 이 무렵 이승만 대통령은 미군 철수 후의 안보 상황을 다음과 같이 우려했다.

"이 달 말이면 미군은 한국을 떠난다. 우리의 국방을 어떻게 한단 말인가? 많은 군인과 경찰이 무기도 제대로 갖추지 못하고 있다. 국방부장관은 실제 전투 상황에서 쓸 수 있는 탄약이 3일분밖에 없다고 보고했다. … 국방을 위해 적정 수준의 무기 확보가 경제 회복보다 시급하다. 우리는 경제든 그 무엇이든 언제든지 재건할 수 있지만, 나라를 지키는 데 실패한다면 모든 것을 가졌다 한들 무슨 소용이 있겠는가?"[7]

미국에 무기와 장비 지원을 요청하는 이승만 대통령의 노력은 계속됐되었다. 1949년 9월 도쿄에 있는 맥아더(Douglas MacArthur)

장군에게 무기와 탄약 지원을 요청했고, 11월에도 무초(John J. Muccio) 주한 미국대사를 통해 한국군 5만 명 증원과 훈련을 위해 미국의 지원부대 파견을 요청했다.[8] 미국은 한국에 대한 무기와 장비의 지원을 꺼렸으며 부품과 탄약의 공급마저 지연시켰다. 미국 순회대사 필립 제섭(Philip C. Jessup)이 방한했을 때 이승만 대통령은 한국이 비행기, 군함, 전차 등이 즉시 필요하다고 말했다. 당시 미국은 "군사원조를 하더라도 한국의 생존 가능성은 높지 않다. 공산세력의 수중에 곧 떨어지게 될 나라에 원조자금을 낭비하지 말아야 한다"고 믿었다. 그런 가운데 1950년 1월 애치슨(Dean Acheson) 국무장관은 한국은 미국의 극동 방위선 밖에 있다고 선언했고. 5월에는 코널리(Tom Connally) 미국 상원 외교위원장이 "한반도에 전쟁이 일어날 경우 미국은 한국을 지원할 의사가 없다"고 잘라 말했다.[9] 미국 중앙정보국(CIA)은 남침 직전인 6월 19일까지도 북한의 남침은 구상단계에서 취소되었으며, 한반도에서 김일성 정권의 움직임은 선전과 이승만 정부에 대한 전복에 국한되어 있다라고 결론지었다.

북한을 위시한 공산권에 대한 미국의 부실한 정보도 문제였지만, 근본적으로 미국은 유럽에서 소련의 위협에 대응하는 데 치중하고 있었고, 중국이 공산화된 후에는 필리핀과 일본 열도를 중심으로 극동 방어선을 구축했으며, 한국은 전략적 가치가 낮다고 판단하여 한반도 정세를 등한시했다.

미국의 소극적인 지원에 비해 북한에 대한 소련과 중국의 지원은 적극적이었다. 1949년 10월 중국 공산화로 동북아에서 공산주의 세력이 급팽창하자, 이에 고무된 김일성은 소련과 중국의 대대적인 군사지원을 획득한 가운데 적화통일을 위한 전쟁에 나섰던 것이다.

기습 남침 직후 신속한 대미 지원 요청

이승만 대통령의 6·25전쟁 중의 리더십은 당시 최악의 여건을 고려했을 때 탁월했다고 보는 것이 맞다. 북한군이 국군에게는 단 한 대도 없는 전차(242대)와 전투기(210대) 등 막강한 전력으로 밀고 내려왔기 때문에 대한민국의 운명은 그야말로 풍전등화였다. 최근 러시아 침공에 단호히 맞선 우크라이나 젤렌스키(Volodymyr Zelensky) 대통령의 전쟁리더십이 세계적으로 주목받고 있지만, 6·25전쟁 발발 당일부터 휴전과 전후 복구까지 이승만 대통령의 리더십은 젤렌스키를 능가하고도 남는다.

1950년 6월 25일 10시 30분경, 이승만 대통령은 신성모 국방부 장관으로부터 북한 남침에 대한 보고를 받고 즉각 국무회의를 소집하라고 지시했다. 11시 35분, 무초 대사의 방문을 받은 자리에서 이승만 대통령은 “오늘 이 사태가 벌어진 것은 누구의 책임이요? 당신네 나라에서 좀 더 관심과 성의를 가졌더라면 이런 사태까지는 이르지 않았을 것이요. 우리가 여러 차례 경고하지 않았습니까?” 라고 따지면서 “국군에게 시급히 필요한 무기와 탄약을 지원해줄 것”을 요청했다. 그는 미국 대사에게 “필요할 경우 모든 남녀와 어린아이들까지도 돌멩이나 몽둥이라도 들고 나와 싸울 것을 호소할 것”이라고 말했다. 오후 1시에는 장면 주미 대사에게 미국의 원조를 얻어 내도록 지시했고, 장면 대사는 즉시 국무부를 방문하여 지원을 요청했다. 이어 오후 2시에 비상국무회의에서 사태를 논의했지만, 전차나 전투기를 막을 수 있는 수단을 강구하지 못한 채 끝이 났다.

이승만 대통령은 6월 26일 새벽 4시 30분 무초 대사에게 전화를 걸어 "지금 당장이라도 미국의 F-51 폭격기와 바주카포, 36문의 105mm 곡사포, 75mm 대전차포 등을 지원해달라"고 재촉하면서 자신이 맥아더 장군에게 전화를 걸어 필요한 전투기와 무기를 요청하려고 했는데 전화를 받지 않았다고 했다. 이에 무초 대사는 이승만 대통령과의 통화 내용을 국무장관과 맥아더 장군에게 알리고 신속한 지원이 필요하다고 전했다.

북한군 전차가 서울 외곽에 진출했을 정도로 사태가 위급해지자, 이승만 대통령은 6월 27일 새벽 4시 열차를 타고 서울을 떠났다. 전쟁 상황에서 대통령의 안위는 국군의 사기는 물론 국가 안위에 있어 결정적 요소라고 판단했기 때문이다. 이승만 대통령 일행은 황급히 기차를 타고 대구까지 갔다가 너무 내려왔다고 판단하고 다시 대전으로 올라갔다. 대전에서 이 대통령은 유엔 안전보장이사회의 결의와 미국의 움직임을 미 대사관의 드럼라이트(Everett F. Drumright) 참사관으로부터 보고받은 후 안도의 한숨을 내쉬었다.

이 무렵 북한의 남침에 대한 대응책을 논의하기 위해 유엔 안전보장이사회(약칭 안보리)가 소집되었다. 6월 25일 유엔 안보리는 북한군의 무력 남침을 "평화를 파괴하는 침략행위"로 규정하고 북한에게 "전투행위 즉각 중지"와 "38선 이북으로 철수"를 요구하는 결의안을 채택했다. 이어서 6월 27일 유엔 안보리가 회원국들에게 한국에 대한 군사지원을 권고하는 결의안을 채택하자, 이에 따라 미국은 우선 일본 주둔 미 해·공군을 즉각 한국으로 보내 지원하도록 했다. 7월 7일에는 유엔 안보리가 한반도에서 활동할 유엔군사령부를 구성하고 그 지휘권을 미국 지휘관에게 위임하기로 했다. 이에 따라 미국을 비롯한 16개국이 유엔군의 일원으로 한국전에 참전했고, 미국은 7월 10일 도쿄에 있던 미군 극동사령관 맥아더 장군을 유엔군사령관으로 임명했다.

6월 29일 8시 30분 이승만 대통령은 무초 대사로부터 맥아더 장군의 한국 전선 시찰 소식을 보고받았고, 다음 날 수원비행장에서 맥아더 장군과 회동했다. 맥아더 장군의 한강 방어선 시찰은 전쟁의 흐름을 바꾸어놓았다. 그의 전선 시찰 보고서가 미국의 지상군 참전에 결정적 영향을 미쳤기 때문이다. 미국은 6월 30일 한국 전선에 지상군을 파견하기로 했으며, 그 목표는 북한군을 격퇴하고 38선을 회복하는 것이었다.

미국이 참전을 결정한 직후부터 이승만 대통령은 통일에 걸림돌이 되는 38도선 무용론을 주장하고 나섰다. 7월 19일 그는 트루먼에게 보낸 서한에서 북한이 38도선을 파괴하고 남침한 이상 38도선이 더 이상 존속할 이유가 없으며 전쟁 이전의 상태로 돌아간다는 것은 있을 수 없다면서 북진통일의 당위성을 주장했다. 이승만 대통령은 북한의 남침을 기회로 여기고 북진통일을 전쟁 목표로 삼았다. 국민들도 이에 적극적으로 호응했기 때문에 한국은 총력전 태세로 전쟁에 임할 수 있었다.

7월 13일, 이승만 대통령은 무초 대사를 통해 한국군의 작전지휘권을 유엔군사령관 맥아더 장군에게 이양하겠다는 서한을 보냈고, 미국이 이를 수용하면서 한국군은 유엔군사령관의 작전지휘를 받게 되었다. 이승만 대통령으로서는 북한군 격퇴와 국가수호를 위해서는 미국의 전폭적인 전쟁 참여가 절실했기 때문에 전쟁수행에 대한 전권을 미국 주도의 유엔군사령관에게 맡긴 것이다. 결국 전쟁수행의 모든 책임을 미국과 유엔군에게 지운 것이다. 한국군은 유엔군의 일원으로서 미군과 효과적인 연합작전을 할 수 있었다.

전쟁 초부터 북진통일을 전쟁 목표로 설정

9월 인천상륙작전 성공에 이어 서울 탈환 후에 열린 서울 수복 기념식 당시 이승만 대통령은 맥아더 장군에게 한국군은 38선을 넘어 적을 추격해야 한다고 말했다. 그러나 맥아더 장군은 유엔이 38선 돌파 권한을 주지 않았다며 반대했다. 그럼에도 불구하고 이승만 대통령은 다음 날 정일권(丁一權) 육군참모총장 등 군 수뇌부를 불러 종이 한 장을 내밀면서 "이것은 나의 명령입니다"라고 말했다. 종이에는 붓글씨로 이렇게 적혀 있었다. "대한민국 국군은 38선을 넘어 즉시 북진하라. 1950년 9월 30일 대통령 이승만."[10] 이처럼 이승만 대통령은 결정적으로 중요한 대목에서 국군에 대한 작전지휘권을 행사했다.

국군과 유엔군이 북한 지역으로 진격하면서 수복 지역 통치 문제로 이승만 정부와 유엔군이 마찰을 빚었다. 유엔이 10월 7일, "대한민국의 주권은 남한에 국한되며, 북한에 질서가 회복되면 유엔 감시 하에 새로운 선거를 실시할 것"이라는 결의안을 통과시켰기 때문이다. 그래서 북한 수복 지역에서 한국 정부와 유엔군이 서로 다른 행정 책임자를 임명하는 등 갈등이 벌어졌다. 이승만 대통령은 무초 대사를 불러 "이 나라 안에서 우리에게 어디로 가라, 어디는 가지 말라고 명령하는 자가 과연 누구냐"며 강력히 항의했다. 자신은 유엔에 의해 유일한 합법정부로 인정받은 대한민국의 대통령으로서 북한 지역의 행정에 대한 권한과 책임이 있다고 확신했던 것이다.

1950년 늦가을, 수십만 명의 중공군 개입으로 전세가 역전되어 국군과 유엔군은 후퇴할 수밖에 없었고, 다음 해 초에는 서울까지 내주어야 했다. 1951년 3월 15일 미국은 새로운 극동정책(NSC 48/2)을 입안했다. 한반도에서 군사적 승리가 불가능하다고 판단한 미국은 무력에 의한 한반도 통일을 시도해서는 안 되며 군사작전에서 38도선에 도달하면 휴전을 모색해야 한다는 내용을 이 문서에 담았다. 그런 가운데 트루먼 대통령은 확전을 원하던 맥아더 유엔군사령관을 해임했다. 맥아더 해임 소식을 접한 4월 11일, 이승만 대통령은 부산 임시 관저에서 각료회의를 소집한 후 자신의 결연한 의지를 다음과 같이 밝혔다.

"우리는 지금 맥아더를 잃었음으로 해서 중대한 고비에 직면하고 있습니다. … 트루먼 그 사람은 이 전쟁을 적당히 끝내려는 것입니다. 그렇게 되면 우리 대한민국은 어떻게 될 것인가? … 나는 결심했습니다. 우리는 비록 유엔군의 원조를 받고 있으나 우리 국토, 우리 민족을 갈라놓게 되는 어떠한 조치도 수용할 수 없으며, 이 전쟁을 적당히 그만두려 한다면 승리 아니면 죽음을 각오하고 결사반대할 것입니다."[11]

이때부터 이승만 대통령의 노력은 분단 영구화를 초래할 휴전반대에 집중되었다. 5월 17일 미국은 38도선을 따라 휴전할 것을 제안하는 것을 공식 정책(NSC 48/5)으로 정하고, 리지웨이(Matthew Ridgway) 유엔군사령관과 무초 대사를 통해 이 같은 내용을 이 대통령에게 통보했다. 이 대통령은 청천벽력 같은 통보를 받고 긴급 국무회의를 소집하고 휴전반대 결의를 재확인했다. 7월 1일 이 대통령은 트루먼 대통령에게 휴전협상을 반대하는 내용의 전문을 보냈다.

6월 23일 유엔 주재 소련 대표 말리크(Yakov Aleksandrovich Malik)가 휴전을 제안하면서 7월 10일부터 휴전회담이 개최되었다. 그러나 포로교환 문제로 회담이 교착되어 1953년 4월 25일까지 정회되었다. 유엔군 측은 자유의사에 의한 포로 송환을 주장한 반면, 공산 측은 전원 송환을 주장했기 때문이다.

당시 미국은 어떻게 하든 빨리 전쟁을 끝내고 철수하는 것이 주된 관심사였지만, 한국으로서는 미군이 철수할 경우 어떻게 살아남느냐가 문제였다. 북한에는 중공군이 있었고, 중공군이 철수한다는 것은 압록강과 두만강을 건너는 것에 불과했고, 그 뒤에는 소련이 있었다. 이승만 대통령은 미국이 유럽의 북대서양조약(North Atlantic Treaty)과 같은 방위조약을 한국과 맺어주지 않으면 한국의 생존이 위태롭다는 것을 너무도 잘 알고 있었다. 그래서 그는 미군을 붙들어둬야 한다고 생각했고, 이것을 절체절명의 과제로 여기고 미국과의 방위조약을 쟁취하기 위해 휴전에 반대했다. 당시의 상황에서 휴전을 한다면 그동안의 엄청난 희생이 무의미하게 될 뿐 아니라 한국의 미래가 암담해질 게 분명했기 때문이다. 그렇게 되면 공산화는 시간문제일지도 모른다고 그는 생각했다.

이승만 대통령의 임기는 1952년 7월 23일까지였다. 미국은 1951년 후반기부터 이승만을 대체할 인물을 물색하고 있었다. 미국이 한국의 대통령 선거를 계기로 휴전을 반대하는 이승만을 배제하고 미국에 고분고분한 인물을 당선시켜 휴전협정을 조기에 성사시키려 했던 것이다. 개헌 논란으로 한국의 정국이 일촉즉발의 위기 상황으로 치닫고 있는 가운데 미국은 클라크(Mark Clark) 유엔군사령관에게 "한국군 장성을 앞세운 쿠데타 계획을 수립하라"는 긴급 전문을 보냈다. 유엔군사령부는 이승만을 제거할 쿠데타 계획을 세웠지만, 한국에는 이승만을 대체할 만한 인물이 없는 데다가 설사 있다 하더라도 전시에 쿠데타가 혼란을 더욱 가중할 수도 있다는 우려 때문에 미국은 이승만을 계속 유지하기로 결정했다. 이 무렵 한국 국회에서도 이승만을 배제할 목적으로 내각제 개헌안을 발의하기도 했다. 그러나 이승만 대통령은 직선제 개헌안을 국회에 제출한 후 비상계엄령을 선포한 가운데 내각제 개헌안과 절충한 개헌안을 국회에서 통과시켰다. 1952년 8월 5일에 실시된 대통령 선거에서 이승만은 74.6%라는 압도적인 지지를 얻어 재선에 성공했다.

휴전반대 투쟁으로 상호방위조약을 쟁취한 탁월한 외교술

한미방위조약 체결은 건국 당시부터 이승만 대통령의 꿈이었다. 그는 1948년 8월 15일 정부수립 기념식에서 "한미 간의 친선만이 민족생존의 관건"이라 했던 것에서 알 수 있듯이 이때부터 미국과의 동맹체제 구축을 구상하고 있었다. 1949년 5월 17일 이승만 대통령은 무초 대사로부터 미군 철수 계획을 통보받은 자리에서 자신의 방위전략 구상을 제시했다. 그 요지는 북대서양조약과 유사한 태평양조약의 체결, 한미 또는 다른 나라를 포함한 상호방위협정의 체결 등이었다. 그것은 그가 그해 3월 북대서양조약이 체결된 것에 자극받았기 때문이다. 이승만 대통령은 특사로 미국에 간 조병옥 박사와 장면 주미대사에게 태평양동맹 결성을 미국 정부에 제안하도록 지시했다. 그리고 뒤이어 5월 2일에 트루먼 대통령에게 한미상호방위협정 체결과 북대서양조약과 같은 태평양동맹의 결성을 요청하는 전문을 보냈다. 그러나 무초 대사는 5월 7일 기자회견을 통해 "미국은 제퍼슨 대통령 이래 어느 국가와도 상호방위동맹을 체결한 일이 없다"면서 한국과의 상호방위협정 체결을 반대했다. 당시 미국은 정세가 불안하고 자원도 별로 없는 한국의 전략적 가치를 낮게 평가하고 있었기 때문에 방위조약은 전혀 고려하지 않고 있었다.

그런데 미국은 공산군과 싸우고 있는 한국의 안전보장조약 요구는 일축하면서도 1951년 8월 30일 필리핀과 상호방위조약을 체결했고, 9월 1일에는 오스트레일리아와 뉴질랜드, 그리고 9월 8일에는 일본과 상호방위조약을 체결했다. 그래서 미국에 대한 이승만 대통령의 방위조약 체결 요구는 더욱 거세졌다. 1952년 3월 21일 트루먼의 서한에 대한 답신에서 이승만 대통령은 한국과 미국이 상호방위조약을 체결해야만 자신이 한국 군대와 국민들에게 휴전을 수용하도록 설득할 수 있다고 했다. 만약 미국이 이 요구를 들어주지 않으면 한국인들은 싸우다 죽을 것이라며 단독 북진을 암시했다. 또한 그는 한국군 증강 계획에 박차를 가해달라고 요청했다. 그리고 5월 21일 트루먼에게 보낸 서한에서 미국이 한국과 방위조약만 맺어준다면 휴전협상을 반대하지 않을 것이라고 했다.

휴전 방침을 굳힌 미국과 유엔은 휴전협상을 강행하고 있었다. 이승만 대통령은 미국과 유엔이 한국 정부의 의사를 무시하고 휴전을 하려는 데 대해 분개했다. 휴전회담이 재개되어 1953년 4월 부상포로 교환이 이뤄졌고, 뒤이어 휴전협상의 마지막 관문인 포로송환 문제도 합의가 이루어졌다. 이승만 대통령은 포로송환 합의 내용을 보고받고 대노했다. 특히 유엔 측이 북한이나 중공에 가지 않으려는 반공포로들을 '중립국송환위원회'에 넘겨 결정하도록 하자는 공산 측의 요구에 양보한 것에 대해 결코 수용할 수 없다는 단호한 입장이었다. 휴전이 불가피하다고 판단한 이승만 대통령은 휴전의 조건으로 한미 군사동맹 체결, 전후 경제부흥을 위한 경제지원, 한국군 20개 사단으로 증강, 미국 해·공군의 한국 계속 주둔 등을 요구했다. 한국 국민의 정서도 휴전반대 일색이었다. 휴전반대와 북진통일을 주장하는 대규모 군중집회가 계속되었고 국회도 같은 내용의 결의안을 채택했다.

아이젠하워(Dwight Eisenhower)는 대통령 선거에서 한국전을 조기에 끝내겠다고 공약한 바 있다. 이승만 대통령은 1952년 11월 30일 아이젠하워 대통령 당선자에게 친서를 보내 "극동의 평화를 위해 일본과 체결한 조약과 유사한 한미 상호방위조약을 체결하는 것이 필수적"이라고 했고, 12월 3일 아이젠하워 당선자가 방한했을 때에도 이승만 대통령은 "무력통일의 당위성, 일본 수준의 한국 군사력 증강, 한미 상호방위조약의 조속한 체결" 등을 요청했다. 이 무렵 조속한 휴전을 희망한 미 국무부도 한미 상호방위조약 가능성을 검토하기 시작했다. 1953년 4월 3일 이승만 대통령은 변영태 외무부장관을 통해 브릭스(Ellis O. Briggs) 미국 대사에게 한미 상호방위조약 체결을 정식 요청했다. 양유찬 주미 대사도 4월 8일 덜레스(John F. Dulles) 국무장관을 만나 상호방위조약 체결을 요구했다.

4월 22일, 이승만 대통령은 "유엔이 공산 측과 휴전 이후 중공군을 압록강 이남에 잔류시키는 것을 허용하는 협정을 맺는다면 한국군을 유엔 지휘권에서 철수시킬 것"이라는 단독북진 의향을 밝히는 전문을 아이젠하워 대통령에게 보냈다. 이승만 대통령은 "전쟁을 하며 지금 죽으나 조금 후에 공산화되어 죽으나 같은 신세다"라고 말했다. 그는 미국이 휴전을 하려면 중공군과 유엔군이 동시에 철수하고 압록강과 두만강 유역에 완충지대를 설치해야 한다고 주장했다. 그래야 중공군이 다시 못 넘어오게 된다는 것이었다. 그러나 북한과 중국의 영역인 압록강과 두만강 유역에 완충지대를 만들자는 것은 휴전을 하지 말자는 것과 마찬가지였다.

한편 포로송환 문제를 반대하여 휴전회담에 걸림돌이 되었던 스탈린이 1953년 3월 5일에 사망하면서 휴전회담이 급진전되자 휴전이 조기에 이루어질 가능성이 높아졌다. 5월 25일, 이승만 대통령은 경무대를 방문한 브릭스 미국 대사와 유엔군사령관 클라크 장군으로부터 한국이 휴전에 협조하는 대가로 16개 유엔 참전국 명의로 '대제재선언(代制裁宣言, the greater sanction declaration)'을 하고, 한국군을 20개 사단으로 증강시켜주겠다는 미국의 계획을 전달했다. 그러나 이승만 대통령은 미일안보조약 수준의 한미안보조약이 아니면 안 된다며 미국의 제안을 거부했다. 그는 송환을 거부하는 반공포로를 중립국 관리위원회로 이관하기로 한 합의도 수락할 수 없다고 하면서 유엔군이 철수하고 한국에 대한 경제원조가 중단되더라도 한국군은 단독으로 북진하겠다고 했다. 5월 30일 이승만 대통령은 재차 아이젠하워에게 서한을 보내 "휴전협정은 한국에 대한 사형선고"라고 했고, 6월 4일 미 NBC방송 회견에서도 "미국의 휴전 강요는 (한국에 대한) 사형선고"라고 비난했다.

미국은 하루라도 빨리 휴전을 하기 위해 이승만 대통령의 요구조건을 검토하기 시작했다. 미 국무장관과 국방장관이 공동 주재한 관계관 확대회의에서 필리핀, 오스트레일리아, 뉴질랜드와 맺은 방위조약과 비슷한 조약을 한국과 체결하자는데 합의했다. 6월 6일 아이젠하워 대통령은 한국이 휴전협정을 수락하는 대로 필리핀, 오스트레일리아 등과 맺은 방위협정과 유사한 조약을 체결하기 위해 한국과 협상할 용의가 있다"는 입장을 밝혔다. 그런데 미국의 선(先) 휴전협정, 후(後) 방위조약 체결은 이승만 대통령이 요구해온 선 방위조약 체결, 후 휴전협정 체결 원칙에 어긋났기 때문에 이승만 대통령은 또다시 미국의 제안을 거부했다.

6월 8일 휴전회담에서 포로송환협정이 체결되면서 휴전협정 체결이 임박했다. 상황이 급박해지자 이승만 대통령은 예상외의 승부수를 던졌다. 일방적인 반공포로 석방으로 휴전협정 체결에 제동을 걸었던 것이다. 그는 판문점에서 포로교환 문제가 타결되기 이틀 전인 6월 6일 원용덕 헌병총사령관을 불러 포로석방 문제를 비밀리에 연구하도록 지시했다. 원용덕은 포로 문제가 타결된 6월 8일 이승만 대통령을 예방했다. 이 자리에서 이승만 대통령은 "나의 명령이니 반공한인애국청년들을 석방하라"는 친필 명령서를 주었다. 대통령의 명령은 국방부장관과 육군참모총장에게도 비밀로 했다. 모든 작전은 육군헌병사령부와 포로수용소 경비부대를 통해 진행되었다. 그리하여 6월 18일 자정을 기해 유엔군 초병들을 제압한 가운데 반공포로 2만 7,000여 명을 석방했던 것이다.

반공포로가 일방적으로 석방되자, 세계는 경악했다. 덜레스 국무장관은 잠자고 있던 아이젠하워 대통령을 깨워 "이렇게 되면 최악의 경우 전면전이 불가피하고, 자칫 확전으로 인해 원자탄을 사용해야 할지도 모른다"고 했다. 아이젠하워는 이승만의 반공포로 석방을 자살전략이라고 말하면서, 과연 이승만의 협조 없이 휴전이 가능한지 재검토하라고 지시했다. 세계 각지에서 이승만에 대해 '예측 불가능', '고집불통', '정신이상자' 등 온갖 비난이 쏟아졌다. 영국 처칠(Winston Churchill) 총리는 "반역적 행동"이라고 했고, 덜레스 미 국무장관은 "등 뒤에서 칼로 찌르는 행위"라고 했다. 미국은 1년 전 부산 정치파동 당시 성안했던 이승만 제거를 위한 에버레디 계획(Plan Everready)을 재검토했지만, 한국 군대와 국민의 강력한 지지를 받고 있는 이승만 대통령을 제거하는 것은 무리라며 취소했다. 반공포로 석방은 미국이 한국의 요구를 외면하면 한국이 휴전협상을 파탄에 빠뜨릴 의사와 능력이 있다는 것을 과시한 것이다. 이는 국가의 생존을 보장하기 위한 이승만 대통령의 끈질긴 승부근성과 과감한 결단력이 아니면 불가능했던 일이다.

미국은 이승만과 타협하지 않고는 휴전할 수 없다는 결론에 이르렀다. 그래서 아이젠하워 대통령은 해결책을 찾기 위해 로버트슨(Walter Robertson) 국무차관보를 특사로 파견했다. 로버트슨은 서울에서 2주 동안 이승만 대통령 등 한국 측과 힘겨운 협상을 해야 했다. 결국 미국 측은 이승만 대통령이 요구했던 것을 대부분 수용했다. 즉, 한국이 휴전에 동의하는 대신 미국은 휴전 후 한미 상호방위조약을 체결하고, 한국군을 20개 사단으로 증강하며, 10억 달러의 군사·경제 원조를 제공하기로 했다. 그리고 이 조약에 따라 '한국과 그 부근에(in and around Korea)' 미군을 주둔시키기로 했다.

휴전 직후인 8월 4일 덜레스 미 국무장관은 한미 상호방위조약 체결 문제를 매듭짓기 위해 서울로 왔다. 8월 8일 경무대에서 한미 상호방위조약이 가조인되었고, 10월 1일에는 워싱턴에서 정식 조인했다. 한미 상호방위조약 쟁취는 이승만 대통령의 '위대한 외교적 승리'였다. 한미 상호방위조약이 가조인 된 후 이승만 대통령은 다음과 같은 담화를 발표했다.

"1882년 조미 통상조약 이후 한국 역사상 가장 중요한 진전이다. … 우리는 애당초 군비를 소홀히 한 결과… 치욕스럽고 통분한 40년의 노예생활을 했다. 이제 우리 후손들이 앞으로 누대에 걸쳐 이 조약으로 말미암아 갖가지 혜택을 누리게 될 것이다. 외부 침략자들로부터 우리 안보를 오랫동안 보장할 것이다."

한국의 생존에는 미국의 지원이 필수적이었다. 미국 이외에 한국을 도와줄 수 있는 나라도 없었다. 그러나 이승만 대통령은 한국전쟁의 목표와 휴전에 대해 미국과 근본적으로 다른 입장이었다. 최악의 상황에 처한 나라의 대통령이 세계 최강 미국을 어떻게 다룰 수 있었는가? 벼랑끝 전술이 아니면 완전 굴종 중 하나를 택하는 수밖에 없었다. 이승만 대통령은 벼랑끝 전술로 맞섰고, 그래서 국제적으로 비난받고 한미관계에서 갈등도 있었지만 결국 국가이익을 지켜냈다. 한마디로 말해, 한미 상호방위조약 쟁취는 대한민국 역사상 최고의 업적 중 하나로 평가할 수 있다. 이승만 대통령의 안보리더십이 탁월했다는 평가를 받고 있는 것은 이 때문이다.

한미 상호방위조약에 따라 미군 2개 사단이 휴전선 일대에 배치되어 인계철선(引繼鐵線, trip wire) 역할을 하게 됨으로써 유사시 미국의 자동 개입이 보장된 것이다. 나아가 한미동맹은 한국 안보의 튼튼한 울타리로서 제2의 한국전쟁을 막았을 뿐 아니라 평화 유지를 통해 한국의 경제발전과 민주발전을 가능케 했다. 한미동맹이 없었다면 과중한 안보 부담으로 4·19민주혁명과 박정희 정부 이후 경제건설이 가능했을지 의문이다. 한미동맹이 있었기에 미국의 적극적인 주선으로 일본과의 국교 정상화가 이뤄져 경제개발을 본격적으로 추진할 수 있었고, 베트남전에도 참전하면서 엄청난 이득을 얻어 경제발전을 촉진할 수 있었다. 한미동맹이 있었기에 미국은 시장을 개방하여 한국의 경제발전을 적극 도왔고, 외국인들도 안심하고 한국에 투자할 수 있었다. 2022년 2월 24일에 발발한 러시아-우크라이나 전쟁을 통해 우리는 한미동맹의 중요성을 새삼 깨닫게 되었다. 만약 우크라이나가 한미동맹 같은 굳건한 동맹 관계가 있었다면 러시아가 침공할 엄두를 낼 수 없었을 것이기 때문이다.

거시적으로 보면, 한국은 한미동맹으로 국가정체성이 분명해졌다. 오랜 대륙문명권에서 벗어나 미국을 중심으로 한 해양문명권의 일원이 되어 지속적인 국가발전을 할 수 있었던 것이다. 이승만 대통령은 혈혈단신으로 세계 최강 국가인 거대한 미국과 대결하여 기어이 자신이 원하는 것을 얻어냈다. 이승만 대통령의 탁월한 안보리더십이 없었다면 한미동맹도 없었을 것이고 대한민국의 역사도 근본적으로 달라졌을 것이며 모든 한국인들의 운명도 지옥과 같은 처지로 빠졌을지도 모른다.

재조명되어야 할 이승만 대통령의 전쟁리더십

이승만 대통령의 재임 기간 중 절반 이상은 대한민국 역사에서 가장 어려운 시기였다. 제주 4·3사태, 여수 군사반란, 산악지역 공산 빨치산 출몰 등으로 대한민국은 사실상 내전상태였고, 뒤이어 3년 넘게 6·25전쟁를 치러야 했다. 이 같은 안보 위기는 나라와 국민의 생존을 위협하는 중대한 문제였다. 이처럼 당시 상황이 너무도 절박했기 때문에 이승만 대통령은 국가안보를 최우선 국정 과제로 삼을 수밖에 없었다.

6·25전쟁은 미국에서 주목받지 못한 '잊혀진 전쟁(forgotten war)'으로 불리기도 했지만, 장군 출신이며 전쟁사가인 새뮤얼 마셜(Samuel Marshall)은 6·25전쟁을 가리켜 "금세기에 일어난 소규모 전쟁 중 가장 혹독한 전쟁"이라 했다. 6·25전쟁은 미국이 참전했던 전쟁 가운데 참전 병력이나 비용, 참전 기간 면에서 제1차 세계대전, 제2차 세계대전에 이어 세 번째, 그리고 사상자 수에서는 제1차 세계대전, 제2차 세계대전, 남북전쟁에 이어 네 번째로 꼽힐 정도로 큰 전쟁이었다.[12]

6·25전쟁에 참전했던 역사저술가이자 칼럼니스트였던 페렌바크(Theodore R. Fehrenbach)는 당시 참전한 소대장들을 인터뷰한 것을 바탕으로 쓴 저서 『이런 전쟁(This Kind of War)』에 다음과 같이 썼다. "미군 중 자신이 왜 한국에 와 있는지, 그리고 왜 미국이

북한 공산당과 싸우고 있는지 설명을 들은 이는 없었다. 그들은 그저 집으로 돌아가고 싶을 뿐이었다." 페렌바크가 "이런 종류의 전쟁(This Kind of War)은 필요하기는 하지만 처음부터 끝까지 더러운 일"이라고 했을 만큼 6·25전쟁은 미군부터 미국 대통령에 이르기까지 하루 속히 발을 빼고 싶어 했던 전쟁이었다. 당시 한국은 민주주의가 가능할 것 같지도 않았고, 생존 가능한 경제가 되려면 2000년은 되어야 할 것이라고 했다.

6·25전쟁 3년간 한반도에 투하된 폭탄이 제2차 세계대전 당시 유럽 전역에 투하된 폭탄보다 많았기 때문에 한국은 폐허로 변했다.[13] 당시 전쟁을 이끌었던 맥아더 장군은 미국 의회에서 다음과 같이 말했다. "전쟁은 한국을 거의 파괴해버렸다. … 나는 그 같은 참화를 본 적이 없다. … 한국이 전쟁의 피해를 복구하는 데 적어도 100년은 걸릴 것이다." 중립국감시위원회도 "이 나라는 죽었다. … 여기에는 아무런 활동도 없다"라고 보고했다.[14] 그랬던 나라가 불사조처럼 일어나 발전을 거듭하여 세계 10위권의 선진국으로 도약했다.

북한의 기습 남침에도 이승만 정부는 와해되지 않았고, 어느 군부대도 항복하지 않았고, 항전의지도 꺾이지 않았을 만큼 전쟁의 어려움을 놀라울 만큼 잘 이겨냈다. 당시 북한 주도의 통일 가능성이 컸지만 남녀노소 할 것 없이 자발적으로 군대에 입대한 것은 물론이고, 각종 조직을 결성하여 혈전의 현장으로 달려갔다. 여기에는 어린 소년지원병과 학도의용군, 미군 전투병력 10만 명의 파병을 절약해준 지게부대 노무자, 40여 개에 이르는 유격대, 우익청년들로 구성된 대한청년단, 경찰, 여군, 반공인사들로 구성된 자생 유격대, 국민방위군 등이 전쟁에 동참했다. 이것은 그때까지 이승만 대통령의 전쟁리더십이 탁월했음을 말해준다.

이승만 정부는 전쟁 지원을 위해 필요한 조치를 신속히 했다. 전쟁이 발발한 날인 6월 25일 대통령 긴급명령으로 비상사태 하의 범죄처벌 특별 조치령, 비상시 법령 등을 공포했고, 7월 8일에는 계엄령을 선포했고, 뒤이어 수송화물 특별 조치령, 금융 특별 조치령, 향토 방위령 등 수많은 긴급명령과 처분권을 행사했다.

최악의 위기에도 대한민국이 건재할 수 있었던 것은 이승만 대통령의 반공리더십 때문이었다. 건국 직후 국민 대다수는 민주주의가 무엇인지 공산주의와 어떻게 다른지 잘 몰랐다. 이승만 대통령은 처음부터 공산주의 위험을 계속 경고하며 강력한 반공정책을 폈지만, 공산세력의 선전·선동에 넘어가는 사람이 적지 않았다. 그러나 그들은 북한의 남침을 통해 공산세력의 잔인성과 기만성을 직접 경험하고 나서 이승만 대통령이 옳았다는 것을 깨닫게 되었다. 대한민국을 남베트남에 비추어보면, 이승만 대통령의 반공리더십이 위대했다는 것을 알 수 있다. 한국과 남베트남은 비슷한 도전에 직면했음에도 불구하고 어째서 한국은 살아남아 발전을 거듭했고, 남베트남은 패망했는가? 결정적 차이는 한국에는 강력한 반공리더십을 가진 지도자가 있었다는 것이다.

이승만 대통령의 전시리더십은 탁월했다. 이승만 대통령은 국군의 사기 진작을 위해 위험을 마다하지 않고 직접 전선 시찰에 나섰다. 그는 70대 중반의 노인이었음에도 불구하고 거의 매주 전선과 훈련소를 찾아 군인들을 격려했고, 난민촌을 방문하여 피난민들을 위로했다. 지프차를 타고 위험한 산길을 달리기도 하고, 작은 정찰기를 타고 적의 포화를 아슬아슬하게 피하기도 했다. 그는 눈사태와 장마에도 아랑곳하지 않고 전선을 시찰했다. 미 8군 사령관으로서 이승만 대통령의 전선 시찰을 수행했던 밴 플리트(Van Fleet) 장군은 〈라이프(Life)〉 지에 다음과 같이 기고했다.

"이 대통령은 약 3년간 여하한 조건 하에서도 1주일에 한 번은 나와 같이 전선이나 부대 훈련 지역을 시찰했다. 추운 겨울날 시찰을 나갈 때 내가 죄송하다고 하면 그는 아무렇지도 않다는 제스처를 하며 환한 웃음으로 응답했다. 그리고 그가 지프에 오르면 그의 품위 있는 얼굴과 휘날리는 백발이 검은 구름 사이로 비치는 햇빛처럼 파카의 옷깃 속에서 빛나고 있었다. … 1951년 9월 이승만은 강원도 양구 북방의 '단장(斷腸)의 능선' 전투에서 싸우고 있던 3개 사단 장병을 격려하기 위해 펀치볼을 향해 출발했다. 이 대통령 일행은 부산 수영비행장에서 쌍발기를 타고 전선에 가까운 계곡의 임시 비행장까지 날아갔다. 거기서 다시 덮개도 없는 작은 2인승 정찰기에 나누어 타고 북쪽으로 12마일을 더 날았다. 정찰기는 적군의 대공 포화를 피하기 위해 위험을 무릅쓰고 나무에 닿을 정도로 낮게 날았다. 대통령의 갑작스런 방문을 받은 장병들의 사기는 하늘을 찌를 듯이 높아졌다."[15]

이처럼 이승만 대통령의 전시리더십을 그와 함께 전쟁을 지휘했던 한국 및 미국의 장군들이 높이 평가하고 있다는 점을 주목해야 한다. 전쟁 당시 육군참모총장을 두 차례나 역임했던 백선엽 장군은 "전쟁의 위기를 이승만이 아닌 어떠한 영도자 아래서 맞이했다고 해도 그보다 더 좋은 결과를 얻지 못했을 것"이라고 격찬했다.

유엔군사령관이었던 클라크(Mark W. Clark) 장군은 "한국의 애국자 이승만을 세계에서 가장 위대한 반공지도자로 존경하고 있다"고 했고, 미 8군사령관을 지낸 테일러(Maxwell D. Taylor) 장군도 "이승만 같은 지도자가 베트남에도 있었다면 베트남은 공산군에게 패망하지 않았을 것"이라고 찬사를 보냈다.

남정옥 박사는 이승만 대통령의 탁월한 안보리더십을 다음과 같은 질문을 통해 확인하고 있다. "전쟁 초기 국군의 투철한 반공정신 없이 한강 방어작전이 가능했을까? [1949년의] 숙군 없이도 정상적인 지휘체계를 갖추고 싸울 수 있었을까? … 한국군의 작전지휘권 이양 없이 효과적인 전쟁수행이 가능했을까? … 반공포로 석방 없이 한미 상호방위조약 체결이 가능했을까? 방위조약 없이 주한미군이 존재할 수 있었을까? [방위조약에 의한 미국의 지원 없이] 국군이 60만 대군으로 그렇게 빨리 성장할 수 있었을까? 한미동맹이 없이도 대한민국이 온전히 존재할 수 있었을까?"[16]

제2장

◆

자주국방의 초석을 마련한 박정희 대통령

◆

우리의 국방을 남에게 의존하던 시대는 이미 지나갔다. 우리 땅과 우리의 조국은 우리가 지켜야 하고, 우리의 운명은 우리 스스로의 힘으로 개척해나가야 한다.

– 박정희 –

전쟁에 대비하는 것은 평화를 보장하는 가장 효과적인 수단이다.(To be prepared for war is one of the most effectual means of preserving peace.)

– 조지 워싱턴(George Washington) –

◆

일제 강점기에 태어난 박정희(朴正熙)는 식민지 백성의 한을 품고 살았다. 찢어지게 가난한 집안의 청년이 갈 곳은 사범학교밖에 없었지만, 벽지 교사 생활에 만족할 수 없었다. 찢어지게 가난한 집안의 청년이 갈 곳은 사범학교밖에 없었지만, 벽지 교사 생활에 만족할 수 없었다. 그는 만주 군관학교를 거쳐 일본 육군사관학교를 나와 일본 관동군에 배치된 지 1년 만에 해방이 되자, 1946년 9월 국방경비대 장교 양성 과정을 거쳐 다시 군인의 길로 나섰으며, 6·25 전쟁을 거치면서 여러 차례 죽을 고비를 넘겼다.

어릴 때부터 박정희는 자주의식이 강했다. 그래서 역사에 대한 관심이 많았고, 특히 최악의 조건에서도 연전연승한 이순신 장군을 존경했다. 박정희는 군대생활을 통해 미군 앞에서 자존심을 굽히는 행동은 절대 하지 않았다. 그의 중심 가치는 자주(自主)와 자립(自立)이었다. 그는 자주 없이 자립할 수 없고, 자립능력 없이 자주도 보장되지 않는다고 보았다. 그는 1963년에 출간한 『국가와 혁명과 나』라는 저서에서 "다시는 가난하지 아니하고, 약하지 아니하고, 못나지 아니한" 나라를 건설하기 위해 5·16 군사혁명*에 나섰다고 밝혔다.[17]

이승만 시대에 60만 국군 육성과 한미동맹으로 공산 침략을 저지할 태세는 갖췄지만, 미국은 원조를 삭감하고 있었고 우리의 경제력은 60만 대군을 유지할 능력이 없었다. 4·19 이후의 혼란상은 나라의 존립까지 위태롭게 했다. 공산세력은 군사적 위협을 가하는 한편, 빈곤과 혼란을 파고들어 공산혁명으로 나라를 전복하려고 했다. 이미 중국이 빈곤과 혼란을 파고든 공산세력에 의해 공산화되었고 베트남, 캄보디아, 라오스도 같은 이유로 공산화될 가능성이 컸다. 미국의 앞마당에 있는 쿠바도 5·16 군사정변 발발 1년 반 전에 빈곤과 혼란으로 인해 공산화되었다.

박정희는 오래전부터 북한의 군사력 및 경제력 우위에 대해 우려해왔다. 북한은 풍부한 부존자원과 발전소, 제철소, 비료공장 등 일본이 건설한 방대한 공업시설로 인해 경제적으로 남한보다 훨씬 앞서 있었다. 군사정보에 밝았던 박정희는 북한이 빠르게 성장하고 있었기 때문에 한국의 경제적 정체와 만성적 사회정치적 혼란을 극복할 수 있는 강력한 조치 없이는 북한 주도의 통일 가능성이 크다고 보았다. 당시 북한의 1인당 국민소득은 한국의 3배에 가까웠다. 그래서 1959년 말부터 매년 수만 명의 재일동포가 북한으로 갔다.

---

* 5·16 주체세력이 정권을 잡고서부터 1987년 6·10 민주항쟁 이전까지는 5·16 군사혁명으로 불렸으나, 민주화 이후로는 5·16 군사정변이 공식 표현으로 자리 잡았다. 이에 따라 이 책에서 인용문 이외에는 5·16 군사정변으로 표기함을 밝힌다.

이처럼 자유세계에서 공산국가로 대규모 이동이 있었던 것은 처음이었다.

박정희 대통령은 남북 간 경제적 격차를 줄이는 것이 나라의 생존과 직결되어 있다고 판단했다. 그는 "38선 너머 강력한 적이 노리고 있는 상황에서 경제투쟁은 실제 전투나 정치투쟁보다 중요한 것이다. … 우리는 경제전쟁에서 북한 공산주의자들을 패배시켜야 한다. … 경제재건 없이는 공산당에 이길 수 없고 자주독립도 기약할 수 없다. … 우리는 싸워서 이겨야 한다. 이 싸움에서 이기면 살고 지면 영영 죽는 도리밖에 없다"고 했다.[18]

그래서 박정희 대통령은 경제제일주의를 추구했다. 이를 위해 5·16 군사정변 후 두 달 만에 설립한 경제기획원을 중심으로 경제개발 5개년 계획을 수립·시행했다. 그러나 자립경제는 과학기술이 뒷받침되지 않으면 안 되었기 때문에 과학기술진흥 5개년 계획을 세워 과학기술 진흥도 적극 추진했다. 경제개발의 견인차는 수출이라고 판단하고 수출제일주의 정책을 밀어붙였다. 중국의 덩샤오핑(鄧小平)의 개혁·개방이 주목받아왔지만, 사실은 1960~1970년대 박정희 대통령의 개혁·개방 정책이 그보다 훨씬 더 저돌적이었다. 대내적으로는 개혁을 실시해 모든 면에서 혁신적인 변화가 이루어졌고, 대외적으로는 적극적인 개방을 통해 외자와 기술을 도입하고 해외시장을 개척해나갔다.

국가안보와 경제발전은 박정희 정부의 2대 목표였다. 공산혁명의 위험을 차단하기 위해 경제발전을 추구했지만, 경제력의 바탕 위에 북한에 대응할 수 있는 강력한 국방력을 육성할 수 있었다. 결국 박정희 대통령은 부국강병의 추구를 통해 자신의 꿈을 실현하게 되었다.

일본과의 국교 정상화와 베트남전 파병

자원도 자본도 기술도 없는 나라에서 경제개발을 한다는 것은 불가능에 가까웠다. 박정희 대통령은 그 돌파구를 일본과의 국교 정상화와 베트남전 참전에서 찾았다. 경제개발에는 막대한 자본이 필요했지만 조달할 방법이 막막했다. 박정희 정부는 일본과의 국교 정상화를 통해 외자를 조달하는 수밖에 없다고 판단하고 일본과의 협상에 나섰다. 그러나 일본과의 관계 정상화는 카리스마적인 이승만 대통령도 해결하지 못한 뜨거운 감자였다. 그래서 박정희 정부는 '제2의 이완용'이라는 비난까지 받았고 정권의 안위를 뒤흔들 정도의 강력한 저항에 직면하기도 했다.

박정희 대통령은 경제개발 자금을 조달할 목적으로 일본과의 국교 정상화를 추구했지만, 그렇게 하는 것이 안전보장 측면에서도 중요하다고 보았다. 1964년 1월 10일 발표한 연두교서에서 박정희 대통령은 한일관계 정상화가 "극동에 있어서의 자유진영 상호간의 결속을 강화함으로써 극동의 안전과 평화유지에 기여하게 될 것"이라고 말했다.[19]

여기에는 미국의 권유도 크게 작용했다. 미국은 6·25전쟁 이후부터 한일관계 정상화를 권유했지만, 이승만 대통령은 일본에 종속될 우려가 있다면서 이를 반대했다. 5·16 군사정변이 일어나자 미국은 한일관계 개선의 기회가 왔다고 판단하고 한국과 일본에 이를 적극 촉구하고 나섰다. 5·16 군사정변 발발 4주 후인 6월 13일, 한국 문제 논의를 위한 백악관 국가안보회의(NSC)에서 러스크(Dean Rusk) 국무장관은 동석했던 버거(Samuel Berger) 주한대사와 라이샤워(Edwin O. Reischauer) 주일대사에게 주된 임무 중의 하나가 한일관계 정상화를 주선하는 것이라고 말했다. 이 자리에서 케네디(John F. Kennedy) 대통령도 한일관계 개선의 중요성을 강조하고 버거 대사에게 이 문제에 관심을 기울이라고 당부했다.[20]

놀라운 사실은 이 회의에서 박정희 의장을 초청하기로 결정했다는 것이다. 5·16 군사정변이 일어난 지 한 달도 안 되었을 때였고 미국이 한국의 쿠데타를 반대하고 있다는 보도가 무성할 때였다. 1959년 미국의 앞마당에 위치한 쿠바에서 공산혁명이 일어났고, 베를린, 베트남 등 동남아, 그리고 중동 등지에서 공산세력이 도전해오고 있었다. 그래서 미국은 한국이 조속히 안정되기를 바랐던 것이다.

그로부터 1주일 후인 6월 20일, 백악관에서 미일 정상회담이 열렸다. 케네디 대통령이 한일관계 개선을 강조하자 이케다(池田勇人) 총리는 "한국의 안보는 일본에 중요합니다. 일본은 한국의 군사정부를 인정할 태세가 되어 있습니다. 지금의 상황을 개선하는 것도 중요하지만, 한국의 공산화를 방지하는 것이 더욱 중요합니다"라고 응답했다.[21]

당시 미국은 한일관계 정상화가 동북아 민주국가들 간의 협력을 촉진함으로써 공산세력의 위협에 효과적으로 대처할 수 있을 뿐만 아니라 한국에 대한 미국의 원조 부담을 줄일 수 있을 것으로 판단했다. 그해 11월 박정희 의장의 미국 방문을 계기로 미국은 한국정부의 안정으로 동북아 반공전선이 공고해지기를 기대했다. 1962년 8월에도 케네디는 박정희 의장과 이케다 총리에게 각각 친서를 보내 "한일 양국과 미국, 그리고 자유세계에 매우 중요한 한일협상

이 조속히 타결되기를 희망한다"고 말했다.[22]

한국과 일본은 1965년 6월 22일 국교 정상화를 위한 기본조약에 서명했다. 한국은 식민통치 배상 요구를 철회한 대신 일본은 무상원조 3억 달러, 공공차관 2억 달러, 상업차관 3억 달러를 제공했다. 6월 23일, 박정희 대통령은 한일 국교 정상화 조약 타결 직후 발표한 특별담화문을 통해 국제공산주의 세력과 대치하고 있는 국제정세를 환기시키면서 "공산주의와 싸워 이기기 위해서는 우리와 손잡을 수 있고 벗이 될 수 있다면 누구하고라도 손을 잡아야 합니다"라고 하여, 그 전략적 중요성을 재확인했다.[23] 일본에서 들어온 청구권자금은 포항제철 건설, 경부고속도로 건설, 소양강 다목적댐 건설 등에 투입되었다.

일본과의 수교로 경제개발에 필요한 자금이 들어오고 일본의 기술과 경험이 유입되면서 한국 경제는 활기를 띠기 시작했다. 또한 한미일 3각 안보협력체제가 구축되고 경제적으로도 3각 무역체제가 형성되면서 한국의 수출도 급신장했다. 한국의 지정학적 조건을 고려했을 때 일본과의 협력이 없었다면 신속한 경제발전이 불가능했을지도 모른다. 아시아에는 일본을 제외하고 한국이 경제협력을 할 만한 나라가 없었기 때문이다.

박정희 대통령은 일본과의 수교 문제로 반대세력과 격돌하고 있는 가운데 베트남전 참전이라는 또 다른 중요한 결단을 내렸다. 그는 베트남전을 한국 안보와 연계하여 판단했다. 그래서 1961년 11월 케네디 대통령과의 회담에서 베트남전 파병 의사를 밝힌 적이 있다. 1963년 7월 군 지도자들과 만난 자리에서 박정희 대통령은 다음과 같이 말했다. "우리가 월남을 현 상태로 방치하면 공산주의

자들이 승리하고 말 것입니다. 도미노현상이 일어나 태국, 말레이시아, 필리핀 등이 위험하게 될 것입니다. 이것은 우리나라의 안보에도 위협이 되는 것입니다. 이 점을 잘 알고 있는 미국은 머지않아 우리에게 지원을 요청할 것입니다."[24]

베트남전이 격화되면서 1964년 12월 존슨(Lyndon Johnson) 대통령은 브라운(Winthrop G. Brown) 주한 미국대사를 통해 공병부대를 포함한 2,000명 규모의 한국군을 베트남에 파병해줄 것을 요청하는 서한을 박정희 대통령에게 보냈다. 이때 브라운 대사는 파병에 수반되는 모든 비용을 미국이 부담하고 나아가 한국에 대한 경제원조까지 제안했고, 이에 박정희 대통령은 긍정적인 회신을 보냈다. 당시 박정희 대통령은 파병 문제를 두고 고민이 없지 않았다. 그는 한국이 파병하지 않으면, 미군이 주한미군 2사단이나 7사단을 베트남으로 차출해 한국 안보에 공백이 생길 것을 우려했다. 그렇게 되면 북한이 오판할 빌미를 줄 수 있다고 여겨 베트남 파병을 결심하게 되었다. 1965년 1월 26일, 국가안보를 위태롭게 한다는 야당의 반대 속에 파병안이 국회에서 가결되었다. 이에 박정희 대통령은 공산침략의 저지, 집단안보체제의 강화, 미군의 한반도 계속 주둔을 통한 한국 방위 보장, 군 전투력 향상 등으로 국가안보를 확고하게 다지게 될 뿐 아니라 외화 획득에도 좋은 기회가 될 것이라고 말했다.

1965년 5월 박정희 대통령의 방미를 앞둔 4월 27일 롯지(Henry C. Lodge) 베트남 주재 미국대사가 청와대를 방문하여 전투사단 파병을 요청하는 존슨 대통령의 친서를 박정희 대통령에게 전달하면서 다음 달에 열리는 한미 정상회담에서 이 문제가 논의될 수 있기를 희망했다. 5월 16일, 워싱턴에서 한미 정상회담이 개최되었다. 이 자리에서 존슨 대통령은 한국군 1개 사단을 베트남에 보낼 수 있는지 문의했고, 박정희 대통령이 그 같은 대규모 파병은 한국 안보를 위태롭게 할 우려가 있다고 말했다. 이에 존슨 대통령은 미국은 한국의 안보를 확고히 보장할 것이며, 이를 보완하기 위해 군사·경제적 지원을 늘리겠다고 약속했다.

박정희 대통령은 미국의 파병 요청을 미국으로부터 최대한의 양보를 받아내는 기회로 이용하고자 했다. 비밀 해제된 문서에 의하면, 한국의 베트남 파병과 관련된 한미협상에서 박정희 대통령의 주된 관심은 한국에 대한 미국의 방위공약을 확고히 하는 것이었다. 박정희 대통령은 베트남전에서 미국을 돕지 않는다면 미국은 주한미군을 베트남으로 보낼 수밖에 없다고 판단했다. 존슨 대통령은 인기 없는 베트남전에 미국 본토 미군 또는 유럽 주둔 미군을 보내기 어려웠고 동원 가능한 병력은 한국 주둔 2개 사단뿐이었다. 파병을 논의하는 한미협상에서 미국은 "한국과 사전협의 없이 주한미군의 철수는 없을 것"이라는 약속을 여러 차례 했다.[25]

이에 따라 한미 양국은 실무협상을 벌였다. 한국은 미국이 이미 합의한 바 있는 한국군 장비 현대화 등의 약속 이행을 촉구하며, '선(先) 약속 이행, 후(後) 파병'을 요구했지만, 미국은 '선 파병, 후 약속 이행'을 주장하면서 협상이 결렬되었다. 1966년 초 존슨 대통령은 험프리(Hubert H. Humphrey Jr.) 부통령을 특사로 파견하여 한국에 대한 약속 이행을 다짐하면서 추가 파병을 요청했다. 이에 따라 이동원 외무부장관은 3월 7일 브라운 미국대사와의 협상을 통해 미국이 한국에 약속한 내용을 서면화한 '브라운 각서'를 받아냈다.

한국이 베트남에 1개 사단을 증파하는 대신 미국은 14개항에 걸친 각종 지원을 약속했다. 미국은 한국군의 베트남전 참전에 필요한 장비와 각종 경비를 지원하고 파병 장병들의 수당도 지급하며 한국군이 베트남에서 구매하는 물자는 최대한 한국에서 조달하도록 했다. 또한 미국 국제개발처(AID)가 베트남에서 실시하는 개발 및 재건사업에 필요한 물품도 가능한 한 한국에서 구매하기로 했다. 또한 미국은 현금차관 1억 5,000만 달러 외에 국제개발처 차관을 추가적으로 한국에 제공하기로 했다.[26]

브라운 각서에 따라 1965~1970년 사이에 미국은 모두 10억 달러 규모의 지원을 한국에 제공했으며, 한국군의 최신 장비 지원을 위해서도 상당한 비용을 부담했다. 미국의 지원 총액은 1966~1969년 사이에 한국 국내총생산(GDP)의 7~8%, 외화수입의 19%에 해당되는 규모였다. 브라운 각서에 따라 한국은 미국에 M16 소총 10만 정 제공 및 M16 소총 공장 건설, 전폭기 17개 대대 및 전략공군기지 건설 지원 등을 요청했고, 미국은 한국 요구의 85% 정도를 제공함으로써 한국군 전력강화와 현대화에 크게 기여했다. 요컨대 한국군의 베트남전 참전을 계기로 한미동맹은 한 차원 높은 단계로 발전했고, 한국군은 전투 경험을 쌓음으로써 전투력이 크게 향상되었다.

일본과의 국교 정상화가 경제개발에 필요한 종잣돈을 마련하는 데 기여했다면, 베트남전 참전은 경제개발의 촉진제 역할을 했다. 1963~1973년 기간 중 한일관계 정상화와 베트남전 참전으로 획득한 외화 총액은 한국 외화수입의 3분의 1에서 절반에 이를 것으

로 추산되었다.[27]

"제2의 한국전쟁이 벌어지고 있다"

1960년대 후반에 이르러 김일성은 1970년대를 적화통일의 결정적 시기라고 선언하고 군사력을 획기적으로 증강하고 전시체제에 돌입했을 뿐 아니라 베트남처럼 게릴라식 무력도발을 본격화했다. 안보가 위태로워지면 경제개발은 불가능하다고 판단한 박정희 정부는 이때부터 경제우선 노선에서 벗어나 경제발전과 국가안보를 동시에 중시하게 되었고, "싸우면서 건설하자"는 구호를 내세웠다.

한국이 경제개발에 집중하고 있는 동안 북한은 군사력 증강과 대남공세에 열을 올렸다. 1962년 12월, 김일성은 노동당 전원회의에서 '4대 군사노선', 즉 전 인민의 무장화, 전 국토의 요새화, 전군의 간부화, 전군의 현대화를 추진하겠다고 선언했다. 북한은 남한에 4·19와 같은 사태가 또다시 일어날 경우 남한을 침공해 통일을 이루겠다는 것을 목표로 삼고 있었다. 또한 1964년 2월 27일 김일성은 노동당 전원회의에서 남조선 혁명을 위한 실천적 요소로서 3대 혁명역량, 즉 북한 자체의 혁명기지 역량, 남한혁명 역량, 그리고 국제적 혁명지원 역량의 강화를 강조했다.

이에 따라 북한은1960년대 중반부터 휴전선을 연해 3선에 걸쳐 진지를 요새화하고, 노동적위대, 교도대 등 예비전력을 준군사부대화하여 즉각적인 전시동원이 가능하도록 했다. 북한은 1965년부터 휴전선을 넘어 미군 초소 습격, 민간인 및 군 간부 일가족 살해, 민간어선 납북 등 게릴라식 도발을 본격화했다. 1967년부터는 더욱 대담한 도발을 감행했다. 그 첫 번째가 해군 56함(당포함) 격침이다. 1월 19일 오후 2시경, 동해 군사분계선(NLL) 부근에서 명태잡이 어선단을 호위하던 해군 초계정(PCE) 56함을 어선 납북 시도를 가장하여 북쪽으로 유인한 후 동굴진지의 해안포 집중사격으로 격침시켜 승조원 39명이 전사하고 14명이 중경상을 입었다.[28] 그해 9월에는 북한 무장세력이 경원선에서 폭발물을 폭발시켜 열차를 탈선시켰다. 1967년의 북한 무장병력 침투는 전년도에 비해 10배 늘어난 780여 건에 달했고, 총격전도 356회나 벌어졌다. 1968년에도 600여 건의 무장병력 침투가 있었다. 이를 위해 북한은 1967년부터 1970년까지 국내총생산(GDP)의 30% 이상을 군사비에 투입했다.

미국 합동참모본부는 1966년 10월 5일부터 1969년 12월 3일까지 비무장지대 일대를 중심으로 한국군과 미군이 침투한 북한군을 상대로 벌인 비정규전을 '제2의 한국전쟁(The Second Korea War)'이라고 했다.[29] 유엔사 보고서에 의하면, 1966년 50건에 불과했던 북한의 정전협정 위반 사례가 1967년 566건, 1968년 761건, 1969년 99건을 기록했다. 해당 기간에 한국군 299명, 주한미군 75명, 북한군 397명이 사망해 10일에 7명꼴로 희생되었다.[30]

김일성은 1967년 말 최고인민회의 연설에서 "민족통일은 우리의 최고의 책무이며, 우리 당과 우리 인민의 가장 중요한 과업은 제국주의자들에게 빼앗긴 땅을 다시 찾는 일이다"라면서 "어떠한 희생을 무릅쓰고라도 민족통일이라는 혁명과업을 달성해야 한다"고 했다.

1968년 들어 놀라운 일이 일어났다. 북한 민족보위성(국방부에 해당) 정찰국 직속인 124군부대 소속 무장병력 31명이 휴전선을 넘

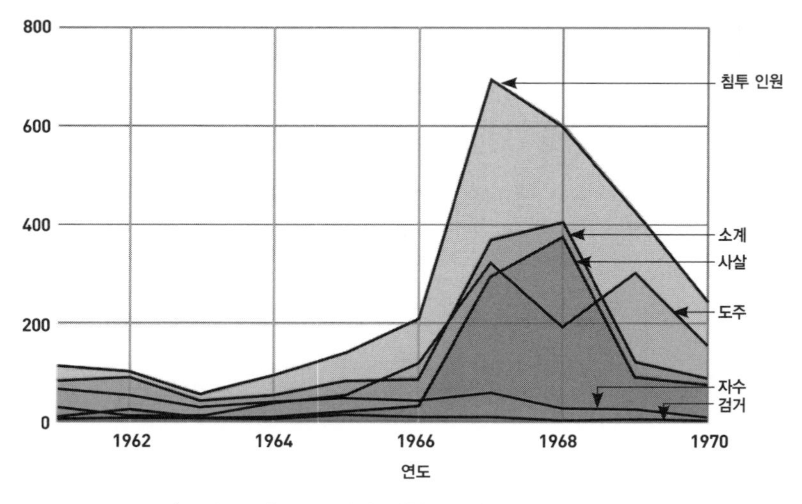

〈그림 2-1〉 1960년대 대침투작전 결과 및 전과

▲『대비정규전사 2』(국방부 군사편찬위, 1998년)의 대간첩작전 연도별 작전 결과를 보면, 연도별 침투(사살 · 검거 · 자수 · 도주) 인원은 1961년 115명, 1962년 104명, 1963년 57명, 1964년 96명, 1965년 142명, 1966년 210명, 1967년 694명, 1968년 601명, 1969년 429명, 1970년 245명 등으로 급증했다.

어 청와대 기습임무를 띠고 서울에 침투했던 것이다. 1월 21일 저녁 10시경 무장공비들이 세검정을 지나 청와대 300m 부근까지 접근하던 중 신고를 받고 출동한 종로경찰서장 최규식 총경의 불심검문을 받자 총과 수류탄으로 공격했다. 다행히 수도경비사령부 제30경비대대의 출동으로 그들의 청와대 기습작전은 실패했다. 그러나 며칠 동안 청와대 주변과 북악산 일대에서 그들을 소탕하기 위한 총격전이 계속되었다. 청와대가 기습을 당했다면 전면전으로 확대되었을지도 모른다. 북한의 최초 작전계획은 수백 명의 특수부대 요원들을 침투시켜 본대는 청와대를 기습하여 박정희 대통령을 암살하고, 나머지는 몇 개 조로 나누어 미 대사관과 국방부 등에 대한 기습을 통해 요인들을 살해하고, 교도소 공격을 통해 죄수 석방 등으로 서울을 혼란에 빠뜨린 후 남한 내 반정부 세력의 의거라는 삐라를 뿌린 후 죄수들을 데리고 북으로 넘어가는 것이었다고 한다. 이것은 9일 후 베트남 사이공에서 공산 측이 벌였던 구정공세와 유사한 기습작전이었다.

북한의 무모한 군사도발은 연이어 일어났다. 청와대 기습 시도 이틀 후 공해상에서 임무를 수행하던 미 해군 정보수집함 푸에블로(Pueblo)함을 납치했다. 2월 5일, 박정희 대통령은 북한에 보복해야 한다는 내용의 서신을 존슨 대통령에게 보냈으나 존슨의 반응은 미온적이었다. 북한 특공대의 청와대 기습이 성공했다면 전면전이 일어났을지도 모르는 중대 사건이었지만, 미국은 이 사건의 대응은 경시한 채 비밀리에 북한과 푸에블로함 송환 협상을 벌이고 있었던 것이다. 박정희 정부는 분노했고, 여론도 들끓었다. 이에 미국은 밴스(Cyrus Vance)를 특사로 파견했다. 밴스를 만난 자리에서 박정희 대통령은 청와대 공격과 푸에블로함 납치는 전쟁행위라면서 북한에 사과와 재발 방지를 요구해야 한다고 했지만, 밴스는 이에 부정적이었다. 이때부터 박정희 대통령은 미국의 방위 공약을 의심하기 시작했다.[31]

북한의 청와대 공격 시도 이후 박정희 대통령은 방위태세 강화에 나섰다. 그는 2월 7일 경전선(慶全線) 개통식에서 "올해 안에 250만 재향군인을 무장시키고, 이에 필요한 무기공장도 연내에 건설할 방침"임을 밝히는 동시에, "전 국민적 방위태세를 갖춤으로써만이 북한의 도발을 막아낼 수 있다. 온 국민은 경제건설과 국토방위를 병행해야 할 것이며, 논두렁에 총을 두고 농사를 짓는 태세를 갖추어야 한다"고 말했다. 4월 1일 그는 "일하면서 싸우자", "우리 고장 방위는 내 손으로"라는 슬로건을 내걸고 향토예비군을 창설했다. 이로써 향토예비군은 군경이 전담하던 후방 대간첩작전에 적극 참여하게 되었다. 다음 해부터는 고등학교와 대학교에서 군사훈련을 실시하도록 했다. 또한 정부는 1968년부터 3년 동안 국정 지표를 "싸우면서 건설하자"로 정하여 경제개발과 국방력 강화를 병행했다.

청와대 습격 사건 2년 후인 1970년 6월 22일, 북한에 의한 국립묘지 현충문 폭발 사건이 발생했다. 6월 22일 새벽 3시 50분경 특수훈련을 받은 북한 무장특공대 3명이 동작동 국립묘지 현충문 지붕 위에 올라가 전자식 폭탄을 설치하던 도중에 조작 미숙으로 폭탄이 폭발했던 것이다. 이 북한 무장특공대는 국립묘지에서 열릴 6·25 기념식 때 박정희 대통령을 비롯한 정부요인들을 암살할 목적으로 현충문에 폭약을 설치하려 했던 것이다. 1974년 광복절 행사장에서도 북한의 지령을 받은 조총련계 간첩 문세광이 박정희 대통령을 저격하려다가 육영수 여사를 살해했다.

1968년 11월에는 울진과 삼척 지역에 130여 명의 북한 특공대가 침투하여 2개월가량 게릴라전을 시도했다. 1969년 4월에는 북한 공군기가 공해상을 비행 중이던 미군 정찰기 EC-121을 격추했다. 당시 김일성은 1970년까지 통일할 수 있을 것이라고 공언하고 있었다. 북한은 베트남전에 매달려 있는 미국이 아시아에서 제2의 전선을 감당할 수 없을 것이라는 판단 아래 대남 도발을 통해 남한의 경제를 파탄에 빠뜨리고 미군 철수를 유도하여 베트남처럼 공산화하고자 했던 것이다.[32] 당시 해외에서는 '제2의 한국전쟁'이 벌어지고 있다고 했다.

육영수 여사 살해 사건이 일어난 지 3개월 후인 1974년 11월 15일 서부전선 고랑포 지역의 군사분계선 남방 1.2km 지점에서 남침용 땅굴이 발견되었다. 북한이 이 땅굴을 통해 1시간당 3,000명 이상의 무장병력을 침투시킬 수 있고, 궤도차를 이용하여 중화기 운반도 가능한 것으로 판단되었다. 4개월 후에는 제2의 땅굴이 발견되었다. 당시 북한이 20개 정도의 땅굴을 굴착하고 있는 것으로 추정되었다.

한국 안보의 기반을 뒤흔든 닉슨 독트린

한편 1960년대 후반 미국은 베트남전 수렁에 빠져 심각한 정치적 · 사회적 · 경제적 위기에 휩싸였다. 당시 미국에서는 반전운동이 최고조에 달했고, 이로 인해 베트남전 참전 미군의 사기는 땅에 떨어졌다. 결국 존슨 대통령은 재선을 포기했고, 미국은 공산 측과 평화협상에 나섰다. 1968년 대통령 선거 1년 전인 1967년 10월 공화당의 대통령 후보 닉슨(Richard Nixon)은 "베트남 이후의 아시아"라는 《포린 어페어스(Foreign Affairs)》지 기고문에서 미국은 더 이상 세계의 경찰이 되어서는 안 되며, 베트남에서 미군을 철수해야 하고, 나아가 아시아에서 미군의 개입을 줄여야 한다고 주장했다. 1969년 1월에 취임한 닉슨 대통령은 동서 냉전을 완화시키는 데탕트(détente) 정책을 추진하겠다고 했는데, 이것은 1947년 3월 공산세력의 팽창을 저지하기 위해 선언했던 봉쇄정책(Containment Policy)을 파기한 것으로, 공산권에 대한 중대한 정책 변화를 의미했다.

뒤이어 7월 29일, 닉슨 대통령은 괌(Guam)에서 "아시아의 방위는 1차적으로 아시아 국가의 책임"이라고 선언했다. 이에 따라 베트남은 물론 한국에서 미군의 단계적 철수가 시작되었다. 이는 베트남전쟁으로 인해 국력이 소진되고 국제적 위신이 크게 실추된 상황에서 나온 것으로, 미국이 베트남전쟁과 같은 지역분쟁과는 거리를 두겠다는 선언이었다. 이때부터 베트남에서 미군이 철수하기 시작하여 1972년 말까지 대부분 철수했다.

닉슨 독트린(Nixon Doctrine)은 한국을 포함하여 미국의 군사적 지원을 받고 있던 아시아 국가들에게 큰 충격이었다. 특히 북한의 대남 무력공세로 안보정세가 극도로 불안했던 한국에게 청천벽력이 아닐 수 없었다. 닉슨 독트린 발표 뉴스를 접한 박정희 대통령은 "(닉슨의 선언은) 북한이 다시 침략하더라도 미국이 한국을 구원하기 위해 달려가지 않겠다는 메시지를 한국인들에게 준 것"이라고 말했다. 미국은 베트남전에서 미군 5만 8,220명이 전사했고, 1,110억 달러(2015년 환율로는 1조 달러) 규모의 막대한 전비(戰費)를 투입해야 했다. 미국인들은 아시아의 전쟁에 신물이 날 지경이었다.

1970년 7월에 미국은 한국과 사전협의도 없이 주한미군 2만 명을 철수시킬 것이라고 발표했다. 애그뉴(Spiro Agnew) 미국 부통령이 서울을 방문하여 박정희 대통령과 회담할 당시 5년 내 미군을 완전 철수할 계획이라고 말했다. 미군 철수는 6·25전쟁 이후 미국의 한반도 정책에서 가장 중대한 변화였다.[33] 1969년 8월 개최된 한미 정상회담에서 닉슨 대통령이 "주한미군은 계속 주둔한다"고 재확인한 지 1년도 되지 않아 생각이 바뀐 것이었다.

미국은 1971년 3월에 주한미군 제7사단을 철수시켰으며, 5년 후에는 주한미군을 완전히 철수할 예정이었다. 이렇게 되면 6·25전쟁 직전과 똑같은 상황이 되는 것이며, 김일성이 6·25전쟁 당시와 같은 오판을 할 소지가 있었다. 스칼라피노(Robert Scalapino) 버클리대 교수는 미 제7사단의 철수는 휴전협정 이후 가장 중요한 미국 한반도정책의 변화였다고 분석했다.

당시 북한은 한국에 비해 군사력이 압도적으로 우세했다. 북한의 총병력은 한국의 2배였고, 전차와 야포도 2배 이상이었다. 또한 북한은 10만 명에 달하는 세계 최대 규모의 특수부대를 보유하고 있었다. 북한이 잠수함을 20척이나 보유하고 있었지만 우리는 한 척도 없었다. 세계 군사전문가들은 북한과 한국의 군사력 격차를 3대 1로 보았다. 더구나 북한군은 3분의 2가 휴전선 100km 이내에 배치되어 있어 언제든지 기습공격이 가능했다.

뒤이어 닉슨 행정부는 냉전시대의 정책을 근본적으로 변화시키고 있었다. 1971년 7월, 닉슨의 중국 방문이 발표되었다. 6·25전쟁 당시 적대국이었던 미국과 중국이 화해한다는 사실은 한국으로서는 큰 충격이 아닐 수 없었다. 1972년 2월 중국을 방문한 닉슨은 마오쩌둥(毛澤東)과 회담을 했고, 저우언라이(周恩來) 총리와 함께 '상하이 공동성명'을 발표했다. 이 성명에서 미국은 타이완을 중국의 일부라고 선언했다. 미국이 반공국가인 타이완을 버리고 중국과 손잡은 것을 목격하면서 미국이 한국의 방어도 포기할지 모른다는 우려가 커졌다. 실제로 저우언라이는 키신저(Henry Kissinger)와 회담하는 자리에서 주한미군의 완전 철수를 요구했다고 한다.

미군이 완전 철수하게 되면 한국의 생존 자체가 위태롭게 될 뿐 아니라 경제개발도 어려워질 것이 분명했다. 그동안 한국은 한미동맹에 의존하면서 경제발전에 전념할 수 있었지만, 미군 철수로 지정학적 리스크가 커졌더라면 경제발전은 사실상 불가능했을 것이다. 이 같은 긴박한 상황에서 박정희 대통령은 1년 후인 1971년 12월 6일 국가비상사태를 선언했다. 정책우선순위를 경제발전에서 국방력 강화로 전환한다는 선언이었다. 뒤이어 1972년 10월 유신체제를 출범시키고 핵무기 개발을 추구하게 된 것도 닉슨 행정부의 급변한 아시아 정책 때문이었다.

자주국방을 향한 박정희 대통령의 거보(巨步)

닉슨 독트린이 발표된 지 두 달 후인 1969년 10월 박정희 대통령은 상공부장관이던 김정렴(金正濂)을 청와대 비서실장으로 임명하면서 다음과 같이 말했다.

"잘못하면 김일성이에게 먹힐지 모른다. 70년대를 적화통일의 시기로 잡고 자꾸 도발해오고 있으니 바짝 정신 차려야겠다. 나는 경제에 신경 쓸 시간이 없다. 국방과 외교에 전념해야겠다. 임자는 경제전문가이니 경제를 맡아라."

김정렴은 그때부터 "박 대통령이 국방에 50~60%의 시간을 쓰고 경제에는 30~40%, 국내 정치에는 10% 이하로 관심을 쏟았다"고 회고했다. 박정희 대통령은 다음 해 초 기자회견에서 "북괴가 단독으로 무력침공을 해왔을 때에는 우리 대한민국 국군이 단독의 힘으로 충분히 이것을 억제하고 분쇄할 수 있는 정도의 힘을 빨리 갖추어야 한다"고 말했으며, 뒤이어 김학렬(金鶴烈) 경제기획원장관에게 방위산업육성계획을 수립하라고 지시했다.

이에 따라 정부는 1970년 8월, 무기와 장비의 국산화를 전담할 국방과학연구소(ADD)를 설립했다. 박정희 대통령은 다음 해 초 국방부를 순시한 자리에서 국방과학연구소에 "1976년까지 최소한 이스라엘 수준의 자주국방 태세를 목표로 총포, 탄약, 통신기, 차량 등의 기본 병기를 국산화하고, 1980년대 초까지 전차, 항공기, 유도탄, 함정 등 정밀 병기를 생산할 수 있는 기술을 확보하라"고 지시했다.[34] 1976년을 시한으로 제시한 것은 그해가 바로 주한미군이 완전히 철수하기로 한 해였기 때문이다.

당시 북한은 일본이 남긴 방대한 중화학 시설을 복구하여 6·25 전쟁 전부터 각종 소총, 기관총, 박격포 등 기본 화기는 물론 해안경비정 등을 생산해왔고, 1970년대 초에는 각종 야포, 장갑차, 전차, 미사일 등을 생산하고 있었다. 이에 비해 한국은 중소기업 수준의 주물공장이나 주방용기를 만드는 구리공장 정도를 보유하고 있는 실정이어서 무기 생산은 꿈도 꿀 수 없는 형편이었다. 기술, 기술자, 경험, 기본 설비조차 없었다. 있는 것이라고는 의욕뿐이었다.

무기 시제품 개발과 방위산업 육성은 별개의 문제였다. 방위산업은 무기를 대량 생산할 수 있는 중화학 공장들과 이를 운용할 인력이 있어야 한다. 이때 오원철(嗚源哲) 상공부 차관보는 '모든 무기도 결국 분해하면 부품'이라는 점에 착안해 일단 부품 공장들을 먼저 세우자는 안(案)을 냈다. 박정희 대통령은 "돈도 적게 들면서 중화학공업과 방위산업을 동시에 건설하는 일석이조 전략"이라며 찬성했다. 그래서 박정희 대통령은 1971년 11월 11일, 중화학공업 및 방위산업 전담 제2경제수석비서관실을 신설하고 오원철을 수석비서관으로 임명했다.

박정희 대통령은 오원철에게 임명장을 수여한 후 세 가지 지시를 내렸다. 첫째, 안보 상황이 초비상 상태다. 둘째, 우선 예비군 20개 사단을 경장비 사단으로 무장시키는 데 필요한 무기부터 개발 생산하라. 60mm 박격포까지를 포함한다. 셋째, 청와대 안에 설계실부터 만들어 직접 감독하라. 처음 나오는 병기는 총구가 갈라져도 좋으니 우선 시제품부터 만들라. 차차 개량해나가면 쓸 만한 병기를 생산할 수 있게 된다. 우수한 인재를 동원하라.[35]

이보다 하루 전인 11월 10일, 박정희 대통령은 국방과학연구소에 긴급 지시를 내렸다. 소총, 기관총, 박격포, 수류탄, 유탄발사기, 지뢰 등의 시제품을 그해 말까지 만들라는 것이었다. 병기 제작에는 정밀기계공업이 뒷받침되어야 하지만 당시 국내 공업 수준은 라디오, 자전거 등을 조립 생산하는 수준에 불과했다. 이런 상황에서 1개월 정도의 짧은 기간에 무기 시제품을 제작한다는 것은 무(無)에서 유(有)를 창조하라는 것과 마찬가지였다. 그래서 사업 명칭이 '번개사업'이 되었다. '번갯불에 콩 볶아 먹어야 할' 정도로 촉박한 사업이라는 의미다. 과학자들과 민간기업 기술진들은 불철주야 강행군하지 않을 수 없었다. 그들은 미군 무기와 장비를 분해해 역설계하는 것부터 시작했다. 실패를 거듭한 가운데 3차에 걸쳐 진행된 번개사업은 기본 병기에서 시작해 통신장비, 개인 장구류로 품목이 확대되었으며, 1972년 9월까지 주요 무기와 장비 등의 시제품을 만드는 데 성공했다. 불가능해 보였던 번개사업은 정부의 강한 의지, 연구원들의 집념과 불철주야의 노력으로 무기 국산화의 길을 열었다.

1972년 4월에는 박정희 대통령이 합동참모본부를 방문하여 자주국방력 건설에 대한 지시를 했다. 첫째, 자주국방을 위한 군사전략 수립과 군사력 건설 착수, 둘째, 작전지휘권 인수에 대비한 장기 군사전략 수립, 셋째, 고성능 전투기와 미사일을 제외한 주요 무기와 장비의 국산화, 넷째, 1980년대에는 미군이 한 사람도 없다고 가정하고 독자적인 군사전략과 전력증강계획을 발전시키도록 하라고 지시했다.

이에 따라 군은 독자적인 지휘체계와 군사전략을 수립했고, 나아가 1974년 2월에는 독자적 군사전략에 필요한 전력증강계획(1975~1981)을 수립했다. 이것이 이른바 율곡(栗谷)계획이다. 율곡계획은 우리 역사상 최초의 종합적인 군사력건설계획이다. 이 계획에는 국내에서 생산할 수 있는 무기와 장비, 해외에서 조달해야 하는 무기와 장비가 모두 포함되어 있었다. 총 소요예산은 3조 6,000억 원(21억 4,000만 달러)으로, 당시로서는 천문학적 규모였다. 1975년 베트남 패망 직후 박정희 정부는 방위세를 신설하여 방위산업 육성에 박차를 가하도록 했다.[36]

1974년 4월에는 박정희 대통령이 국방과학연구소에 "1975년까지 사거리 200km의 지대지 미사일을 개발하라"는 극비 지시를 내렸다. 미사일이 무엇인지, 필요한 기술과 시설은 무엇인지, 어떤 인력이 필요하며, 자금은 얼마나 드는지 등, 미사일 개발의 필요 요소를 파악하고 계획하는 데 2년 이상 걸렸다. 대전과 안흥에 유도탄 개발연구소와 시험장이 건설되었으며, 젊은 과학자들이 미국 나이키(Nike) 미사일의 역설계와 개량을 통해 1978년 4월에 최초의 국산 미사일 '백곰' 개발에 성공했다. 개발 지시를 받은 지 6년, 개발에 착수한 지 4년 만이었다. 1차 시험발사 실패에 이어 1주일 후에 실시된 2차 시험발사도 실패했으나, 한 달 후에 실시된 3차 시험발사는 성공했다. 그로부터 3개월 후인 9월 26일, 충남 안흥시험장에서 박정희 대통령이 참관한 가운데 백곰 미사일의 공개 시험발사가 있었다. 시험발사는 성공적이었다. 이로써 우리나라는 세계 일곱 번째 미사일 개발국이 되었다.

그러나 미국은 한국의 백곰 미사일 개발이 미국의 나이키 미사일의 모방개발일 뿐 아니라 핵개발 가능성이 있다며 문제를 제기했다. 그래서 박정희 정부는 1979년 10월 미국에 "사거리 180km 이상의 미사일은 개발도 보유도 하지 않는다"고 약속했다. 그 후 40년간 한국 미사일 개발의 걸림돌이 되었던 '한미 미사일 지침'이 탄생한 것이다. 그래서 백곰 미사일은 개발이 완료되고도 단 1기의 미사일도 양산되지 못했다. 그럼에도 한국은 세계 일곱 번째로 미사일 시험발사에 성공함으로써 미사일 개발의 기반을 마련했을 뿐만 아니라 장기적으로 정밀무기도 개발·생산할 수 있는 방위산업의 토대를 마련했다.

1977년 6월 23일. 중부전선 훈련기지에서 박정희 대통령이 참석한 가운데 창군 이래 최대 규모의 국산 무기 화력 시범대회가 열렸다. M16 소총부터 155mm 대구경 포까지 각종 국산 무기가 등장했고, 벌컨포, 장갑차, 500MD 헬기 등 새로 개발한 병기도 그 위용을 자랑했다. 1978년 10월 1일, 국산 무기와 장비가 총동원된 가운데 국군의 날 행사가 열렸다. 그날 저녁 박정희 대통령은 국군의 날 행사에서 느낀 벅찬 감동을 다음과 같이 일기에 남겼다.

"오늘의 행사에 동원된 장비 중 70~80% 이상이 우리 국산 장비라는 것을 확인할 수 있었다. … 우리 역사상 이처럼 막강한 국군을 가져본 것은 처음이리라."

율곡계획의 성공으로 1980년대 초에 이르러 한국군은 M60 전차 60대, M47/48 전차 800대, 105mm · 155mm · 203mm 야전포 등 야포 2,000문, 구축함 10척, F-4D/E 전폭기 및 F-5 전투기 280대 등 북한과 대적할 수 있는 현대식 무기와 장비를 갖추게 되었다.[37]

1975년 4월 베트남이 패망하자 미국의 한국 방위공약에 대한 우려가 커지면서 박정희 대통령은 핵무기가 국가안보를 보장하는 궁극적 수단이라고 확신하고 핵개발을 시도했다. 1972년 9월부터 시작된 핵무기 개발은 핵폭탄과 핵폭탄 운반체인 미사일 개발은 국방과학연구소가 주도하고, 핵폭탄의 연료가 되는 플루토늄 생산을 위한 연구용 원자로와 핵연료 재처리 시설의 확보는 원자력연구소 특수사업부가 담당했다. 고순도 플루토늄을 얻기 위한 연구용 원자로와 핵연료 재처리 시설은 각각 캐나다(NRX 연구로)와 프랑스(SGN 사)를 통해 도입을 진행했고, 핵폭탄 제조와 기폭 기술은 연구진이 프랑스에 있는 핵폭탄제조연구소 등에 가서 습득했다. 1974년 5월 한국은 프랑스 회사와 '재처리 시설 용역 및 공급계약'을 체결했다.[38]

1974년 5월 미국은 인도의 핵실험 성공에 충격을 받아 한국에 압력을 가하기 시작했다. 1975년 8월 한미 연례 안보회의에 참석했던 제임스 슐레진저(James Schlesinger) 미국 국방장관은 박정희 대통령을 예방하여 대화를 나누었는데, 다음은 비밀 해제된 문서들을 통해 공개된 당시 대화 내용이다.

"슐레진저 장관은 박 대통령에게 '한국이 자체적으로 핵무기를 개발하려는 노력은 소련이 한국을 핵무기로 위협하는 명분을 제공할 것'이라며 '한미관계를 손상시키는 가장 유일한 요소가 바로 한국의 자체적 핵개발 노력이다. 핵무기가 한국에 없는 것이 최선이다. 평양에 핵무기를 사용한다면 2~3만 명이 사망하지만 반대로 소련이 서울을 향해 핵무기 공격을 가한다면 300만 명이 사망할 것이다. 한국의 이 같은 취약성 때문에 우리는 (한반도에) 핵무기를 배치하는 데 매우 조심하고 있다'고 강조했다."[39]

1975년 10월 슐레진저에 이어 국방장관이 된 럼스펠드(Donald Rumsfeld)는 1976년 워싱턴 한미 연례 안보회의에서 서종철 국방부장관에게 한국이 핵무기 개발을 고집하면 "미국은 안보와 경제 문제를 포함해서 한국과의 모든 관계를 전면 재검토할 것"이라고 했다.[40] 결국 박정희 정부는 캐나다와의 핵 연구용 원자로 구입 협상을 중단했고, 프랑스와의 핵연료 재처리 시설 도입 계약도 포기하게 되었다. 한편, 국방과학연구소의 특수사업팀은 1976년 말 원자력의 군사적 운용에 관한 연구를 중단하라는 박정희 대통령의 지시에 따라 핵무기 설계에 관한 연구를 중단했다.[41] 카터(Jimmy Carter) 대통령이 주한미군 완전철수 선언을 했을 때 박정희 정부는 핵연료 재처리 시설 도입을 다시 시도했으나 미국의 압력에 의해 포기하고 말았다.

한국은 2022년 현재 세계 10대 무기 수출국이 되었다. 한국은 최근 폴란드에 K2 전차 980대, K9 자주포 648대, FA-50 전투기 48대를 수출하는 계약을 체결했다. 계약 규모가 최소 150억 달러(약

20조 1,500억 원)에 달한다. 이 계약으로 한국은 나토 회원국들에 무기를 수출하는 유일한 아시아 국가라는 입지를 굳혔다. 이미 에스토니아, 노르웨이, 투르키예, 영국, 핀란드 등이 한국산 무기를 구매했다. 호주, 인도, 인도네시아, 필리핀 등도 최근 한국산 무기 구매 계약을 맺었으며, 중동, 북아프리카, 중남미 국가들도 한국산 무기를 구매했다. 박정희 대통령의 과학기술과 방위산업 육성 없이 이것이 가능했겠는가.

남베트남 패망 후에도 시도되었던 카터의 주한미군 철수

1975년 4월 30일, 사이공이 공산군에 점령되면서 남베트남이 패망했다. 이것은 같은 분단국인 한국에 엄청난 충격이었다. 사이공 주변에서 최후 격전이 벌어지고 있던 1975년 4월 김일성은 중국을 방문했다. 그를 위한 환영만찬에서 김일성은 베트남에서 공산 측 승리를 축하하면서 "남조선에서 혁명이 일어나면 같은 민족으로서 이를 좌시할 것이 아니라 남조선인들의 투쟁을 적극 성원하겠다"고 말하고 "남조선을 해방시키는 데 문제가 없다"고 큰소리쳤다.[42]

사이공 함락 하루 전인 4월 29일 박정희 대통령은 40분에 걸친 라디오 연설에서 "북한이 남침할 것이냐 아니냐를 논의할 단계는 지났다. … 우리는 사실상 전쟁상태 하에 살고 있다. … 나는 650만 서울 시민들과 함께 죽을 때까지 싸울 것이다"라고 비장한 각오를 밝혔다. 5월 10일 서울에서는 150만여 명이 참석한 대규모 반공집회가 열렸다. 사이공 함락 2주 후인 5월 13일 박정희 대통령은 '국가안보와 사회질서 유지를 위한 대통령 긴급조치'를 발동했다. 이어서 공화당은 전쟁대비태세를 강화하기 위해 국가보안법 개정안, 전투예비군 창설법, 학생군사훈련 관련법을 국회에서 통과시켰다. 그리고 1976년도의 국방예산을 2배로 늘렸다.

이런 가운데 북한이 판문점에서 야만적인 도발행위를 저질렀다. 1976년 8월 18일 판문점 공동경비구역 내에서 북한군이 도끼, 곡괭이, 몽둥이를 휘두른 '도끼만행사건'으로 미군 장교 2명이 잔인하게 살해되고 한국군과 미군 4명이 부상을 입었다. 이로 인해 한반도는 일촉즉발의 전쟁 위기에 휩싸였다. 김일성은 인민군은 물론 노농적위대와 붉은청년근위대에까지 전투태세를 발령하고 준전시 상태인 '폭풍1호'를 선포했다.

미국 백악관에서는 즉각 특별대책반이 소집되었으며 "이 사건의 결과로 빚어지는 어떠한 사태에 대해서도 그 책임이 북한에 있다"는 성명을 발표했다. 포드(Gerald Ford) 대통령의 명령에 따라 스틸웰(Joseph Stilwell) 주한미군 사령관은 문제의 미루나무를 베고 공동경비구역 내에 북한군이 설치한 불법 방벽을 제거하기 위한 작전을 실시했다.

이에 따라 주한미군과 한국군에는 데프콘 2(공격준비태세)가 발령되었다. 미국 본토에서 핵무기 탑재가 가능한 F-111 전투기 20대가 한반도에 급파되었고, 괌에서는 B-52 폭격기 3대, 오키나와 미 공군기지에서 이륙한 F-4 24대가 한반도 상공을 선회하고 있었다. 또한 함재기 65대를 탑재한 항공모함 미드웨이함이 순양함 등 중무장한 호위함 5척을 거느리고 한국 해역에서 항진하고 있었다.

박정희 대통령의 지시로 제1공수특전여단 김종헌(金鍾憲) 소령 지휘 하에 64명으로 구성된 결사대가 편성되어 보복작전에 참가했다. M16 소총, 수류탄, 크레모아 등을 트럭에 숨기고 카투사로 위장한 특전사 요원들이 공동경비구역 내 작전에 투입되어 북한군 초소 4개를 파괴했다. 북한군이 대응할 경우에는 과감히 사살할 계획이었지만, 북한군이 대응하지 않아 더 이상 사태가 악화되지 않았다. 김일성은 유엔군사령부에 유감의 뜻을 전달했다. 만약 북한군이 저항했다면 제2의 한국전쟁으로 비화되었을 가능성이 있었다. 미국은 최악의 경우 전술핵무기 사용도 배제하지 않을 계획이었다.

이처럼 한반도 상황이 심각했음에도 불구하고 또다시 주한미군의 철수가 공식화되었다. 1976년 6월, 민주당 대통령 후보 카터는 "한국 및 일본과 협의를 거쳐 주한 미 지상군을 단계적으로 철수시키겠다"고 선언했다. 베트남전의 패배로 큰 충격에 빠져 있던 미국 국민들은 카터의 공약을 반기고 있었다. 사이공 함락 직후 실시한 해리스 여론조사(Harris Poll)에서 "만약 북한이 남한을 침공한다면 미국은 참전해야 할 것인가?"라는 질문에 찬성은 14%에 불과했고 반대는 무려 65%에 달했다. 카터는 이 같은 여론 동향에 유의했을 것이다. 민주당 지지 성향의 브루킹스 연구소(Brookings Institution)가 1975년 초 발간한 주한미군 관련 연구 보고서에서 주한미군은 미국을 전쟁으로 끌어들이는 인계철선과 같으므로 철수해야 한다는 결론도 카터의 주한 미군 철수 공약에 영향을 주었을 것이 틀림없다.

카터는 취임 1주일 만인 1977년 1월 26일 주한미군 감축을 포함한 한반도 정책을 검토하라는 '대통령검토각서13(PRM no. 13, Presidential Review Memorandum no. 13)'를 국가안보회의를 통해 관계부처에 하달했다. 그해 5월 공개된 이 대통령검토각서의 주요 골자는 다음과 같다.

- 주한 미 지상군 철수를 3단계로 추진한다.
- 1단계로 미 사단의 1개 여단을 1978년 말까지 철수한다.
- 2단계로 각 지원부대를 철수한다.
- 3단계로 잔여 1개 여단과 사령부를 철수한다.
- 완료 시기는 1982년이 될 것이다.[43]

1월 말 카터는 먼데일(Walter Mondale) 부통령을 일본에 특사로 보내 주한미군 철수 방침을 통보했다. 이로부터 보름 후인 2월 15일 스나이더(〈Richard Sneider) 주한 미국대사와 베시(John W. Vessey) 주한미군사령관을 통해 주한미군 철수에 관한 카터 대통령의 친서를 박정희 대통령에게 전달했다. 이에 대해 박정희 대통령은 철군이 결정된 이상 이를 수용하며 그에 따른 보완책이 마련되기를 희망한다면서 박동진 외무부장관을 특사로 보내겠다는 답신을 보냈다.

박동진 외무부장관은 대통령 특사 자격으로 3월 9일 카터 대통령과 주한미군 철수 문제를 협의하기 위해 백악관을 방문했으나, 카터 대통령은 박동진 외무부장관과의 면담 몇 시간을 앞두고 기자회견을 열어 주한 미 지상군 철수계획을 일방적으로 발표했다. 더 이상 논의가 필요 없다는 입장이었다.

카터 행정부가 주한미군 완전철수를 통보한 1977년 3월 9일 온 나라가 발칵 뒤집혔다. 그로부터 6일 후인 3월 15일, 주한미군 철수 대책과 관련한 정부·여당 연석회의에서 박정희 대통령은 이렇게 말했다.

"국민들이 미군이 간다고 불안해할 필요도 없습니다. … 물론 미군이 있으면 없는 것보다는 나을 것입니다. … 그러나 이제 우리도 체통을 세울 때가 되었습니다. 60만 대군을 가진 우리가 미군 4만에 의존한다면 무엇보다 창피한 일입니다. 이제 우리의 자주국방력도 이만큼 컸고 지금이라도 전쟁을 하면 승산이 있는데 굳이 미군이 있어야 마음이 놓인다는 것은 말이 안 됩니다."

카터의 철군계획에 대해 주한미군 수뇌부는 물론 미국 국무부와 국방부, 그리고 의회의 반대도 만만치 않았다. 그런 가운데 '싱그러브 사건'이 발생했다. 1977년 5월 24일 미국 대통령 특사로 방한한 브라운(George Brown) 합참의장과 하비브(Philip Habib) 국무부 정무차관의 박정희 대통령과의 회담을 취재하기 위해 와 있던《워싱턴 포스트(The Washington Post)》지의 존 사(John Saar) 기자가 주한미군사령부 참모장 싱글러브(John Singlaub) 소장을 인터뷰하는 과정에서 "만약 카터의 철군계획이 그대로 시행될 경우 전쟁이 일어날 것으로 보느냐?"는 질문에 싱글러브 장군은 "그렇다"고 대답하고, "지난 12개월 동안의 정보수집 결과 북한군은 계속 증강되고 있는 것으로 확인되었다"고 말했다. 이로 인해 싱글러브 장군은 보직 해임되었다.

카터 대통령은 1979년 6월 자신의 재선을 앞두고 주한미군 철수 문제를 마무리 짓기 위해 방한했다. 카터는 방한을 앞두고 미국·남한·북한 3자회담을 휴전선에서 개최할 것을 제안했던 것으로 알려져 있다. 하지만 북한이 한반도 내부 문제는 남북한이 자주적으로 풀어가야 하고, 정전체제에 관한 문제는 북한과 미국이 협의해야 한다고 완강히 주장하는 바람에 3자회담은 무산되었다. 그동안 북한은 정전체제를 평화협정으로 바꾸고 주한미군 철수 문제를 협의하기 위해 미국과의 회담을 끈질기게 요구해왔던 것이다.

1979년 6월 30일, 박정희 대통령과 카터 대통령 간 정상회담이 청와대에서 열렸다. 80분의 회담 시간 중 한반도 정세에 대한 박정희 대통령의 발언이 통역을 포함해서 40분 이상 계속되었다. 화가 난 카터 대통령은 배석했던 밴스(Cyrus Vance) 국무장관에게 "이자가 2분 이내에 입을 닥치지 않으면 나가버리겠다"는 메모를 건넸다. 결국 박정희 대통령이 카터 대통령이 관심을 기울인 한국군의 전력증강과 구속자 석방 문제에 대해 유연한 자세를 보이면서 카터 대통령도 한 발 물러섰다. 1979년 7월 20일, 백악관은 "한반도의 군사 정세에 대한 재평가가 완료되는 1981년까지 주한미군의 철수 계획을 중단한다"고 발표했다.

카터의 주한미군 철수 결정을 보류하는 데 결정적 영향을 미친 것은 2014년 11월 30일 공개된 암스트롱 보고서다. 미 육군 대북 정보담당관 암스트롱(John Armstrong)은 1977년 1월 위성사진 판독을 통해 북한의 군사력이 남한보다 크게 앞선다는 사실을 확인했다. 북한군 보유 전차 수가 알려진 것보다 80% 많았고, 비무장지대 100km 이내에 270대의 전차와 100대의 장갑차를 갖춘 기갑사단이 존재한다는 사실도 밝혀냈다. 1978년 5월에 작성된 암스트롱 보고서는 북한군 편제표에 없던 3개 사단과 1개 여단을 새로 확인했고, 같은 해 10월에는 북한 지상군 병력이 기존에 알려진 45만 명이 아니라 55만~65만 명에 달하고, 사단 수도 28개가 아니라 41개라고 판단했다.

암스트롱 보고서 내용은 1979년 1월 《아미 타임스(The Army Times)》라는 국방 전문지에 누출되었고, 주류 언론들도 앞다퉈 이를 보도하여 카터의 주한미군철수론을 뒷받침해온 근거가 허물어졌다. 그래서 여론은 주한미군 철수 반대 쪽으로 급속히 기울어지면서 재선을 앞둔 카터의 결심은 흔들렸다. 카터 대통령이 정치적으로 완전히 고립되면서 1979년 2월 9일 상원의 권고를 받아들이는 형식으로 주한미군 철수 보류 결정을 하게 되었다.[44]

1979년 9월 하순, 청와대에서 북한군 전투서열(Order of Battle)에 대한 보고회가 열렸다. 보고가 끝난 후 박정희 대통령은 "주한미군 철수가 1981년까지 중단된 것은 다행한 일이지만 그때 가서 또 어떤 변고가 일어날지는 모르는 일이다. 따라서 80년대에는 주한미군이 존재하지 않는다는 전제 하에 우리 힘으로 전쟁을 억제하고 초전에 승리할 수 있는 자주국방태세를 완비하지 않으면 안 된다"고 강조했다. 불행히도 이 보고가 있은 지 한 달 후 10·26사건이 일어났다.

*****

5·16 당시 북한은 경제력과 군사력에서 한국을 압도하고 있었고, 또한 한국은 만성적 빈곤과 정치사회적 혼란으로 공산혁명의 목표가 되고 있었다. 더구나 한국은 60만 대군을 보유하고 있었지만, 스스로 유지할 능력이 없었고 미국의 지원에 전적으로 의존하고 있었

다. 박정희 대통령은 헌정유린, 장기집권, 민주운동 탄압 등 부정적 측면이 적지 않지만 그의 철혈 리더십은 국운을 바꾸어놓았다.

박정희 대통령의 리더십은 경제적 측면에서 높이 평가되고 있지만, 안보리더십도 높이 평가되어야 마땅하다. 1970년대 전후는 주한미군 철수와 남베트남 패망을 틈탄 북한의 상시적인 도발로 '제2의 한국전쟁'이라 할 정도로 심각한 위기였지만, 박정희 대통령은 그러한 도전을 성공적으로 극복하고 자주국방의 튼튼한 기반을 구축했던 것이다.

박정희 대통령은 북한을 군사적 차원에서만 대응한 것이 아니라 체제경쟁 차원에서 접근했다. 체제경쟁의 핵심은 경제력이다. 경제력이 뒷받침되어야 강한 군사력을 육성할 수 있고, 교육, 의료, 교통, 통신 등 현대 국가의 기반도 튼튼히 할 수 있는 것이다. 5·16 직전 《타임(Time)》지는 1959년 북한의 철강 생산량은 한국의 10배, 시멘트 생산량은 5배, 식량 생산량은 5배나 된다고 보도했다. 박정희 대통령 통치 18년간 한국은 최빈국에서 신흥공업국으로 부상했지만, 지상낙원이라던 북한은 한국에 까마득하게 뒤떨어졌다. 이처럼 박정희의 리더십은 북한과의 체제경쟁에 승리하면서 북한에 대해 자신감을 갖게 되었고, 또한 군사적으로도 북한의 위협에 효과적으로 대응할 수 있는 역량을 갖게 되었다.

제3장

◆

공산세력 도전에 한미일 협력 강화로 대응한 전두환 대통령

◆

전쟁의 참화를 경험하지 못한 전후 세대에게 공산주의를 극복할 수 있는 확고한 가치관과 투철한 안보의식을 심어주는 것이 긴요하다.

- 전두환 -

◆

1979년 10월 26일, 박정희 대통령은 자신의 꿈을 마무리하지도 못한 채 갑자기 서거했다. 당시 전 세계는 2차 석유위기로 경제 침체기를 맞고 있었고, 이에 직격탄을 맞은 우리나라는 에너지 가격 급등으로 1980~1981년 2년간 물가가 56.2%나 상승하여 서민경제가 파탄 지경에 이르렀다. 더구나 18년간 장기 집권하며 강력한 통치체제를 유지해왔던 박정희 체제가 갑자기 붕괴되면서 광주민주화운동 등 정치사회적 혼란이 뒤따랐다. 대외적으로는 1970년대 내내 한국은 미국과 갈등관계에 있었고, 주한미군 철수 문제도 10년 가까이 논란이 되고 있었다.

위기관리 리더로 갑자기 등장한 전두환

박정희 대통령의 갑작스런 서거 이후 대내외적으로 혼란한 최악의 위기 상황에서 전두환(全斗煥)이 위기관리 리더로 등장했다. 위기를 수습하기 위한 과감한 개혁이 있었지만, 그 과정에서 인권침해, 언론탄압 등 무리한 조치도 없지 않았다. 특히 광주민주화운동을 군대를 동원하여 진압하려 하면서 적지 않은 희생자가 발생했고, 그 후유증은 지금도 계속되고 있다. 전두환 장군에게 직접적인 책임이 있든 없든 그가 당시 군의 사실상 실권자였다는 점에서 책임을 면할 수는 없다.

전두환은 6·25전쟁이 가장 치열했던 1951년 초 육군사관학교에 입교한 이래 베트남에서 백마부대 29연대장으로서 전쟁을 지휘하는 등 30년 가까이 군인의 길을 걸으며 위기관리를 해왔다. 취임 초 전두환 대통령은 경제를 안정시켜 정상궤도에 올려놓는 것이 무엇보다 시급한 과제라고 판단했다. 1970년대 박정희 대통령의 중화학공업 육성은 자립경제와 자주국방이라는 목표를 서둘러 달성하기 위해 막대한 외국 차관과 국내 자원을 총동원한 무리한 투자였다. 1980년 당시 한국 경제는 물가폭등, 마이너스 성장, 막대한 무역적자 등 심각한 문제들에 직면해 있었기 때문에 이를 안정시켜 정상궤도에 올려놓기 위해서는 강력한 물가안정정책과 경제개혁이 시급했다.[45]

물가안정은 모든 계층에 고통을 요구하는 인기 없는 정책이었지만, 전두환 정부는 예산 동결, 공무원 봉급 동결 등 모든 노력을 기울여 1980년 29%였던 물가를 1982년부터 2%대로 안정시켰다. 동시에 정부는 방만한 중화학공업에 대한 구조조정 등 과감한 개혁을 실시하고 반도체 등 전자통신 산업 육성 등 신성장 동력의 창출로 10%대의 고도성장을 이룩했다. 그리하여 1980년대 후반에는 물가안정, 고도성장, 무역흑자라는 세 마리 토끼를 한꺼번에 잡았다는 평가를 받았다. 서울올림픽 유치와 개최는 '한강의 기적'을 세계에 알리는 동시에 한국의 위상을 높였다. 올림픽 유치 당시 남덕우(南悳祐) 총리까지 반대했지만, 전두환 대통령은 올림픽이 당면한 위기 극복은 물론 국가발전의 획기적 계기가 될 것으로 판단하고 올림픽 유치에 적극 나서 성공했다. 박정희 대통령의 '한강의 기적'은 미완성으로 끝났지만, 올림픽의 성공적 개최로 전두환 대통령에 의해 완성되었다고 할 수 있다.[46]

서울올림픽에 자극받은 김일성 정권은 1989년에 세계청년학생축전을 개최했지만 참담히 실패했다. 당시 북한은 대내외적으로 매우 어려운 때였다. 동유럽 공산권의 붕괴로 경제지원도 끊겼고 외교적으로도 고립상태였다. 북한은 빈약한 경제력과 기술력에도 불구하고 한국과의 경쟁에서 질 수 없었기 때문에 능라도 경기장 건설, 순안공항 확장, 광복거리 조성, 류경호텔 건설, 고층아파트 건설 등 무리한 건설 사업을 추진했고, 40억 달러에 가까운 무리한 사업비를 조달하기 위해 막대한 외자를 끌어들였다. 예를 들면, 류경호텔은 105층 건물인데 4억 달러 이상의 외화와 연 인원 1만 명의 노동력이 투입되었지만 25년 만인 2013년에야 완공되었다. 이 같은 무리한 건설 사업의 후유증이 1995~1997년 '고난의 행군'이라는 최악의 상황을 초래했다. 한국은 올림픽을 통해 떠오르는 별이 된 반면, 북한은 세계청년학생축전으로 최악의 수렁으로 빠지고 말았다.

총체적 위기 극복을 위한 신속한 한미관계 복원

전두환 대통령은 한미관계가 불확실성의 먹구름에 뒤덮여 있는 것을 한국 안보의 위험 신호로 인식했다. 1970년대부터 주한미군 철수, 한국의 인권문제, 박동선 사건, 그리고 1980년의 광주민주화운동 등으로 한미관계가 심각한 상황에 처해 있었기 때문에 전두환 대통령은 취임 초부터 한미관계 정상화가 시급하다고 판단했다. 그래서 그는 미국과의 관계를 신속히 개선하려는 의도에서 김경원(金瓊元) 박사를 비서실장에 임명했다. 김경원은 하버드대에서 헨리 키신저 지도 하에 국제정치학 박사를 받은 바 있는 한국 최고의 외교안보 전문가로서 남베트남 패망 당시인 1975년부터 박정희 대통령의 국제정치담당 특별보좌관으로 재직했다.

국제정세 측면에서 전두환 대통령은 운이 좋았다고 할 수 있다. 전두환 정부 출범과 동시에 강경 보수주의자인 레이건(Ronald Reagan)이 미국 대통령이 되었기 때문이다. 만약 카터가 재선되었더라면 전두환 대통령은 한미관계는 물론 국정 전반에 걸쳐 난관에 처했을지도 모른다. 글로벌 리더인 미국의 한반도 정책은 세계 다른 지역의 상황과 연동될 수밖에 없다. 1979년 초 미국의 중동지역 핵심 우방인 이란에서 회교혁명이 일어나 팔레비 정권이 붕괴되고 회교정권이 들어섰다. 미국에서는 이란 사태는 카터의 인권외교 때문이라는 비난이 빗발쳤다. 그해 11월 이란 군중이 미국 대사관을 점거하고 60명 내외의 직원들을 인질로 삼았다. 미국은 다음 해 4월 이들을 구출하기 위한 구조대를 보냈지만 실패했다. 설상가상으로 1979년 말에는 8만여 명의 소련군이 아프간을 침공하여 점령했다. 이처럼 당시 미국의 중동정책은 중대한 위기에 직면했다. 뿐만 아니라 이란의 혼란으로 이란 석유생산이 90% 정도 감소하여 국제 유가는 3배 가까이 급등하는 등 2차 석유위기가 세계 경제를 강타했다.[47] 당시 미국의 금리는 20%대였고, 물가상승률도 13%나 되었다. 주유소에서는 휘발유를 사기 위해 4시간이나 기다려야 했다.

1980년은 미국 대통령 선거의 해였다. 카터 행정부가 중동정책에서 갈팡질팡하고 있었기 때문에 한국의 불안정은 미국 조야의 주시 대상이었다. 카터의 인권외교를 비난해온 공화당은 한국이 '제2의 이란'이 될지도 모른다고 경고했다. 그해 5월 한국에서 노사분규와 군중시위로 상황이 악화되자, 카터 행정부는 군대를 동원하여 질서를 유지하려는 최규하(崔圭夏) 정부의 계획에 동의하는 등, '제2의 이란'이 되는 것을 막기 위해 인권외교에서 후퇴했다. 5월 7일, 글라이스틴(William H. Gleysteen) 주한 미국대사는 국무부에 보낸 전문에서 "한국 정부가 법과 질서를 유지하기 위한 비상계획을 어떤 형식으로든 반대하지 않아야 한다"고 건의했고, 크리스토퍼(Warren Christopher) 국무차관은 이에 동의하는 답신을 보낸 바 있다.[48]

광주에서 15만 명 내외의 군중이 소요에 참가하는 등 사태가 심각했을 때 글라이스틴 미국대사는 "광주사태로 한국은 통제 불능 상태에 빠져 있다"[49]고 국무부에 보고했고, 한국 상황을 모니터해온 미국 관리는 "사태는 말할 수 없을 정도로 위험하다. 이것은 1975년 사이공 함락 이래 아시아 우방이 직면한 가장 위태로운 사태"라고 했다.[50] 북한이 이 같은 사태를 악용할 가능성에 대해 미국은 강력히 경고했으며, 공중경보 정찰기 편대를 한반도에 급파하고 항공모함 코럴씨(Coral Sea)함을 주축으로 한 해군전단을 한국 해역에 급파했다. 5월 22일, 백악관 국가안보회의는 "한국에서 무엇보다 시급한 것은 광주에서 질서를 회복하는 것"이라며, "한국이 질서 회복을 위해 필요하다면 군대를 동원하는 것에 반대하지 않는다"고 결론 내렸다.[51] 이에 따라 카터 대통령은 텔레비전으로 중계된 연설에서 한국에서 "안보문제가 인권문제보다 더 중요하다"고 선언했다.[52] 뒤이어 위컴(John A. Wickham) 주한미군사령관은 작전지휘하에 있던 한국군 제20사단을 광주에 투입하는 데 동의했다. 레이건은 대통령 선거운동 과정에서 카터의 인권외교를 철폐하고 한국과의 관계를 복원하기 위해 노력할 것이라고 했다. 그는 취임 즉시 소련을 '악의 제국(evil empire)'으로 규정하는 등, 강력한 반공정책을 선언함과 동시에 불안한 상황에 처해 있던 한국을 적극 지원하겠다고 했다.[53] 그래서 레이건의 한국에 대한 정책은 카터와는 달리 안보와 안정이 우선이었다.

레이건의 보수적인 외교정책은 영국의 대처(Margaret Thatcher) 총리와 일본의 나카소네(中曾根 康弘) 총리 등 핵심 우방 지도자들의 적극적인 지지를 받았다. 레이건과 대처의 신뢰관계는 공산주의에 대한 증오와 시장경제 이념을 바탕으로 '악의 제국'인 공산권을 붕괴시키고야 말겠다는 열망에 불타고 있었다. 두 사람은 힘을 합쳐 소련이 주도하는 공산권과 정면으로 맞서며 군비를 증강했고, 소련에 대한 이 같은 압박은 결국 냉전 종식으로 이어졌다. 보수주의자인 일본의 나카소네 총리도 레이건의 외교정책에 적극 보조를 맞추면서 자유진영의 결속을 도모했다.

전두환 대통령은 레이건 대통령의 취임 이전부터 정상회담을 서둘렀다. 전두환 정권의 정통성을 인정받는 것은 물론 카터 행정부하에서 최악이었던 한미관계를 신속히 정상화하는 것이 시급하다고 판단했기 때문이다. 한미 정상회담을 앞두고 한미 양국은 밀고 당기는 물밑 협상 끝에 사형을 선고받은 김대중(金大中)을 사면하는 조건으로 전두환 대통령의 워싱턴 방문에 합의했다. 이처럼 레이건 대통령이 첫 정상회담의 대상으로 전두환 대통령을 선택한 것은 한미관계를 신속히 안정시키는 것이 중요하다고 판단했기 때문이다.[54] 여기에는 1979년 말 소련의 아프간 침공으로 신냉전 국면이 형성되면서 한국의 지정학적 중요성이 다시 부각된 점도 크게 작용했다. 레이건 대통령의 지시로 전두환 대통령에게 전할 메시지를 준비한 알렌(Richard V. Allen) 안보보좌관은 (1)주한미군 철수 백지화 재확인 (2) 한국의 경제위기 극복 지원 (3) 미국 대북정책의 한국과 사전협의 약속 (4) 한국의 핵 비확산 정책 이행 재확인 등을 제시했다.[55]

1981년 2월 2일 백악관에서 한미 정상회담이 개최되었다. 공동성명에서 밝힌 양국 정상이 합의한 내용은 크게 세 가지였다. 첫째, 안보 면에서 주한미군 철수 중단을 공식 확인하고 한국군 전력 증강에 대한 미국의 협력을 명시했다. 둘째, 남북한 관계에서 미국은 한국 정부의 입장을 전폭 지지하며, 한국의 동의 없이 북한과 접촉하지 않을 것임을 분명히 했다. 셋째, 경제협력 면에서는 미국이 한국을 주요 교역국으로 재인식하고 있다고 했다.[56] 이에 따라 한미간 안보협의회와 경제협의회의 즉각 개최에 합의했다.

그날 오후 전두환 대통령은 노신영(盧信永) 외무부장관을 대동하고 헤이그(Alexander Haig) 국무장관을 만나 양국 현안을 깊이 있게 논의했다. 대화는 한국 경제의 어려움과 한미 공동의 안보 관심사에 집중되었다. 이 자리에서 전두환 대통령은 일본이 더 많은 안보부담을 져야 한다면서, 그 한 방법으로 일본이 수십억 달러의 차관을 한국에 제공할 필요가 있다고 강조했다. 헤이그 국무장관은 한국의 핵 발전에 필요한 원료와 기술을 미국이 계속 지원할 것이라고 재확인했으며, 또한 한국이 비확산정책을 준수하는데 대해 사의를 표했다.[57] 뒤이은 한미 외무부장관 회담에서 한국은 (1) 박정희 시대부터 추진해온 핵개발의 포기 (2) 박정희 시대부터 시도해온 핵미사일 개발의 중단 (3) F-16 전투기, 호크 미사일 등 미국 무기 구매 (4) 미국산 쌀 추가 구입 등을 제시했고, 미국은 카터 행정부가 추진했던 주한미군 철수를 백지화하기로 했으며, 1982년부터 시작되는 한국 군사력 증강 5개년 계획을 적극 지원하고 주한미군의 전투력도 보강하기로 했다.[58]

이 정상회담 전후로 전두환 정부가 미국에 핵개발 포기 각서를 썼다는 설이 끊이지 않았다. 강준만 교수는 그의 저서 『한국현대사 산책』에서 "정상회담을 위해 전두환은 핵개발 포기를 약속했다"고 기록하고 있다. 그는 전문가의 말을 인용해 "한국 국방과학기술을 10년 이상 후퇴"시켰고, "자주국방 의지를 실종케 하는 결과를 낳았다"고 비판했다. 또 그는 "박정희 정권 시절 핵개발을 주도했던 원자력연구소와 한국핵연료개발공단이 갑자기 통폐합되었다"면서 "'원자력'이라는 말을 아예 빼버리고 '에너지 연구소'라는 새 이름을 달았다"고 했다. 미사일 개발 사업도 이때 중단되었다고 했다. 실제로 1982년 말에는 800명 내외의 국방과학자와 직원들이 해고되었고, 그 후 한국은 미국과 국제원자력기구의 엄격한 감시 하에 전력 생산을 위한 원자력발전에 치중했다.

이흥한의 저서 『미국 비밀문서로 본 한국 현대사 35장면』에도 전두환 대통령의 방미와 한국의 핵개발 포기라는 뒷거래가 있었다고 주장한다.[59] 그 출처로서 1981년 1월 22일 글라이스틴 대사가 헤이그 국무장관 앞으로 보낸 전문을 들고 있다. 글라이스틴 대사는 "포드와 카터 행정부에서 채택된 비확산의 입장을 재차 언급"하면서, "해롤드 브라운(국방장관)이 박정희 대통령과 합의한 우리의 확고한 입장을 누그러뜨려서는 안 될 것"이라고 하고 있어 미국이 한국의 동향을 예의주시해왔음을 보여준다. 관련 내용은 1981년 2월 1일 헤이그 국무장관이 방미 중인 전두환 대통령 일행을 만나 나눈 대화 내용을 담은 1급 비밀 긴급 전문(Immediate)에서 한 번 더 나온다. 헤이그는 "한국이 우리의 비확산정책에 계속 협력하는 것이 중요하다"고 전제한 뒤 "우리는 한국에 있는 핵무기를 계속 유지시킬 것"이라고 강조함으로써 한국이 핵개발을 할 필요가 없다는 것을 시사했다.

그러나 핵과 미사일에 관련된 한미 간 협의는 전두환 정부의 전략적 판단이 선행되었다고 본다. 박정희 정부가 핵개발을 시도한 이래 미국 대사관, CIA, IAEA 등의 요원들이 한국의 핵과 미사일 관련 동향을 면밀히 주시해왔다. 1978년 미 의회에 제출한 CIA 보고서에 의하면, 미국은 한국의 미사일 개발 활동과 원자력연구 활동에 관해 속속들이 파악하고 있었다. 한국이 핵개발을 계속한다면 한미관계가 최악으로 치달을 가능성이 컸다. 전두환 정부는 주한미군 철수를 전제로 한 핵과 미사일의 개발보다는 이를 포기하고 주한미군이 계속 주둔하도록 하는 것이 한국 안보는 물론 경제발전에도 유리하다고 판단했던 것이다.

한편 전두환 정부는 1988년 서울올림픽 전후를 안보 취약 시기로 판단하고 북한에 대한 군사력 격차를 시급히 해소하기 위해 제2차 율곡계획(1982~1986)을 수립 · 추진했다. 사업의 방향은 방위전력의 보완과 자주적 억제전력의 기반 구축에 두었다. 육군은 조전대응능력과 수도권 방위전력의 증강, 해군은 전투함정과 유도탄 전력의 증강, 그리고 공군은 신예 항공기와 유도탄 전력의 증강에 중점을 두었다. 이를 위해 한국형 전차, 자주포, 장갑차 등의 개발, 주요 전투함정 건조, F-5 전투기 기술도입 생산 등을 주요 사업으로 정하고, 총 5조 3,280억 원(국방비 대비 30.5%)을 투입했다.

그러나 3군 본부의 계룡대(鷄龍臺) 이전은 아직도 논란의 대상이 되고 있다. 계룡대 건설은 박정희 대통령의 임시수도 건설 계획의 연장이라고 할 수 있다. 사이공이 공산군에 함락된 직후인 1975년 8월 박정희 대통령은 "북한의 위협과 수도권 인구 증가를 생각할 때 행정수도를 이전해야겠다"고 처음 언급했다. 인구집중은 물론 정치, 경제 등 국가 핵심 기능이 밀집되어 있는 서울이 휴전선에 근접해 있다는 것은 군사적으로 치명적 약점이라고 판단했던 것이다. 1976년부터 총리실과 건설부에서 수도이전 문제를 검토했고, 그 결과를 바탕으로 박정희 대통령은 1977년 2월 서울시 연두순시에서 "서울 인구 분산을 위해 1시간 거리에 임시 행정수도를 건설하는 구상을 하고 있다"고 밝혔다. 1978년 초 박정희 대통령은 연두 기자회견에서 수도권 과밀 대책과 안보상 이유를 들어 임시 행정수도를 건설하겠다는 계획을 밝혔다. 그러나 박정희 대통령의 서거로 이 계획은 무산되었다.

그런데 전두환 정부는 1983년부터 '6·20사업'이라는 암호명 하에 3군 본부 이전 사업을 비밀리에 추진했다. 그리하여 1989년 7월 육군본부와 공군본부가 계룡대에 입주했고, 1993년 6월에는 해군본부가 이전을 완료했다. 이로써 계룡대는 3군 통합기지가 되었다. 그런데 3군 본부의 계룡대 이전이 합리적이며 종합적인 판단에 따라 이루어졌느냐 하는 의문이 있다.

각 군 수뇌부가 수도로부터 멀리 떨어져 있는 경우는 세계 어느 나라에도 없다. 이는 행정부처들이 대부분 세종시로 이전했음에도 불구하고, 외교·안보 부처는 서울에 남아 있는 것과 일맥상통한다. 국방부와 합참이 서울에 잔류한 상황에서 3군 본부가 멀리 떨어져 있다는 것은 모순이다. 육·해·공군은 군정(軍政) 분야에서는 국방부 통제를 받고, 군령(軍令) 분야에서는 합참의 지휘를 받는다. 그래서 각 군 참모총장들은 일주일에 한 번 열리는 정책회의에 참석하기 위해 국방부와 합참으로 오고 있고, 그 외에도 각종 비정기 회의에 참석하는 경우가 많으며, 고위 장성들과 실무자들도 용산과 계룡대를 수시로 왕복하고 있다. 국가 안위를 책임지는 국방부장관과 합참의장, 각 군 총장이 수시로 얼굴을 맞대고 협의해야 할 일이 많은데 그들이 200km나 떨어져 있다는 것은 말이 안 된다.[60]

일본으로부터 40억 달러의 안보경협(安保經協) 차관 획득

10·26 이후의 극심한 정치사회적 혼란과 2차 석유위기로 인한 세계 경제 침체 등으로 1980년의 한국 경제는 1956년 이후 처음으로 마이너스 성장(-5.2%)을 기록했다. 경제를 안정시키고 활력을 회복하기 위해서는 외자 도입이 시급했는데, 전두환 정부는 그 돌파구를 일본에서 찾았다.

전두환 대통령의 대일외교 책략은 1981년 1월 말 레이건 대통령과 정상회담을 하러 가던 비행기 내에서 구상되었다. 그는 일본 상공에서 후지산을 바라보며 세계 2위 경제대국이 되어 있는 일본과 외채 문제로 씨름하고 있는 한국을 대비하며 생각했다. 일본은 평화 속에서 번영을 누리고 있는 반면, 한국은 왜 국방의 무거운 짐을 지고 경제적 어려움을 겪고 있는지 의문을 갖게 되었다. 그는 '일본의 평화비용'을 한국이 상당 부분 부담하고 있다는 결론에 도달했다. 그가 동행한 정호용(鄭鎬溶) 국방부장관에게 미군 1개 사단을 유지하는 데 1년에 드는 비용이 얼마인지 묻자, 정호용 국방부장관은 약 10억 달러라고 대답했다. 그는 한국에 미군 2개 사단이 주둔하고 있으니까 5년간 든 비용만 계산해도 일본이 약 100억 달러의 '안보무임승차'를 해왔다고 생각했다.

워싱턴에서 레이건과 회담이 끝날 무렵 전두환 대통령은 "한국은 600억 달러에 불과한 국민총생산에서 6%를 국방비를 투입하고 있는 반면, 1조 1,600억 달러의 국민소득을 가진 일본은 고작 0.9%만 안보를 위해 쓰고 있다며, 이제 일본도 동북아 안보를 위해 부담을 더 해야 하는 것 아니냐고 문제를 제기했다. 이어서 주한미군 주둔비용에 해당하는 만큼을 일본이 한국에 경제협력 및 안보차관으로 지원하도록 레이건 대통령이 일본에 영향력을 행사해주면 그 돈으로 미국의 비행기와 전차 등 무기를 대량 구입할 수 있다고 말했다. 이에 대해 레이건 대통령은 "이의 없다(no disagreement)"고 했다.[61]

자신감을 얻은 전두환 정부는 즉시 행동에 들어갔다. 4월 23일 노신영(盧信永) 외무부장관은 스노베(須之部量三) 주한 일본대사를 불러 한국에 대한 일본의 협력 금액을 10배 늘려 연간 20억 달러, 이를 향후 5년간 총 100억 달러를 제공해달라고 통보에 가까운 요구를 했다. 그러나 100억 달러 차관은 무리한 액수였다. 당시 한국 국민총생산의 6분의 1에 달하는 거액이었다. 1965년 한일 국교 정상화 이후 15년간 일본이 제공한 경협자금이 총 13억 달러였던 것을 고려한다면, 일본 관계자들이 '경악할' 만한 무리한 요구였다.

일본의 스즈키(鈴木 善幸) 내각이 한국의 요구에 미온적 반응을 보이자, 그해 8월 공로명(孔魯明) 외무차관보는 일본에 보다 구체적인 요구를 했다. 첫째, 한국은 국방비가 국내총생산(GDP)의 6%로 그 부담이 과대하다. 둘째, 새롭게 경제개발 5개년 계획을 추진할 예정인데 군사비 부담 때문에 차질이 생겼다. 셋째, 거의 200억 달러나 쌓인 대일 무역적자를 구조적으로 해결해야 한다.[62] 안전보장 측면에서 일본이 '무임승차'를 하고 있으면서 한국과의 무역에서는 막대한 이익을 챙겨온 만큼, 한국이 군사비 부담을 줄여 경제발전에 집중할 수 있도록 자금을 지원해야 한다는 논리였다.

이후 한일 간 본격적인 협상이 진행되었다. 전두환 정부는 "한국이 대규모 군사력을 유지하며 공산세력을 막으면서 일본을 지켜주고 있으니 일본이 그 대가를 지불해야 한다"는 '안보무임승차론'으로 일본을 압박했다. 그럼에도 불구하고 2년 가까이 협상에 큰 진전이 없다가 1983년 초 나카소네(中曾根康弘) 총리가 방한하면서 상황이 급반전되었다. 나카소네는 한일관계 정상화를 외교정책의 우선순위로 삼아 한국을 가장 먼저 방문했다. 1월 12일 청와대에서 열린 정상회담 후 발표한 공동성명에서 한국의 안전은 일본의 안전에 중요하다는 것이 강조되었다. 이어서 나카소네 총리는 한국 안보에 대한 일본 협력의 구체적 조치로 한국에 40억 달러의 차관을 제공하기로 했다고 발표했다. 이어서 그동안 일본 기업들이 갖가지 핑계로 시간만 끌고 있던 반도체 생산설비 수출이 승인되면서 삼성전자가 64K DRAM 반도체 개발을 추진하게 되었다.

외교전문가들은 전두환 정권이 일본으로부터 이 같은 대규모 차관을 받아낼 수 있었던 배경에는 레이건 대통령이 한미일 안보협력이 중요하다고 판단했기 때문이라고 분석하고 있다. 당시 미국은 베트남전 패배의 상처가 가시지 않은 상태였다. 카터 행정부 당시 미국은 소련의 아프간 침공에도 무기력했고, 테헤란 미국 대사관이 점령되었을 때에도 속수무책이었다. 일본에 대한 미국의 무역적자도 심각했던 시기였다. 경제 문제와 안보 문제 두 가지 모두 한국과 미국의 입장이 맞아떨어졌기 때문에 레이건 행정부는 전두환 정부의 대일 차관 요구를 적극 지원했다고 본다.

올림픽 성공을 위해 KAL 007기 피격과 아웅산 테러에 신축적 대응

1981년 9월 말, 한국이 1988년 서울올림픽을 주최하기로 하면서 전두환 정부는 올림픽의 성공적 개최를 위해 대북정책은 물론 대외정책도 유연하게 펴나가고자 했다. 전두환 대통령은 1981년 초 신년연설에서 남북대화를 재개하고 통일 문제를 논의하기 위한 역사적 전기를 마련하기 위해 남북 정상회담을 제의했고, 이듬해 초 국회 시정연설에서도 민족화합민주통일방안을 제시하기도 했다. 전두환 정부는 올림픽 성공과 남북관계 개선을 위해서 북한의 후원국인 소련 및 중국과의 관계 개선 가능성을 탐색했다. 그러한 노력의 일환으로 전두환 대통령은 1981년 10월 주미대사 출신인 함병춘(咸秉春)을 비밀리에 모스크바로 보내 대화를 모색했다.[63] 북방정책은 노태우(盧泰愚) 정부에서 시작된 것으로 알려져 있지만, 북방정책을 처음 거론한 사람은 전두환 정부의 이범석(李範錫) 외무부장관이었다. 1983년 6월, 이범석 외무부장관은 국방대학원 연설에서

"우리 외교의 최고 목표는 소련 및 중국과의 국교 정상화를 통해 북방정책을 실현하는 데 있다. … 한반도에서 전쟁이 재발되는 것을 방지하기 위해 이 같은 북방전략이 바람직하다"고 말한 바 있다.[64]

올림픽 외교와 시장 개척을 위해 전두환 정부는 중국과의 관계 개선에도 적극적이었다. 1981년 7월 3일, 전두환 대통령은 싱가포르에서 가진 기자회견에서 한국과 중국의 경제는 상호 보완적이라며 중국과의 경제협력을 강력히 희망했다.[65] 그런데 1983년 5월 중국과의 관계 개선의 기회를 열어준 행운이 갑자기 찾아왔다. 납치된 중국 민항기가 춘천 공항에 불시착했던 것이다. 당시 전두환 정부는 "봉황새 한 마리가 날아들었다"고 했을 정도로 이것을 한중관계 개선의 호재로 판단했다. 한국은 중국을 상대로 호의적인 협상을 통해 이 문제를 신속히 해결함으로써 한중관계 개선의 물꼬를 텄다. 이후 중국은 자국에서 열리는 모든 국제행사에 한국의 참석을 허용했다.[66]

그런데 공산권에 대한 낙관은 너무 빨랐다. 공산국가에 의한 끔찍한 도발이 연이어 일어났기 때문이다. 1983년 9월 1일 새벽, 뉴욕 케네디 공항을 출발하여 앵커리지를 경유하여 김포로 향하던 대한항공 007편(보잉 747 점보 여객기)이 사할린 모네론(Moneron) 섬 상공에서 소련 공군 수호이(Sukhoi) 전투기에 의해 격추되었다. 탑승했던 269명의 승객과 승무원은 모두 희생되었다. 여기에는 미국인 62명과 일본이 28명이 포함되어 있었다. 많은 승객을 태운 초대형 여객기가 아무런 경고도 없이 전투기에 의해 요격당하고 모든 탑승객과 승무원이 사망하는 초유의 사건이 발생했던 것이다. 한국은 물론 전 세계가 소련의 만행에 경악하고 분노하며 규탄했다.

그날 아침 소집된 비상 국무회의에서 전두환 대통령은 소련이 야만적 행위를 저질렀다고 격렬한 어조로 비난하고 민간 여객기 격추는 "세계 항공 역사상 전례 없는 비극적인 사건"이라며 소련 당국의 즉각적인 사실 규명과 사과 및 배상을 요구했다.[67] 그러나 한국은 소련과 소통할 수 있는 외교 채널이 없었기 때문에 미국을 통해 항의를 전달할 수밖에 없었다. 다음 날에도 전두환 대통령은 특별담화를 통해 소련은 사과하고 모든 책임을 져야 한다고 강조했고, 이어서 관계부처 합동으로 진상 규명에 만전을 기하라고 지시했다. 이에 따라 정부는 사건 관련 정보를 획득하기 위해 전문가들을 일본으로 급파했다. 레이건 대통령은 이 사건을 '소련의 대량학살'로 규정짓고, 그런 야만적 행위는 미국이나 한국에 대한 공격일 뿐만 아니라 자유와 평화를 사랑하는 전 세계에 대한 공격이라며 소련을 '악의 제국(The Evil Empire)'이라고 비난했다.

이 사건으로 미국과 소련의 관계는 급속도로 악화되었다. 국제사회의 비난 여론이 계속되고 미국이 증거까지 제시하자, 소련은 사건 발생 5일 만에 KAL기 격추를 인정했다. 이 사건은 공산주의에 대한 한국인의 증오심을 더 키우고, 올림픽 개최를 앞두고 소련 및 동구권 국가들과 관계를 개선하려던 전두환 정부의 노력에 찬물을 끼얹는 결과를 가져왔다.

KAL기 격추사건으로 여전히 분노가 들끓고 있던 시기인 10월 9일 또 다른 충격적인 사건이 한국을 뒤흔들었다. 전두환 대통령이 버마*를 방문하여 아웅산 국립묘지를 참배하러 가던 중 북한의 테

---

* 1989년 6월까지 미얀마는 버마였으므로 여기서는 버마로 표기한다.

러 분자들이 이계철 현지 대사 차량의 도착을 전두환 대통령의 차량으로 오인하고 폭발물을 터뜨렸던 것이다. 이로 인해 서석준 부총리 겸 경제기획원장관, 이범석 외무부장관, 김동휘 상공부장관, 서상철 동력자원부장관, 함병춘 대통령비서실장, 이계철 주 버마 대사, 김재익 경제수석비서관 등 17명의 수행원들이 희생되었고 14명은 부상당했다.[68] 다행히도 뒤늦게 도착한 전두환 대통령은 무사했다.

폭탄 테러를 주도한 자들은 북한군 소좌 진용진, 대위 강민철, 대위 김치오 3명으로 구성된 북한의 정예특수요원들이었다. 그들은 그해 9월 9일 동건애국호편으로 북한 옹진항을 떠나 9월 22일에서 23일 사이에 버마 랑군(Rangoon)에 도착했다. 이들은 현지에 파견된 안내원에 의해 버마 주재 북한대사관 송창휘 3등서기관과 김웅삼, 손기훈 등이 살고 있는 집으로 안내되었다. 거기서 이 테러리스트들은 테러에 필요한 폭발물을 인계받았다. 테러범 3명은 사건 3일 전에 머물렀던 북한외교관 집에서 나와 비밀리에 테러 현장을 사전 답사했다. 10월 7일 새벽 2시 아웅산 묘지 지붕 위에 2개의 폭발물을 설치했다. 10월 9일 아침 전두환 대통령의 수행원들이 아웅산 묘역에 도착하여 행사를 연습하는 중에 테러범들은 원격조종장치로 폭발물을 폭파시켰던 것이다.

전두환 대통령은 위기 수습에 강했다. 당시 전두환 대통령을 보좌할 수 있는 사람은 장세동 경호실장, 김병훈 의전수석, 황선필 공보수석뿐이었다. 언제 어디서 추가적인 테러 공격이 있을지 모르는 위급한 상황이었기 때문에 전두환 대통령은 시급히 최선의 방책을 강구해야 했다. 그는 사건 발생 7분 만에 남은 3명의 수행원들을 불러 버마 방문을 중단하고 서울로 돌아간다. 서울에서 비행기를 한시 바삐 오게 하여 순국자들의 유해와 부상자들을 긴급 후송하도록 하라"고 지시했다. 곧이어 김상협(金相浹) 국무총리에게 전화를 걸어 이 사건은 선전포고에 해당하는 북한의 도발이지만, 무력 사용을 자제하여 국민의 동요가 없도록 슬기롭게 대처하라고 지시했다. 그리고 이어서 호텔에 대기하고 있던 경제인들은 대통령 특별기로 신속히 대피시키라고 했다. 대통령의 지시에 따라 국내에서는 국군과 주한미군에 비상경계령이 내려졌고, 정부도 비상태세에 돌입했다. 전두환 대통령은 사과와 애도의 뜻을 표하기 위해 달려온 우산유(U San Yu) 버마 대통령과 실권자 네윈(Ne Win) 장군에게 부상자 치료와 범인 색출에 적극 나서 줄 것을 요청했다.

전두환 대통령은 급거 귀국길에 올라 10일 새벽 3시 김포공항에 도착한 후 청와대로 직행하여 아침 5시 10분에 열린 국무회의와 국가안보회의 합동회의를 주재했다. 이 회의에서 윤성민(尹誠敏) 국방부장관은 북한에 대한 보복폭격을 건의했으나, 전두환 대통령은 전쟁 가능성을 고려하여 만류했다. 10월 20일, 전두환 대통령은 특별담화를 통해 "이것이 우리의 평화의지와 동족애가 인내할 수 있는 최후의 인내이며, 다시 도발이 있을 경우에는 반드시 응징할 것이다"라고 했다. 사실상 무력 보복을 하지 않겠다는 뜻을 천명한 것이다.

몇 주 후 국가안전기획부는 북한이 랑군에서 전두환 대통령을 시해한 후 한국에 특수부대를 투입한 무력도발을 계획했다고 발표했다. 1994년 탈북한 북한 총리 강성산의 사위 강명도는 당시 북한은 전두환 대통령이 버마에서 살해될 것으로 예상하여 남한에서 대규모

폭동을 일으킬 준비하고 있었으며, 버마 테러 사건 몇 달 전부터 군인들의 제대까지 중단하며 이에 대비하고 있었다고 말한 바 있다.[69]

이 무렵 와인버거(Caspar Weinberger) 미 국방장관은 중국을 방문하고 덩샤오핑과 대담을 나누었다. 이 자리에서 덩샤오핑은 "북한이 한국을 공격할 의도나 능력을 갖고 있지 않다"면서도 만약 한국이 북한을 공격할 경우 "중국은 좌시할 수 없을 것"이라고 말했다. 미국 관리들이 전두환 정부에 아웅산 폭탄 테러 사건에 대해 북한에 보복하지 않는 것이 좋다는 의견을 보낸 것은 중국의 경고를 염두에 둔 것으로 보인다.

아웅산 폭탄 테러 사건을 통해 북한이 '남조선혁명'을 위해 수단과 방법을 가리지 않는다는 사실이 백일하에 드러났다. 북한은 한국 대통령의 암살로 혼란을 조성하고 경제발전을 좌초시키는 것이 적화통일을 달성하는 최선의 방법이라고 확신했던 것 같다. 아웅산 폭탄 테러 1년 전 김일성의 후계자가 된 김정일은 전두환 대통령의 아프리카 가봉 방문 중 전두환 대통령을 암살하기 위한 계획을 직접 지휘하여 수립했다고 한다. 당시 아프리카 주재 북한 외교관이었으며 전두환 대통령 암살 계획에 직접 관여했던 고영환(高英煥)은 1991년 한국으로 귀순한 후 전두환 대통령 암살 계획은 김정일의 지시로 최후 순간에 취소되었다고 폭로했다.[70] 그해 8월에 있었던 전두환 대통령의 캐나다 방문 시에도 북한은 캐나다인 2명을 매수하여 전두환 대통령을 암살할 계획을 세웠으나 실패했다. 앞에서 소개한 것과 같이 북한은 1968년 청와대 기습 사건, 1970년 현충문 폭파 미수 사건, 1974년 문세광의 저격 사건 등 세 차례에 걸쳐 박정희 대통령을 시해하려 한 바 있다.

버마 아웅산 폭탄 테러 사건은 한미관계의 복원을 통해 한반도 안정을 확보한 가운데 경제발전에만 치중하던 전두환 정부 당국자들에게 한반도의 냉엄한 안보 현실을 재인식하게 만드는 중요한 계기가 되었다. 그래서 전두환 대통령은 박정희 대통령이 추진하다가 좌초되었던 백곰 미사일 개발을 다시 시작하라고 지시했다. 이 사업을 주도했던 국방과학연구소(ADD) 연구개발단장 구상회(具尙會) 박사는 이렇게 회고하고 있다. 윤성민(尹誠敏) 국방부장관의 호출로 그가 간 곳은 국군통합병원에 중상자로 입원 중이던 이기백(李基百) 합참의장의 병실이었다. 여기서 이기백 의장은 이렇게 말했다.

"북한의 상상을 초월한 만행을 직접 목격한 나로서는 국가 대사인 88올림픽이 개최될 수 있을지, 설령 예정대로 개최된다 해도 무사히 끝날 수 있을지 극히 의심스럽다. 북한은 모든 수단과 방법을 다하여 올림픽 개최를 방해하려 들 것이 분명하니 어떠한 일이 있어도 이는 막아야 한다. … 우리는 이를 위해서 할 수 있는 모든 노력을 기울여야 할 것이다. 국방과학연구소는 늦어도 올림픽이 개최되기 전 해인 '87년 말까지 무슨 일이 있어도 지대지 유도탄을 개발하여 실전배치할 수 있도록 총력을 기울여달라. 이것은 대통령 각하의 명령이다."[71]

이렇게 하여 정부는 1983년 11월 29일 미사일 개발 계획을 확정하여 1987년 말까지 지대지 미사일 1개 포대를 전력화하여 실전배치하기로 했으며, 미사일의 명칭은 '현무(玄武: 북방을 지키는 신)'라 했다. 과학자들과 방위산업체 요원들의 불철주야 노력으로 1985년

5월 25일 사거리 180km 지대지 탄도미사일의 시험비행에 성공했다. 곧이어 현무 미사일의 개발 현황을 전두환 대통령에게 보고했다. 3차 시험비행은 1985년 9월 21일 전두환 대통령 임석 하에 실시되었는데 완벽한 성공이었다. 그리하여 1987년 말까지 현무 미사일의 실용개발과 양산, 부대운용 시험을 완료하고 1988년 1월부터 1개 포대가 실천 배치되어 88올림픽에 대비할 수 있었다.[72] 그 후 우리 군은 현무 미사일을 200여 기를 생산해 운용했다.

실패로 끝난 북한의 서울올림픽 참가 설득 노력

서울올림픽을 용납할 수 없다는 북한을 설득하여 올림픽에 참여시키는 것이 올림픽 성공에 중요했다. 그런데 전두환 정부에 의외의 기회가 주어졌다. 1984년 9월 8일, 한국에서 폭우로 수십만 명의 이재민이 발생했을 때 북한이 조선적십자회 이름으로 쌀 5만 석, 직물 50만 미터, 시멘트 10만 톤 및 의약품을 지원하겠다고 제안했다. 물론 북한은 한국이 당연히 거절할 것으로 판단하고 선전 목적으로 제안했던 것이다. 전두환 대통령은 이 제안을 전격 수용했다. 한국이 남북 체제경쟁에서 절대우위에 있다는 자신감을 가지고 이 제안을 오히려 남북관계 개선의 기회로 이용하고자 했기 때문이다. 다시 말하면, 이 기회를 이용하여 북한의 올림픽 참가를 포함한 남북 화해협력을 도모하고자 한 것이다. 남북 적십자사는 수해물자 인도·인수를 위한 회담을 개최했고, 북한은 마지못해 수해물자를 전달했다. 경제적으로 어려운 형편에 있던 북한은 수해물자를 보내기까지 큰 난관을 겪어야 했다. 그 때문에 이 지원사업을 주도했던 김정린은 숙청되었다.

그 연장선상에서 이산가족 고향 방문을 논의하기 위한 남북 적십자회담이 개최되었고, 그 결과 1985년 9월 이산가족 고향 방문과 예술공연단 교환 방문이 성사되었다. 뒤이어 11월에는 남북 경제회담, 국회회담, 체육회담 등이 열렸다. 이 무렵 전두환 대통령은 남북관계를 개선하고 북한의 올림픽 참가를 유도하기 위해 남북 정상회담을 추진했다. 그해 9월 초 북한은 정상회담 문제를 논의하기 위해 노동당 비서 허담을 서울에 보냈다. 허담은 극비리에 전두환 대통령을 예방하기도 했다. 장세동(張世東) 안기부장도 평양으로 가서 김일성과 남북관계를 협의하기도 했다. 그러나 북한이 정상회담 조건으로 남북 불가침 선언, 팀스피릿(Team Spirit) 훈련 중지 등 받아들이기 어려운 요구들을 고집했기 때문에 정상회담은 성사되지 않았다.

86아시안게임과 88올림픽을 앞두고 한반도 긴장이 고조된 가운데 전두환 대통령과 레이건 대통령 간 정상회담이 1985년 11월 12일 청와대에서 개최되었다. 이날 채택한 공동성명에서 양국 정상은 강력한 안보협력을 다짐했다. 특히 공동성명 제4항은 "대한민국의 안전이… 미국의 안전에 직결된다"는 표현을 처음으로 사용했다. 이에 따라 미국은 한국군 전력 증강에 대한 지원을 명문화하면서 군사판매차관(FMS)의 상환조건, 이자율, 금액 등에 대해 적극적인 조치를 취하게 되었다. 이 때문인지는 모르지만 1986년 1월, 북한은 팀스피릿 훈련을 비난하며 남북 간 모든 대화 채널을 닫아버렸다.

올림픽이 다가오면서 전두환 정부는 북한의 올림픽 방해 책동을 저지하고, 공산국가들의 올림픽 참가를 원활히 하며, 나아가 북한의 참가도 유도하기 위해 남북 체육회담 등 다양한 노력을 기울였다. 그러나 북한은 서울올림픽을 반드시 파탄시키겠다고 으름장을 놓으며 남한이 올림픽 개최에 부적합하다는 선전에 열을 올렸다. 그들은 "만약 남조선에서 올림픽을 개최한다면 전쟁이 일어날 것이다. 서울이 올림픽을 주최하는 것은 절대로 용납할 수 없다"고 거듭 위협했다.[73] 또한 공산권 국가들에게 올림픽에 참가해서는 안 된다고 끈질기게 요구했다. 그러나 1986년 서울에서 개최된 아시안게임에 중국이 참가했고, 그 무렵 서울에서 개최된 각종 국제경기대회에 소련과 동유럽 국가들이 참가했다.

결국 북한은 서울올림픽 저지를 위한 최후 수단으로 또 다른 테러를 자행했다. 1987년 11월 29일 오후 2시 05분경 바그다드에서 서울로 오던 대한항공 858기가 버마 안다만 해역 상공에서 공중 폭파되어 탑승객과 승무원 115명이 전원 희생되었다. 범인들은 북한 노동당 중앙위원회 조사부 소속의 대남 특수공작원 김승일과 특수여자공작원 김현희로 밝혀졌다. 대한항공 858기 폭파 사건은 그해 10월 7일 김정일이 북한 노동당 중앙위원회 조사부장을 통해 두 공작원에게 내린 친필 공작지시에 의해 자행되었다. 김정일은 서울올림픽을 방해하고 동시에 한국 내 대정부 불신을 조장할 목적으로 이 같은 잔혹한 테러를 지시했던 것으로 알려졌다. 폭파범 중 한 명인 김현희는 당국 조사에서 김정일의 직접 지시가 있었다는 말을 상급자로부터 들었다고 말했고, 황장엽도 자신의 저서에서 김정일이 주도했다고 했다.[74] 이와 관련하여 미국 국무부는 1988년 아웅산 폭탄 테러 사건과 대한항공 858편 폭파 사건 등을 이유로 북한을 테러 지원국으로 지정했다.

제2부

탈냉전시대

(1988~2002)

냉전시대가 끝나가고 있던 시기에 노태우(盧泰愚) 정부가 출범했다. 소련의 고르바초프(Mikhail Gorbachev) 대통령은 1988년부터 소련의 외교정책을 이념보다는 실리를 중시하는 방향으로 전환했다. 그는 이미 1985년부터 개혁(perestroika)과 개방(glasnost)을 추구하는 등 변화를 이끌어왔다.

소련은 1988년 2월 아프간에서 소련군을 철수시켰고, 8월에는 폴란드 공산당이 비공산당 조직인 노동단체에 권력을 이양하도록 허용했다. 같은 해 소련은 베트남에서 소련군을 철수시켰고 중국과의 관계도 개선했다. 9월 16일, 고르바초프는 극동 러시아의 크라스노야르스크(Krasnoyarsk)에서 행한 연설에서 "남북한이 관계를 개선하다면 소련은 한국과 경제관계를 개선할 기회가 있을 것"이라는 우호적인 신호를 보냈다.[75] 1989년 11월에는 동서냉전의 상징인 베를린 장벽이 붕괴되었고, 12월 초에는 미국의 부시(George H. W. Bush) 대통령과 고르바초프 대통령이 지중해 몰타(Malta) 섬에서 미소관계는 더 이상 적대관계가 아니라고 선언했다. 그리고 1990년 10월에는 동독이 서독에 흡수통일되었다. 이렇게 시작된 탈냉전시대는 김대중 정부까지 지속되었다.

제4장

◆

북방정책으로
안보의 새 지평을 연
노태우 대통령

◆

모스크바와 베이징을 통해 평양으로 가겠다.

- 노태우 -

어떤 공산주의 국가도 개방만 되면 변한다.

- 노태우 -

◆

노태우 대통령의 재임 기간은 국내외적으로 중대한 전환기였다. 대내적으로는 권위주의체제로부터 민주체제로 전환되었고, 대외적으로는 냉전이 종식되고 있는 가운데 한국의 경제발전과 성공적인 서울올림픽 개최로 한국의 국제적 위상이 크게 향상된 시기였다. 이처럼 노태우 대통령이 북방정책을 적극적으로 펴나갈 수 있었던 데는 시운(時運)이 크게 작용했다고 볼 수 있다.

당시 냉전 종식으로 거대한 역사적 변혁이 일어나고 있었다. 동유럽 공산국가들은 소련 고르바초프 공산당 서기장의 신(新)사고, 개혁 · 개방정책에 힘입어 차례로 사회주의 이탈을 선언하고 있었다. 동유럽 각국의 급격한 체제변혁운동으로 인해 사회주의 진영의 맹주였던 소련마저 광범위한 체제변혁을 하지 않을 수 없었다. 덩샤오핑(鄧小平)의 개혁 · 개방 노선에 따라 중국도 시장경제를 확대하면서 사회주의 경제체제에서 벗어나고 있었다. 이로 인해 북한은 국제적으로 고립되고 대내적으로 심각한 경제난에 빠지는 등 위기상황에 처해 있었다.

노태우 대통령은 외교안보정책이 중요하다는 점을 직시하고 청와대에 외교안보수석비서관실을 신설하고 안보전문가인 국방대학원 김종휘(金宗輝) 교수를 수석비서관으로 임명했으며, 또한 청와대에 정책보좌관실을 신설하고 전두환 정부에서 북한과 비밀접촉을 해오던 박철언(朴哲彦)을 정책보좌관으로 임명했다. 전두환 정부에서는 외교는 정무수석비서관의 소관이었고, 국방은 행정수석비서관의 소관이었다.

노태우 정부는 냉전 해체라는 세계사적 흐름에 능동적으로 대응하며 북방정책을 통해 소련, 중국, 동구권 사회주의 국가들과 외교관계를 수립하고, 나아가 북한과의 관계도 개선하고자 했다. 물론 이러한 정책은 미국의 지원 내지 묵인 하에 가능했다. 미국은 노태우 대통령의 북방정책을 미국의 냉전 해체 후속 조치에 대한 한국의 참여로 인식했던 것이다.

모스크바와 베이징을 거쳐 평양으로 가겠다

민족자존(民族自尊)은 노태우 정부의 국정지표 중의 하나였다. 냉전시대 한국 외교안보정책은 미국 등 우방국들의 외교안보정책을 수용하는 차원에서 전개되었다. 그러나 냉전이 끝나면서 한국은 외교영역이 넓어지기도 했지만 경제발전, 민주화, 올림픽 개최 등으로 국력이 신장되면서 자신감을 가지고 공산권과 관계를 개선하기 위해 북방정책을 추구하게 되었다. 노태우 대통령은 회고록에서 "증강된 국력과 변화하는 국제정세를 적극적으로 이용하기 위해 북방정책을 국가대전략으로 설정했다"고 말했다. 그는 "서울 한복판에 위치한 미군기지의 이전, 소련 등 공산권 국가들과의 외교관계 수립,

남북관계 개선 등 모두가 민족자존을 높이려는 시도였다"고 했다.[76]

냉전시대의 한국의 대북정책은 체제경쟁에서 승리하는 것이 주된 목표였다면, 냉전이 종식되고 있고 동독이 서독에 흡수통일되고 있는 상황에서 한국의 대북정책은 통일을 지향하고 나아가 통일 한국의 외교안보전략을 모색해야 할 때였다. 이런 점에서 노태우 대통령의 북방정책은 대북정책과 통일전략은 물론 동북아와 세계 차원에서 접근할 필요가 있었다. 노태우 대통령은 퇴임 후 북방정책의 배경에 대해 다음과 같이 말했다.

"남북한 관계는 한계가 있기 마련이다. 남북 간에 아무리 많은 대화를 해도 서로가 평행선을 달릴 뿐이다. … 북한을 통일하는 개념은 개방이다. 어떤 공산주의 국가도 개방만 되면 변한다. 북한을 변화시키기 위해 북한이 개방할 수 있도록 국제적 환경을 조성해야 한다. … 우리가 평양의 문을 직접 열 수 없으므로 모스크바와 베이징을 통해 평양으로 가기로 했다. … 이렇게 전략 개념을 세워놓고 가능성의 길을 닦고 연계를 시킨 것이 올림픽이다. 다른 사람들은 올림픽만 준비했는지 모르지만 나는 북방정책과 통일정책도 동시에 했다."[77]

노태우는 회고록에서 북방정책의 목표를 다음과 같이 밝히고 있다. "당면 목표는 통일이었고, 최종 목표는 우리의 생활권을 북방으로 넓히는 것이었다." 이를 위해 1단계는 여건조성단계로 소련, 중국, 동구권 국가들과 수교하는 것이었다. 수교의 1차 대상은 소련이었고, 그 다음은 중국과 수교하여 북한을 완전히 포위하자는 것이었다. 2단계는 통일을 위한 노력으로 남북기본합의서 채택이 그 시작이라는 것이다. 3단계는 우리의 생활권을 동북아로 확대하자는 것이었다.[78] 외교안보수석으로서 북방정책을 설계했던 김종휘는 북방정책의 목표에 대해 이렇게 말했다. "돈을 덜 쓰면서 대외안보를 증진하는 것이 목표였다. 그래야 북한의 무기와 장비가 개선되는 통로인 소련과 중국의 지원을 막고, 소련과 중국의 자동개입 가능성을 줄일 수 있다"고 말했다.[79]

올림픽 성공에 힘입어 한국은 1989년 2월 1일 헝가리와 외교관계를 수립한 데 이어 폴란드, 유고슬라비아와도 외교관계를 맺었고, 다음 해에는 체코 및 불가리아와도 외교관계를 수립했다. 그러나 북방정책의 주된 목표는 소련과 중국이었다. 이들 두 나라와의 관계개선을 통해 북한을 개방과 개혁으로 유도함으로써 한국의 안보환경을 근본적으로 개선하려 했다. 당시 소련의 경제는 급속히 붕괴되고 있었기 때문에 소련은 어떤 나라든 상관없이 경제지원을 받고자 했다.

노태우 대통령은 소련을 우선적인 수교 대상국으로 삼고 1988년 9월 김종휘 수석을 비밀리에 모스크바로 보냈다. 그는 관계개선을 요청하는 노태우 대통령의 친서를 고르바초프 대통령에게 전달했다. 그러나 한국에 대한 소련의 관심은 경제였고, 소련에 대한 노태우 대통령의 관심은 외교안보 문제였다. 기업들이 외교관계가 없는 소련에서 사업하는 것을 주저했기 때문이다.

이런 상황에서 1990년 5월 고르바초프의 외교고문 도브리닌(Anatoly Dobrynin)이 서울을 방문하여 노태우 대통령을 예방했다. 그는 고르바초프 대통령이 노태우 대통령을 만날 용의가 있다는 메시지를 전달했으며, 동시에 수십억 달러 규모의 차관도 요청했다. 노태우 대통령은 양국 간 외교관계가 수립된다면 경제지원을 할 용의가 있다고 말했다. 그래서 양국은 2주 후에 정상회담을 갖기로 합의했다. 1990년 6월 5일 샌프란시스코에서 노태우 대통령과 고르바초프 대통령 간 정상회담이 열렸다. 뒤이은 수교협상에서 한국이 차관을 제공한다면 소련은 북한과의 관계를 종식시키겠다고 약속했다. 그리하여 9월 30일 한국은 소련과 외교관계를 수립하게 되었다. 그 후 한국은 소련에 30억 달러의 차관을 제공했고, 소련은 한국의 유엔 가입을 지지하며, 북한에 공격용 무기를 제공하지 않고 북한의 핵개발에 대해서도 더 이상 지원하지 않기로 했다.[80] 공산권의 종주국이자 초강대국으로서 북한 정권 탄생과 6·25전쟁 과정에서 북한의 최대 후원국이었던 소련에 한국이 30억 달러의 차관을 제공했다는 것은 한국 역사상 획기적인 일이었다.

1989년 9월부터 주한 미국대사였던 도널드 그레그(Donald P. Gregg)는 조지 H. W. 부시(George H. W. Bush) 대통령이 노태우 대통령의 북방정책을 적극 지원했다고 말했다. 그레그는 부시가 부통령으로 있던 6년 반 동안 그의 외교안보보좌관이었기 때문에 대사로 있으면서 백악관과 밀접한 관계를 유지하면서 김종휘 외교안보수석과 긴밀히 협조했다고 말했다. 그레그는 노태우 대통령과 고르바초프 대통령과의 샌프란시스코 정상회담을 주선한 것도 부시 대통령이었다고 말했다.[81]

한국과 소련 간 외교관계 수립은 한중 수교의 디딤돌이 되었다. 한중 수교는 중국 인민공화국의 건국과 중국의 6·25전쟁 참전으로 관계가 단절된 이후 양국 관계를 새롭게 설정하는 역사적 의미가 있었다. 한중 수교 과정을 보면, 1991년 한국과 중국은 무역대표부를 설치해 영사 기능을 일부 수행하며 새로운 교류를 시작했다. 그해 9월 남북한 유엔 동시 가입 이후 수교 문제를 논의하기 위한 한중 외무장관 회담이 두 차례 개최되었지만 결말이 나지 않았다. 북한의 완강한 반대가 있었기 때문이다.

그레그 대사는 부시 대통령이 한국과 소련의 수교를 중재했던 것처럼 자신의 중국 내 영향력을 활용하여 한국과 중국의 수교도 중재했으며, 중국이 남북한 유엔 동시 가입 반대 입장을 철회시키는 데도 기여했다고 했다. 당시 미국은 중국이 경제적으로 발전하면 민주화될 것이라고 낙관하고 있었기 때문에 한중 수교를 지원했던 것이다.

1992년 4월부터 한국과 중국 간 수교 협상이 시작되어 8월 24일에는 이상옥(李相玉) 외무부장관과 중국의 첸지천(錢基琛) 외교부장이 베이징에서 수교에 합의했다. 그들은 상호 불가침, 상호 내정 불간섭, 중화인민공화국을 유일 합법정부로 승인, 한반도 통일 문제의 자주적 해결 원칙 등을 담은 공동성명을 발표했다.

9월 28일, 노태우 대통령은 중국을 방문했다. 그는 출국성명에서 "우리는 모스크바에 이어 평양으로 가는 마지막 관문인 베이징으로 가는 것입니다. … 한중관계 정상화는 남북관계 개선에 크게 기여할 것입니다. 이로써 냉전시대 북한의 동맹국인 소련과 중국 두 나라가 우리와 선린관계를 가지게 되었습니다."[82]

북한을 개혁·개방으로 유도하려 한 7·7선언

북방정책의 핵심 목표는 북한과의 관계개선을 통한 통일시대의 개막이었다. 올림픽을 3개월 앞둔 1988년 7월 7일, 노태우 대통령은 국회에서 '민족자존과 통일번영을 위한 7·7특별선언'을 발표했다. 그는 "세계는 이념과 체제상의 차이를 넘어 화해와 협력의 시대로 나아가고 있다"면서 "북한을 더 이상 적으로 간주하지 않고 통일을 향해 함께 노력하는 파트너가 되도록 하기 위해 노력하겠다"고 선언했다. 이를 위해 남북 동포 간 상호 교류를 적극 추진하며, 해외동포들이 자유로이 남북을 왕래하도록 문호를 개방하고, 이산가족들 간에 서신 거래, 상호 방문 등이 이루어질 수 있도록 적극 주선하고, 남북 교역의 문호를 개방하며, 비군사적 물자에 대해 우리 우방과 북한과의 교역을 반대하지 않고, 남북 대표가 국제무대에서 서로 협력할 것을 희망하고, 북한이 미국, 일본 등 우리 우방과 관계를 개선하는 데 협조하며, 한국은 소련, 중국을 비롯한 사회주의 국가들과 관계 개선을 추구하겠다고 밝혔다.[83] 이 연설은 또한 주변국들의 남북한 교차승인을 통해 한반도의 평화와 안정을 보장하려는 목적도 있었다. 이것은 보수 정권에서 나올 것으로 기대하지 않았던 선언이었다. 노태우의 7·7선언은 이후 햇볕정책과 남북 정상회담의 초석을 놓는 역할을 했다고 볼 수 있다.

올림픽 2주 후인 10월 18일 노태우 대통령은 유엔 총회 연설을 통해 한반도 평화 정착을 위한 보다 구체적인 제안을 했다. 한반도 문제를 협의하기 위한 남북한, 미국, 중국, 일본, 러시아가 참가하는 6개국 협의체 구성, 비무장지대 내 '평화시(市)' 건설, 남북 불가침선언, 남북 정상회담 개최 등이 그것이다.[84] 뒤이어 노태우 정부는 12월 28일 북한 정무원 연형묵 총리에게 남북 총리회담을 제의했다. 1년 후인 1989년 9월 11일 노태우 대통령은 국회 연설을 통해 통일의 중간 단계인 한민족공동체 구상을 발표했다.[85] 다음 해 초 노태우 대통령은 신년사를 통해 고령자 이산가족 왕래와 금강산 공동개발을 북한에 제의했다. 7월부터 남북 간 직접 교역이 시작되었으며, 8월에는 국회에서 「남북교류협력에 관한 법률」이 제정되었고, 이 법에 따라 민간 부문의 남북 경제협력을 지원하기 위한 남북협력기금도 설립되었다.

공산권의 급격한 변화와 이로 인한 북한의 외교적 고립, 경제파탄에 따른 체제 불안, 흡수통일 우려 등 복합적 위기에 처했던 북한은 노태우 정부의 남북 화해협력 제안을 거부할 수 없었다. 그래서 남북한은 1989년 2월 8일부터 여러 차례 협의를 거쳐 1990년 9월 4일 총리를 대표로 하는 고위급회담을 서울과 평양을 오가며 개최했다. 1991년 12월 13일 5차 남북고위급회담에서 「남북 사이의 화해와 불가침 및 교류 협력에 관한 합의서」가 채택되었다. 한편 한국과 교류 협력을 확대하고 있던 소련과 중국은 북한에 남북한 유엔 동시 가입을 권유했고, 이에 따라 1991년 9월 17일 남북한은 유엔에 동시 가입했다.

문제는 북한의 핵개발이었다. 그레그 주한 미국대사는 북한이 은밀히 핵개발을 추진하고 있었기 때문에 한국에서 전술핵무기를 철수하면 핵개발을 중단하라고 북한을 압박하고 설득하기가 훨씬 더 쉬워질 것이라고 판단했다. 그래서 그는 루이스 메네트리(Louis C. Menetry) 주한 미군사령관과 협의를 거쳐 청와대에 이 문제를 제기했고, 청와대 관계자들이 자신의 제안에 동의했다는 것이다. 그래서 그는 한국 대통령과 주한 미군사령관이 전술핵 철수에 찬성한다는 메시지를 워싱턴에 보냈다. 그로부터 1년 후인 1991년 9월 27일, 부시 대통령은 미국 본토 이외 지역에 배치된 모든 전술핵을 철수한다고 발표했다. 뒤이어 10월 28일 한미 간에 한국으로부터 미국 전술핵무기 전면철수 합의가 있었고, 12월 18일에는 노태우 대통령이 '한반도 비핵화와 평화 구축을 위한 선언'을 통해 한국에는 전술핵이 없으며 핵을 개발하지도 않겠다고 선언했다. 그래서 12월 31일에 열린 남북 고위급회담에서 '한반도 비핵화에 관한 공동선언'이 채택되었던 것이다.

남북 고위급회담에서 남북 정상회담이 논의되었지만, 1992년 6월 29일 노태우 대통령은 북한이 핵개발을 중단하지 않으면 정상회담에 응하지 않을 것이라고 선언했다. 당시 국제원자력기구는 북한 핵 사찰을 통해 북한이 핵무기 제조를 위한 플루토늄을 생산하고 있는 것으로 판단하고 있었다. 군인 출신인 노태우 대통령은 남북 정상회담을 위해 안보 문제를 희생시킬 수 없었던 것이다. 그는 북한의 핵개발은 시급히 해결되어야 할 "가장 중대한 문제"라고 거듭 강조했다.[86]

그러나 노태우 대통령의 북방정책에 대해 비판도 없지 않았다. 특히 군에서 큰 혼란이 있었다. 1989년 3월 21일, 육군사관학교 졸업식에서 육사 교장 민병돈(閔丙敦) 장군이 노태우 대통령이 임석한 자리에서 그의 정책을 정면 비판하는 일이 벌어졌다. 그는 "우리의 적이 누구인지조차 흐려지고 있다. 적국과 우방국이 어느 나라인지 기억에서 지워버리려는 해괴하고 위험한 일이 벌어지고 있다.

우리가 지켜야 할 가치가 무엇인가"라며 노태우 정부의 상징이었던 북방정책과 대북정책을 10분 동안 비판했던 것이다.

민병돈 장군은 2017년 2월 초《일요신문》과의 인터뷰에서 당시 군 기강이 뿌리부터 흔들리고 있었다고 했다. "북은 우리의 적이 아니다"라는 노태우 대통령의 정책 방향 탓이었다고 했다. 그는 "그 당시에 군대는 말단부터 상당한 혼란이 일어나고 있었다. 전방에서 사병이 소대장에게 '북한은 우리의 적이 아닌데 추울 때는 동상 걸려가며 더울 때는 모기 뜯겨가며 군이 이렇게 할 필요가 있나. 국군 최고 통수권자이자 최고 지휘관이 북한보고 적이 아니라는데 뭐 하러 우리가 총을 겨누나. 살살하고 우리 잠 좀 잡시다'라고 말할 정도였다"고 말했다.[87] 민병돈 장군은 군을 대신해서 자신이 이 같은 방식으로 전할 수밖에 없었다고 했다. 물론 민병돈 장군은 옷을 벗어야 했지만, 용기 있는 군인이었다는 칭송이 뒤따랐다.

노태우 대통령은 국제정세 변화에 능동적으로 대응하여 공산권 국가들과 수교하고 북한에 대한 군사적 지원을 차단하는 효과를 거두었고 남북관계에도 돌파구를 여는 듯했지만, 결국 당초의 기본 목표였던 북한의 근본적 변화를 유도하는 데는 성공하지 못했다.

자주국방을 위한 작전통제권 환수

노태우 대통령은 남북 화해와 협력을 표방한 역사적인 '7·7선언'을 발표한 바로 그날 한국의 국방을 근원적으로 쇄신하기 위한 중요한 방침을 밝혔다. "금년이 창군 40주년이 되는 해인데도 아직도 과거 대외의존적 국방시대의 유산들이 많이 산견(散見)되고 있다.

예를 들면, 현대전에 필수적으로 갖추어야 할 다양한 전투기능의 균형된 발전이 저해되어 독립국가 군대로서 독자적인 전쟁수행 능력 자체가 제한되고 있지 않나 우려된다. 또한 정보 및 조기경보 능력의 부족, 육 · 해 · 공군 간의 불균형, 보병전 위주의 지상전력, 방위기능 위주의 전략 등의 문제는 우리의 안보 상황, 특히 주한미군의 역할이 불확실해져간다는 점을 고려할 때 심각하고 진지하게 검토되지 않으면 안 된다. 우리가 평화를 확보하고 전쟁을 억제하기 위해서는 제2창군에 버금가는 자세로 군의 체질적 혁신을 통한 자주국방의 자주적 억제력 확보가 필수적임을 강조하며, 참된 억제력을 위해서는 방패의 두꺼움보다 칼날의 날카로움이 더욱 귀중하다는 것을 인식하여야 한다."[88]

노태우 대통령의 자주국방을 위한 개혁 구상은 탈냉전에 따른 미국의 세계전략 변화에 직접적인 영향을 받았다고 볼 수 있다. 또한 한국의 국력신장과 대미인식의 변화도 중요한 변수로 작용했다고 본다. 기본적으로 노태우 대통령은 '한국 방위의 한국화'로 자주국방을 이해했다. 이는 한국 방위에 있어서 한국군이 주도적 역할을 수행하는 것을 의미했기 때문에 작전통제권 전환이 필수라고 판단했다. 대통령 선거 당시인 1987년 8월 노태우 후보는 '작전통제권 환수 및 용산 미군기지 서울 외곽 이전' 공약을 발표한 바 있다.

노태우 대통령은《월간조선》에 보도된 '육성 회고록'에서 "우리가 미국으로부터 평시 작전지휘권을 환수한 것은 '민족자존'을 국정지표로 삼았던 것과 무관하지 않다"고 했다. "우리가 독자적으로 지휘권을 갖지 못한 것은 주권국가로서는 창피한 일이었다. 민족자존이다, 자주외교다 해서 자부심을 가지면서도 국가안보 면에서 아무리

평시라 하지만 지휘권을 갖고 있지 못함으로써 일종의 열등의식을 느끼는 사람이 적지 않았다. 우리 군이 평시 작전통제권을 가져야만 전시 작전통제권을 행사할 수 있고, 또 남북협상에서 민족자존을 살릴 수 있다는 차원에서 작전통제권을 전환해야 한다고 판단했다"고 말했다.[89]

평시 작전통제권 환수는 1990년 한미군사위원회에서 "평시 작전통제권은 1993년까지, 전시 작전통제권은 1995년까지 환수하자"는 안을 미국 측에 제안하면서 한미 간 논의가 시작되었다. 미국 측은 1991년 1월 1일부로 한국에 평시 작전통제권을 전환할 의사가 있음을 표명했다. 몇 번의 협상을 거쳐 1991년 11월 한미 연례 안보협의회에서 "1993~1995년 기간 중 평시 작전통제권을 한국군이 환수"하기로 합의한 바 있다. 그러나 군 일부와 예비역들은 평시 작전통제권 환수에 대해 우려가 컸다. 이러한 분위기를 감지한 노태우 대통령은 1992년 1월 28일 국방부 연두순시에서 평시 작전통제권 환수를 강조했다.

"우리의 자주적 방위역량과 태세를 발전시켜나가는 것이 중요합니다. 그것이 민족자존과 통일 번영의 기본 바탕이기 때문입니다. 그런 의미에서 금년 한미 연례 안보협의회에서는 평시 작전통제권을 1993~1995년 중 환수하도록 한 합의를 구체화하여, 최단 시일 내 찾아올 수 있도록 협의해야 합니다."

이 같은 노태우 정부의 노력으로 평시 작전통제권은 1994년 미국으로부터 환수되었다. 평시 작전통제권 환수는 전시 작전통제권 환수의 중간 과정이었다. 한미 연례 안보협의회가 열리던 1994년 10월 7일 《조선일보》는 "평시 작전통제권 환수는 (전시 작전통제권 환수를 위한) 실험적 의미를 갖는 것이지만, 이로써 우리 군이 자주적인 국방의 기틀을 마련할 수 있다는 점에서 역사적인 의미는 매우 크다"고 보도했다.

군 구조 개편을 위한 8·18계획

작전통제권 환수는 자주국방 태세를 전제로 했다. 노태우 대통령은 《월간조선》과의 육성 증언에서 이렇게 말했다. "다음으로 나는 '8·18 계획'(정식 명칭은 장기 국방태세 발전 연구사업)으로 알려진 군 구조 개편을 추진했다. 현대전의 특성은 육·해·공군이 따로 싸우는 것이 아니라 긴밀히 협력하여 작전을 해야 한다는 취지였다."[90] 노태우 대통령은 계속해서 말했다. "한국군의 작전권은 미군 통제 하에 있었지만 육·해·공군이 제각기 작전하는 상황이었다. 이 때문에 자신은 평시 작전권을 환수한 다음 육·해·공군이 작전권을 따로 가져서는 안 되겠다고 생각했다. 그래서 1988년 7월 14일 자신은 민족자존을 위한 자주국방 태세를 확보할 수 있는 전략 개념과 3군 합동 차원의 작전운용 및 군사력 건설을 위한 연구위원회를 구성해 2000년대에 대비할 수 있는 방안을 만들어 보고하라고 했다." 노태우 대통령은 "이제 우리 스스로 우리 문제를 결정할 때가 왔고, 그만한 자신을 가질 때도 되었다고 판단했다. 따라서 언제가 될지 모르지만 미군이 나가더라도 우리가 작전통제권을 행사할 수 있는 훈련을 쌓아야겠다고 생각했다. 이런 맥락에서 나는 '8·18 계획'을 추진한 것이다"라고 말했다. 이와 관련하여 외교안보수석이던 김종휘는 평시 작전통제권 환수와 군 구조 개편은 별개의 사안이 아니라 긴밀히 연계된 것이었다고 말했다.

노태우 대통령의 군 구조 개혁 구상은 미국의 군 구조 개혁의 영향을 받은 바 크다. 미국에서는 1986년 '골드워터-니콜스법(Goldwater-Nichols Act)' 제정을 통해 합참의장의 권한을 대폭 강화하는 내용을 핵심으로 한 군 구조 개혁이 실시되었다. 이는 1947년 미국의 국가안보법 제정 이래 40년 만에 이루어진 군 구조 개혁이었다. 1981년 미군의 이란 인질구출 작전은 8명의 미군이 사망하는 피해가 있었지만 아무런 성과도 거두지 못하고 실패로 끝났다. 당시 미군은 특수작전을 통제하는 중앙집권화된 사령부도 없었고, 다양한 임무들 간의 합동연습도 실시되지 않았으며, 어떤 군이 어떤 역할을 수행하는 것이 가장 적합한지 고려하지 않고 작전을 진행했다. 특히 문제가 된 것은 미국 합참의 무능력과 비효율이었다. 당시 브라운(George Brown) 합참의장은 퇴임사에서 이렇게 말했다. "작전이 진행되는 동안 내 부하는 여비서 한 명뿐이었다. 나머지 장교들은 각 군에서 파견한 로비스트나 정보원에 지나지 않았다." 브라운 합참의장의 충격적인 발언에 자극받은 미국은 골드워터-니콜스법 제정을 통해 대통령-국방부장관-군 사령관을 거쳐야 했던 기존의 군 지휘계통을 바꿔 대통령-국방부장관-군 사령관을 거치지 않고 합참의장이 전투지휘관을 직접 지휘·통제하게 했다. 이처럼 합참의장이 작전권을 장악했기 때문에 뒤이어 벌어진 걸프전에서 놀라운 승리를 거둘 수 있었다.

이처럼 노태우 대통령의 군 구조 계혁 구상은 2년 전 미국의 군

구조 개혁에 자극받은 바 크다. 그는 육·해·공군 본부를 해체하고 통합군을 건설해야 한다는 비전을 가지고 있었다. 8·18계획은 김희상(金熙相) 안보정책비서관이 주도했고, 김관진(金寬鎭) 중령이 실무 장교로 참여했다. 이 계획은 상부 지휘구조 개편에 초점이 맞춰졌으며, 그 핵심은 통합군 제도로의 개편이었다. 통합군제는 김희상 안보정책비서관 등 일련의 육군 장교들이 이스라엘이 세 차례에 걸친 중동전쟁 승리에 크게 감명받은 영향이 컸다. 김희상은 군에 널리 알려진 저서 『중동전쟁』을 저술하면서 군내에 통합군 제도로의 개혁을 적극 주장해왔다. 통합군제는 육·해·공군 3군 병립의 군 구조를 국방참모총장(추후 합동참모의장 개명)에게 육·해·공군 3군에 대한 군정권(軍政權)과 군령권(軍令權)을 모두 부여하는 군제를 말한다.

그러나 통합군제로 전환하려던 계획은 해·공군의 반대로 합동군제로 변경되었다. 통합군사령관 1인에게 과도한 권한이 집중되면 문민통제를 위협할 가능성이 있고, 또한 각 군 본부를 해체하게 되면 해·공군의 전통과 특성 유지가 어려워질 수 있다는 우려 때문에 통합군제가 수용되지 않았다. 야당도 국방의 핵심 권한이 국방참모총장 1인에게 집중된다며 반대했다. 또한 통합군 제도가 실시되면 육군이 핵심 직위를 독식하며 해·공군은 더욱 위축될 것이라는 우려도 제기되었다.[91] 당초 노태우 대통령은 '통합군' 형태의 강력한 지휘구조로 국방참모총장을 신설해 군의 전쟁수행능력을 높이고 방만한 군 조직을 효율화하려 했지만, 3군의 반발과 예비역 장성들의 반대가 만만치 않았기 때문에 한 발 물러나 '합동군제'로 변화를 마무리했다. 8·18계획이 반영된 국군조직법 개정안이 1990년 10월 국회에서 통과되었다.

이에 따라 조직과 기능이 대폭 보강된 합동참모본부가 창설되었다. 과거 국방부장관의 군령권을 보좌하는 데 머물렀던 합참의장의 역할은 이때부터 국방부장관의 군령권 보좌와 동시에 전투부대를 지휘하여 육 · 해 · 공군 합동작전도 가능하게 되었다. 그리고 각 군 참모총장은 정보 · 작전기능을 뺀 나머지 기능을 지휘 · 감독하는 역할로 바뀌었다. 이로써 현대전과 미래전에 대비한 건군 이래 최대의 군 구조 개편이 이루어진 것이다. 김희상 장군은 "8 · 18계획은 그야말로 이름에 불과했던 합참의장을 명실 공히 3군의 총수로 만들어 3군을 작전 통제하는 권한을 부여했다는 것에 큰 의미가 있었다"고 말했다.

*****

노태우 대통령은 올림픽 성공으로 높아진 한국의 국제적 위상을 바탕으로 냉전 종식이라는 국제정세 변화에 능동적으로 대응하여 소련, 중국 등과 외교관계를 수립하여 한국의 외교안보 영역을 확대했을 뿐 아니라 북한이 더 이상 남북관계 개선을 외면할 수 없게 만들어 제5차 남북고위급회담에서 남북기본합의서 채택을 이끌어냄으로써 김대중 대통령 등 후임자들이 이것을 계승하게 했다. 그러나 북한이 개방하고 개혁할 수밖에 없다는 낙관론에 빠져 결과적으로 대북정책을 오도하게 되었다는 비판도 받고 있다.

제5장

◆

외교안보 노선에서 온탕과 냉탕을 오간 김영삼 대통령

◆

어느 동맹국도 민족보다 더 나을 수는 없습니다.

어떤 이념이나 어떤 사상도 민족보다 더 큰 행복을 가져다주지 못합니다.

– 김영삼 –

핵을 가진 자와는 악수할 수 없다.

– 김영삼 –

◆

냉전 종식으로 세계는 소용돌이치고 있었다. 1980년대 말에서 1990년대 초에 걸쳐 소련을 위시한 동유럽 공산국가들이 차례로 붕괴되었고, 중국은 개혁·개방에 박차를 가하고 있었다. 1989년 말 베를린 장벽이 무너지고 이듬해 10월, 동독은 서독에 흡수되어 통일되었다. 가장 심각한 위기에 처한 것은 북한이었다. 더 이상 소련, 중국 등으로부터 군사·경제적 지원을 받을 수 없게 되었고, 외교적으로도 고립되었다. 그래서 북한의 경제난은 심각한 지경에 빠졌다. 국제 사회는 북한도 동유럽 국가들처럼 붕괴될 것으로 전망하기도 했다.[92]

1차 북한 핵 위기로 뒤틀린 김영삼 대통령의 외교안보정책

김영삼(金泳三) 대통령은 오랜 세월 민주투쟁을 해왔으며, 최초의 문민(文民) 대통령이라는 자부심을 가지고 획기적인 민주개혁을 이룩하겠다며 취임했다. 따라서 대북정책을 비롯한 외교안보정책에 있어서도 냉전을 넘어서는 전향적인 정책을 추구할 것이라는 기대가 없지 않았다. 특히 노태우 정부 당시인 1991년 남북기본합의서와 한반도 비핵화 공동선언이 채택되었지만, 그 후 남북관계는 더 이상 진전되지 못했기 때문에 김영삼 정부가 새로운 활로를 개척할 것으로 예상되기도 했다.

그러나 김영삼 대통령은 오랜 정치 여정에 비해 외교안보 문제에 관심과 이해가 적었다. 야당 지도자 시절 그는 권위주의 정권이 안보를 정치적으로 악용해왔다면서 비난했을 뿐 외교안보 문제를 중시하지 않았기 때문에 그것을 제대로 다룰 준비가 되어 있지 않았다. 그래서인지 그는 노태우 대통령이 추진한 북방정책을 확대 발전시키는 데 별 관심이 없었다. 더구나 그는 부패와의 전쟁이 주된 관심사였기 때문에 정치인들과 고위공직자들의 재산을 공개하면서 거센 사정(司正) 바람을 일으켰다.

게다가 김영삼 대통령의 외교안보팀이 한반도에 몰아치고 있는 외교안보 위기를 감당하기 어려울 것이라는 우려가 없지 않았다. 외교안보팀의 수장이라 할 수 있는 통일부장관에 대북 유화론자인 한완상(韓完相) 서울대 사회학과 교수가 임명되었고, 외무부장관에 한승주(韓昇洲) 고려대 교수, 안기부장에 김덕(金悳) 외국어대 교수, 외교안보수석에 정종욱(鄭鍾旭) 서울대 교수 등, 모두 교수 출신이었다. 민정수석 김정남(金正男) 또한 대표적인 대북 비둘기파였다.

김영삼 대통령이 취임할 무렵 북한 핵 문제로 한반도 긴장이 고조되고 있었다. 1992년 북한이 핵확산금지협정(NPT)에 가입한 후 국제원자력기구(IAEA)에 보고했던 내용이 국제원자력기구가 실제로 핵사찰을 한 결과와 상당한 차이가 있었다. 그래서 국제원자력기구는 북한에 대한 특별사찰을 요구했지만, 북한은 이를 거부했다. 그래서 국제 사회에서는 북한이 핵무기를 개발하고 있다는 의혹이 높아졌다. 그런데 이 무렵 우리 군대는 군내 사조직인 하나회 제거를 명분으로 대대적인 숙청이 이뤄지고 있었다. 정부 출범 후 100일 동안 국방부 고위 간부 8명 중 5명, 합참 고위 간부 11명 중 9명, 고위 장군 14명 중 11명, 육군 군단장 11명 중 5명, 사단장 22명 중 9명, 해군 고위 제독 11명 중 7명, 공군 고위 장군 10명 중 4명이 교체되었다. 1년 내에 모두 1,000여 명의 장교가 숙청되었던 것이다. 하나회 회원은 142명에 불과했음에도 불구하고 그처럼 많은 장군들과 고위 장교들을 제거해야 했는지, 하나회와 관련 없는 해군과 공군의 숙청은 어떻게 정당화할 것인지 의문이 컸다. 민주주의를 공고히 한다는 면에서 군내 사조직 숙청은 긍정적인 평가가 많았지만, 안보비상 상황에 놓인 나라에서 군의 지휘체계를 뒤흔들어놓을 정도의 무분별한 숙청이라는 비판도 있었다. 옥석을 가리지 않고 수많은 군의 고급인력을 한꺼번에 제거하여 심각한 인력 공백 현상이 발생하는 등 국방역량에 상당한 타격을 주었다.[93]

군부 대량 숙청은 당시 전국에 휘몰아치고 있던 사정(司正) 광풍과도 연관이 있었다. 노태우 정부에서 국방부장관을 지냈던 인사를 비롯하여 육·해·공군 참모총장들이 모두 구속되었고, 그 밖에도 많은 군인들이 처벌을 받았는데, 그 죄명이 대부분 '율곡비리'였다. 군인들은 방위산업에 관련된 예산집행이나 무기·장비 구매와는 거리가 멀었고, 비리에 연루된 사람도 없었다. 예산집행 부서의 비리와 일부 군 고위층의 개인 비리를 싸잡아 율곡비리로 몰았던 것이다. 방위산업 비리와 관련하여 해군에서 중장급 이상 모든 제독들을 한꺼번에 해임시킨 것도 지나친 처사로 인식되었다.[94]

김영삼 대통령의 대북정책의 시작은 유화적이었다. 그는 취임사를 통해 "어느 동맹국도 민족보다 더 나을 수는 없습니다. 어떤 이념이나 어떤 사상도 민족보다 더 큰 행복을 가져다주지 못합니다"라면서 김일성에게 정상회담을 제의하며 남북 간 긴밀한 협력을 통해 한반도 평화와 통일을 위해 함께 노력하자고 했다. 한완상 통일부장관은 취임 후 첫 기자회견에서 "냉전 논리는 모든 수단을 동원해서 극복되어야 한다"고 강조했다. 한완상 통일부장관 주도 아래 정부는 비전향 장기수인 이인모(李仁模)를 북한으로 보내는 등, 처음부터 대북 화해정책에 적극적이었다.[95]

그러나 이인모가 판문점을 넘어간 다음 날 북한은 핵확산금지조약을 탈퇴하면서 김영삼 정부는 크게 당황했다. 당시 외교안보수석이었던 정종욱은 훗날 필자와의 인터뷰에서 "우리는 북한이 NPT 탈퇴와 같은 심각한 도전을 하리라고 상상도 못 했다"고 실토했다. 이 무렵 북한을 둘러싼 위기는 증폭되고 있었다. 1993년 2월 25일, 국제원자력위원회 이사회에서 북한의 핵개발 의혹을 규명하기 위한 특별사찰이 결정되었고, 뒤이어 3월 9일 한미 양국군은 팀스피릿 훈련을 재개했다. 이 훈련에는 국군 7만 명, 미군 5만 명, 인디펜던스함 항모전단 등이 참가했다. 김정일은 이 훈련에 반발하여 훈련 시작 하루 전날인 3월 8일 "팀스피릿 훈련이 북침을 위한 예비전쟁, 핵시험 전쟁"이라면서 "내일부터 전국(全國) 전민(全民) 전군(全軍)의 준전시상태를 선포한다"고 했다. 그리고 3월 12일에는 핵확산금지조약 탈퇴를 선언했다.

그럼에도 김영삼 정부는 5월 21일 황인성(黃寅性) 국무총리 명의로 핵 문제에 대한 남북 당사자 간 해결을 위한 남북 고위급회담을 열자고 제안했다. 5월 24일에는 김영삼 대통령이 '신외교'를 발표하면서 남북 간 경쟁 종료를 선언하고, 남북대화를 통해 핵 문제와 제반 문제를 책임 있게 해결할 것을 촉구했다. 그러나 취임 100일 만인 6월 4일에 가진 기자회견에서 김영삼 대통령은 "우리는 핵무기를 갖고 있는 상대와는 결코 악수할 수 없다는 점을 분명히 해둔다. 북한의 핵 투명성이 보장될 때 우리와 국제사회는 북한을 적극 도울 것"이라고 말했다. 이로써 남북관계는 더욱 경색되었다.

북한의 핵개발 의지는 결코 과소평가해서는 안 될 일이었다. 평양시 서성구역 연못동에 있는 '3대혁명전시관' 제2관에는 이런 문구가 적혀 있다고 한다. "조선이 없는 지구는 필요 없습니다. 김정일." 이 문구의 배경은 1993년에 있었던 회의였다고 한다. 북한이 핵확산금지조약에서 탈퇴한 후 한반도 위기가 고조되었을 때 김일성은 군단장급 이상 군 수뇌부와 측근들을 불러놓고 "미국과의 전쟁이 일어나면 이길 수 있는가?"라고 물었다. 모든 지휘관들이 "이길 수 있습니다"라고 대답하자, 김일성은 다시 물었다. "만약 지면 어떻게 하겠는가?" 아무도 제대로 답변을 못 했는데, 이때 김정일이 벌떡 일어나 이렇게 말했다고 한다. "수령님, 조선이 없는 지구는 생각할 수 없습니다. 만약 그렇게 된다면 나는 지구를 깨버리겠습니다." 김일성은 아들의 말에 흡족해하며 "우리나라에 또 한 사람의 장군, 김정일 장군을 가지고 있는 것을 매우 자랑스럽게 생각합니다"라고 칭찬했다고 한다.[96] 조선이 없는 지구는 필요 없으니 깨버리겠다는 것은 수령체제가 위협받으면 무슨 짓이든 하겠다는 선언이다. 북한 핵무기는 전적으로 '김일성 체제'를 지키기 위한 것이다. 그 후에도 김정일은 "수령님 대에 조국을 통일하자면 미국 본토를 때릴 수 있는 능력을 가져야 한다. 그래야 마음 놓고 조국 통일 대사변을 주도적으로 맞이할 것이다"라며 핵개발 의지를 다졌다고 한다.

북한의 핵확산금지조약 탈퇴 선언 후 90일의 유예기간이 있었다. 북한의 핵확산금지조약 탈퇴 발효 마감시한인 6월 12일을 한 달 정도 앞둔 시점인 5월 초 뉴욕 주재 북한대표부가 미국에 회담을 제의했고, 미국은 이를 수락하여 대화에 나섰다. 6월 2일, 미국의 로버트 갈루치(Robert Gallucii) 국무부 차관보와 강석주(姜錫柱) 북한 외교부 부부장 간 회담을 통해 6월 11일 공동선언을 발표했다. 북한에 대한 미국의 안전보장, 미북 간 대화 계속, 북한의 핵확산금지조약 탈퇴 유보가 주요 골자였다. 당시 클린턴(Bill Clinton) 행정부의 대북정책 목표는 북한의 핵을 동결한 상태에서 북한의 연착륙(soft landing)을 유도하는 것이었다.

미국과 북한 간 합의에 대해 김영삼 대통령은 북한이 핵개발에 필요한 시간만 준 것으로 평가절하했다. 6월 12일 김영삼 대통령은 전방부대를 방문하면서 "남북 간에 진실한 대화가 오가려면 북한이 핵 의혹을 해소하고, 남북한의 신뢰회복이 우선되어야 한다"고 주장했다. 6월 25일 BBC 방송과의 회견에서 김영삼 대통령은 미국은 북한과의 핵협상에서 추가적인 양보를 해서는 안 되며, 당시 여러 징후들이 북한이 전쟁 준비 중임을 보여주고 있다고 했다. 7월 1일 《뉴욕 타임스》와의 회견에서 "북한이 핵무기 개발에 필요한 시간을 벌기 위해 미국과의 협상을 이용하고 있다. 미국이 더 이상 북한에 끌려 다니지 않기를 바란다"는 등 미국의 대북협상을 비난했다.[97] 당시 보수층은 하나회 척결 등 김영삼 정부의 군 개혁에 대해 불만이 많았고, 또한 김영삼 정부가 북한 핵 문제에 대해 제대로 대처하지 못하고 미국에 끌려 다닌다고 비판했다. 또한 북한이 한국을 제쳐두고 미국과 직접 대화를 하려는 이른바 '통미봉남(通美封南)'을 노리고 있다는 여론이 팽배했다.

그해 11월 23일 백악관을 방문한 김영삼 대통령은 빌 클린턴 대통령과의 회담에서 논쟁을 벌이는 일이 벌어졌다. 로버트 갈루치와 함께 북미회담 협상단이었던 조엘 위트(Joel Wit)와 대니얼 포너먼(Daniel Poneman)은 당시 상황을 이렇게 증언했다.

"백악관 대통령 집무실에서 진행된 단독회담은 김 대통령이 볼멘소리로 '미국이 일방적으로 결정해서 한국에 통보한 일괄타결안을 비롯해 북한에 대한 포괄적 접근방식에 대한 반대의사를 밝히는 것'으로 시작되었다. 김 대통령은 '일괄타결' 방식이든 '포괄적 거래'든 결국 같은 것으로, 언론에서는 북미관계 정상화 같은 북한에 대한 양보를 의미하는 것으로 쓰고 있다고 반복해서 지적했다. 불과 몇 시간 전 블레어하우스에서 유종하 대사 등이 내세운 강경한 접근법을 설명하면서 김 대통령은 북한이 설사 국제원자력기구 사찰을 수용하고 남북대화를 시작한다 하더라도 팀스피릿 훈련 중단 여부는 여전히 '유보'해야 한다고 주장했다. 그리고 북한이 핵무기를 보유하고 있지 않다는 것을 남쪽에 증명한 이후에만 팀스피릿 훈련을 중단해야 한다고 말했다. … 클린턴 대통령, 레이크 안보보좌관, 크리스토퍼 국무장관은 입을 딱 벌렸다. 일반적으로 우방국과의 정상회담은 사전에 철저히 조율되고 준비되기 마련이기 때문이다. 클린턴 대통령은 포괄적 접근방식을 옹호했지만 김 대통령은 이미 결심을 굳힌 상태였다. 아예 상대방의 말을 듣지도 않은 것처럼 보였다."[98]

결국 한미 양국은 포괄적 접근을 '철저하고 광범위한 접근(through and broad approach)'이라는 용어로 바꾸었다.

일촉즉발의 전쟁 위기로 치달았던 1994년

갈루치와 강석주 간 협상이 계속되어 1994년 2월 18일에는 이른바 '슈퍼 화요일 합의'에 이르렀다. 화요일인 3월 1일에 팀스피릿 훈련 중단, 북한 핵시설에 대한 국제원자력기구의 사찰, 남북 특사 교환, 3월 21일 미북회담 개최 등을 동시에 발표하기로 했던 것이다. 그런데 김영삼 대통령은 이 같은 합의에 제동을 걸었다. 미북회담 이전에 남북 간 특사교환을 위한 남북대화가 선행되어야 한다는 입장이었다. 남북대화를 미북회담과 연계시킨 것이다.

3월 15일 국제원자력기구는 북한이 추출한 핵물질이 핵무기로 전용되지 않았음을 검증하는 데 실패했다며 이 문제를 유엔 안보리에 상정하기로 결정했다. 4일 후인 3월 19일 판문점에서 특사교환 문제를 논의하기 위한 남북 실무회담이 열렸다. 송영대 우리 측 대표가 남북을 오고 갈 쌍방 특사의 급선무는 북한 핵 문제 해결이라고 강조한 데 대해 북한 대표 박영수는 북한 핵과 관련된 남측의 국제공조체제 구축은 북한의 목을 조이는 전략이기 때문에 참을 수 없다면서 협박 발언을 했다. 그는 "북한이 피해를 입으면 남한이 무사할 줄 아는가? 우리는 대화에도 전쟁에도 다 준비되어 있다. …

서울은 여기에서 멀지 않소. 전쟁이 일어나면 서울도 불바다가 될 것이오"라고 말하고 회담장을 박차고 나갔다.

박영수의 서울 불바다 발언 직후 청와대는 회담 장면을 공개하지 않겠다는 전례를 깨고 이를 이슈화하기 위해 김영삼 대통령의 승인까지 받은 뒤 회담 녹화 테이프를 각 방송사에 보냈다. 다음 날 각 언론사는 이것을 대서특필했다. 일부 보수언론들은 대북 경계태세 강화를 비롯해 패트리어트 미사일 배치, 주한미군 증강, 유엔 안보리를 통한 북한 제재 등 모든 수단을 동원해야 한다고 정부에 요구했다.

북한 핵 문제 해결을 위한 또 다른 한 축이었던 국제원자력기구의 북한 핵 사찰도 중단되면서 한반도 상황은 급격히 악화되었다. 이에 따라 미북 간 '슈퍼 화요일 합의'가 무산된 것은 물론 예정되었던 3차 미북회담도 취소되었다. 3월 22일, 한승주 외무부장관과 이병태(李炳台) 국방부장관이 제임스 레이니(James T. Laney) 미국대사 및 게리 럭(Gary E. Luck) 주한미군사령관과 협의하여 4월 초에 패트리어트 미사일을 배치하고, 1994년 내에 팀스피릿 훈련을 실시하기로 했다. 3월 31일 유엔 안보리는 국제원자력기구의 대북 사찰을 촉구한다는 의장성명을 채택했다. 이에 반발하여 5월 4일 북한은 영변 원자로에서 연료봉을 꺼내 핵무기 제조에 필요한 플루토늄을 추출하는 등, 벼랑끝전술(brinkmanship)로 나왔다.[99]

한반도 상황이 위기로 치닫고 있는 가운데 클린턴 대통령은 6월 2일 북한 제재안을 유엔 안보리에 상정하겠다고 발표했다. 이 무렵 김일성은 평양에 체류 중이던 캄보디아의 시아누크(Norodom Sihanouk) 국왕에게 "그들이 전쟁을 일으킨다면 우리는 도전에 기께이 응할 것이다. 우리는 만반의 준비를 갖춰놓았다"고 했다. 북한 외교부도 6월 5일 "유엔의 제재는 선전포고로 간주될 것"이라며, "전쟁에서 자비란 있을 수 없다"며 결전의지를 분명히 했다.[100] 당시 미국은 영변 핵시설을 즉시 타격할 수 있는 거리인 한반도 해역에 항공모함 전단을 배치했고, 순양함들도 영변을 향해 미사일 발사를 위해 항시 대기하고 있었다.

김영삼 대통령은 6월 6일 "북한이 무모한 모험을 감행한다면 자멸과 파멸의 길로 갈 것"이라고 경고했다. 6월 8일에는 김영삼 정부 출범 후 처음으로 국가안전보장회의가 소집되어 가상 전쟁에 대한 대응을 논의하는 등, 전쟁을 각오하고라도 제재를 통해 북한의 핵 개발을 반드시 저지하겠다는 결의를 다졌다. 이에 따라 방송에서도 안보 위기를 보도했다. 6월 8일 KBS 〈9시 뉴스〉는 "한반도, 전쟁 위기인가?"라는 특집 뉴스를 편성하고 전체 60분 가운데 50분간 북핵 관련 뉴스를 내보내면서 전쟁위기론을 조명했다. 같은 날 MBC 방송 역시 3분의 1가량을 북한 핵 보도에 할애했다. 거리에는 한동안 보이지 않던 '멸공 차량'이 등장했다. 차 지붕에 달린 4개의 확성기에서는 '우리 국민들의 전쟁 불감증'을 개탄하면서, "6·25와 베트남 패망을 잊지 말자"라는 구호가 계속해서 흘러나왔다. 우리나라 국민의 불안감도 높아져 일부 국민은 생필품 사재기에 나서기도 했다.

이처럼 1994년 봄의 한반도는 풍전등화와 같은 위급한 상황이었다. 당시 한미 양국 지도자들은 한반도 전쟁 가능성이 어느 때보다 높다고 판단했다. 미국은 협상을 통해 해결을 모색하는 한편, 유엔의 제재로 북한이 군사행동에 나설 것에 대비하여 한반도 지역에 미군을 증강해 전쟁도 불사하겠다는 태세였다. 당시 미국 국방장관이던 윌리엄 페리(William Perry)는 자신의 회고록 『핵 벼랑에서의 나의 여정(My Journey at the Nuclear Brink)』에서 "북한의 핵무장을 방치할 것인가, 아니면 제2의 한국전쟁의 위험을 감수할 것인가?"라는 끔찍한 선택에 직면해 있었다고 했다. 양자택일의 압박 속에서 페리 장관은 영변 핵시설에 대한 '외과수술적 정밀타격(surgical strike) 계획'을 입안했다. 북한이 영변 원자로에서 사용후(使用後) 연료봉을 꺼내 재처리를 준비하는 시점을 '디데이(D-day)'로 잡았다. 영변 핵 시설에 대한 정밀타격은 방사능물질을 유출시키지 않을 것이고, 크루즈 미사일로 원거리에서 공격하면 미군 피해도 거의 없을 것이라는 펜타곤의 시뮬레이션도 나와 있었다.

5월 18일 페리 국방장관과 샐리카슈빌리(John Shalikashvili) 합참의장이 다수의 고위 장성들을 소집한 가운데 영변 핵시설 정밀타격 등 한반도 위기 상황에 대처하기 위한 논의를 했다. 이 회의에서 전면전 위험성이 크게 우려되었고, 그래서 정밀타격 계획은 뒤로 밀려나고 북한에 대한 제재로 방향을 돌렸다. 다음 날 페리 국방장관과 샐리카슈빌리 합참의장은 클린턴 대통령에게 펜타곤 회의 결과를 보고했다. 특히 한반도에서의 무력충돌 가능성과 그 파장에 대해 설명했다. 그들은 클린턴 대통령에게 북한 군사력의 65%가 휴전선 일대에 배치되어 있고, 8,400문의 야포, 2,400문의 방사포, 1,500여 기의 단거리 미사일 등이 수도권을 겨냥하고 있다고 보고했다. 전쟁이 일어날 경우 한국군 사상자는 90일 이내에 49만 명, 민간인 사상자는 수백만 명, 그리고 미군 사상자는 5만 2,000여 명으로 추산되었고, 전쟁 비용도 610억 달러에 이를 것으로 추산된다

는 시뮬레이션 결과도 보고했다.[101]

유엔의 제재를 선전포고라고 거듭 위협해온 북한이 언제 어떤 위험한 도발을 해올지 짐작하기 어려웠기 때문에 미국 국방부는 이에 대한 대비책을 마련했다. 6월 중순, 페리 국방장관과 합동참모본부는 북한의 군사행동에 즉각 대처하기 위해 한반도와 주변 지역의 미군을 증강하기 위한 세 가지 안을 마련했다. 첫 번째 방안은 병참, 군수 등 차후 대규모 병력 투입을 위한 사전준비로 2,000여 명의 병력과 적 포병 감시를 위한 레이더와 정찰 시스템을 배치하는 것이다. 두 번째 방안은 1만 명의 지상군 증원과 더불어 F-117 스텔스기와 장거리 폭격기를 포함한 전술비행단을 한반도 인근에 추가 배치하고, 제2항모전단을 한반도 해역에 추가 투입하는 것이다. 세 번째 방안은 5만 명의 지상군과 400대의 항공기, 다수의 로켓 발사대와 패트리어트 미사일 등을 추가 배치하는 대규모 증강이었다.[102]

전쟁의 그림자가 드리워지고 있던 서울에서는 급박한 움직임이 시작되었다. 6월 16일 오전, 레이니 미국대사는 정종욱 외교안보수석을 만나 한국에 있는 미국 민간인들을 철수시키겠다고 통보했다. 북핵 문제에 관해 외교적 노력이 소진되고 이제 제재 쪽으로 수순을 옮긴 만큼 한국에 있는 '전투와 관계없는' 미국 민간인들을 철수시키는 '비전투원 후송작전(Noncombatant Evacuation Operation)'을 하겠다며 이를 발표하겠다고 통보한 것이다.[103]

정종욱 외교안보수석은 곧바로 김영삼 대통령에게 보고했고, 보고받은 김영삼 대통령은 경악했다. 미국 민간인의 철수는 미국이 전쟁 일보 직전에 취하는 조치였기 때문이다. 김영삼 대통령은 곧

바로 레이니 대사를 불러 강력히 항의했다. 김영삼 대통령은 회고록에서 "미국이 우리 땅을 빌려서 전쟁을 할 수는 없으며, 한국군의 통수권자로서 군인 60만 명 중에 절대 한 사람도 동원하지 않을 것"이라는 강력한 뜻을 전달했다고 적었다.

다음 날 새벽, 클린턴 대통령으로부터 김영삼 대통령에게 전화가 걸려 왔다. 클린턴은 김영삼 대통령을 설득하려 했지만, 김영삼 대통령은 특유의 화법으로 클린턴을 몰아붙였다.

"클린턴 대통령, 내가 대통령으로 있는 이상 … 한반도를 전쟁터로 만드는 것은 절대 안 됩니다. … 당신들이야 비행기로 공습하면 되지만 그 즉시 북한은 휴전선에서 남한의 주요 도시를 일제히 포격할 것입니다. … 전쟁은 절대 안 됩니다. 나는 우리 역사와 국민에게 죄를 지을 수는 없습니다."

32분간에 걸친 김영삼 대통령과의 통화 후에 클린턴은 영변 핵시설 공습계획을 중단했다고 김영삼 대통령은 주장한 바 있다.[104]

워싱턴 현지 시간으로 6월 16일 아침, 운명의 시계가 한반도 전쟁을 향해 째깍째깍 움직이고 있었다. 백악관 국가안전보장회의에서 한반도 유사시에 대비한 대처 방안이 논의되고 있었다. 페리 국방장관은 클린턴 대통령에게 "북한에 제재를 부과하고, 한국에서 미국인들을 소개(疏開)하며, 주한미군을 증강시킨다"는 계획을 설명했다. 문제는 '제재와 미군 증강 가운데 어느 것을 먼저 선택하느냐'였다. 두 가지 모두 북한의 공격을 야기할 수 있는 위험한 선택이었다. 페리 국방장관은 "제재는 몇 주 미루고 미군 증강부터 나서야 한다"고 클린턴 대통령에게 건의했다. 미군 증강은 대북 억제를 강화하고, 억제 실패 시 북한을 격퇴하는 데 유용하다는 이유였다.

샐리카쉬빌리 합참의장이 클린턴 대통령에게 한반도와 그 주변의 미군 증강 계획을 설명하고 있던 중 백악관의 한 보좌관이 회의실로 들어와 평양에 가 있는 카터로부터 전화가 왔다고 전했다. 전화를 받은 앤서니 레이크(Anthony Lake) 안보보좌관은 카터의 말을 전했다. "미국이 행동(제재와 미군 증강)을 유보하면 재처리 문제를 협상할 수 있다"는 김일성의 제안을 전한 것이다. 이에 대해 클린턴 행정부는 "북한이 모든 재처리 활동을 중단하면 미국은 제재 및 미군 증강을 유보하고 협상에 나설 수 있다"는 역제안을 카터를 통해 전달했다. 결국 이 제안을 김일성이 수용하면서 위기는 극적으로 해소되었다.

평양에서 서울로 온 카터는 김영삼 대통령을 예방하고 방북 결과를 설명했다. 카터는 뜻밖에도 김일성이 김영삼 대통령과 정상회담을 하겠다는 메시지를 가지고 왔다. 카터는 조그만 메모지를 꺼내 김일성의 말을 그대로 읽어 내려갔다. "남과 북의 지도자들이 왜 만나지 못하게 되었는지 알 수 없습니다. 나는 김영삼 대통령과 언제 어디서든 가능한 한 빨리 만나기를 바랍니다."

카터의 설명을 들은 김영삼 대통령은 즉시 김일성의 정상회담 제의를 수락했다. 그날부터 김영삼 대통령은 정상회담 준비에 분주했다. 거의 매일 관계 장관, 청와대 참모진, 북한 문제 전문가 등을 만나 의견을 나누고 회담에 관련된 자료도 읽었다. 가상의 김일성을 앞에 두고 담판하는 연습도 했다. 그는 또한 북한에 줄 선물도 준비했다. 쌀 50만 톤을 지원하고, 함경북도 원정리와 나진항을 잇는 도로를 직선화하고 확장과 포장을 지원하겠다는 것이었다. 김영삼 대통령은 도로 준공에 맞춰 '평화대로'라는 휘호까지 마련했다고 한다. 정상회담 준비를 위한 판문점 실무접촉에서 7월 25일 평양에서 정상회담을 갖기로 합의했다.

그런데 정상회담을 불과 20여 일 앞두고 김일성이 갑자기 사망하면서 정상회담은 무산되었다. 김영삼 대통령은 남북 정상회담을 통해 분단의 벽을 허물 수 있는 결정적 기회를 아쉽게 놓치고 말았다. 김일성 사망 직후 김영삼 정부는 전군에 비상경계령을 내렸고, 공식적인 조문도 거부하면서 정상회담까지 약속했던 남북관계는 또다시 악화되었다.

그 후 미국과 북한은 협상에 나서 4개월 후인 1994년 10월 '제네바 기본합의(Agreed Framework)'에 도달했다. 이 합의의 주요 내용은 다음과 같다. 첫째, 영변의 5MW급 원자로를 동결하기로 한다. 아울러 북한 내의 다른 2개의 원자로 건설을 중단하고, 북한의 모든 핵시설을 국제원자력기구의 감시 하에 둔다. 둘째, 미국은 2003년까지 북한에 100만kW 경수로(輕水爐)형 원자력 발전소 2기를 건설하기 위한 국제 컨소시엄을 구성한다. 또 미국은 경수로 건설 기간 중 북한에 매년 중유 50만 톤을 제공한다. 셋째, 미북 관계를 정상화하기 위해 외교적 관계를 확대하기로 한다. 넷째, 경수로 완공 이전에 북한은 의무적인 특별사찰을 받기로 하고, 경수로가 완공되면 기존의 5MW급 원자로는 물론, 건설 중인 2개의 원자로까지 폐기하기로 한다.[105] 이후 함경남도 신포 지역에서 추진되었던 경수로 건설에는 46억 달러가 소요되었으며, 한국은 그 비용의 70%인 32억 달러를 부담하기로 했다. 경수로 건설은 1997년 8

월에 시작되어 2002년 10월까지 약 34%의 공정률을 보였지만, 그 무렵 2차 북한 핵 위기가 터지면서 중단되고 말았다.

미국과 북한의 제네바 기본합의서 채택 후에도 김영삼 정부는 비타협적인 입장을 유지했다. 북핵 문제 해결을 전제로 미북 관계 정상화나 미북 평화협정은 불필요하며, 남북 간에 평화협정이 체결되더라도 주한미군은 한미 상호방위조약에 따라 계속 주둔해야 한다는 것이었다. 김영삼 정부는 한반도 비핵화 공동선언과 남북기본합의서 이행을 위한 남북대화를 통해 핵통제공동위원회와 경제공동위원회 등 중단된 5개의 남북 공동위원회의 재가동, 남북교류와 남북 정상회담 개최, 그리고 남북한과 미국 및 중국이 참가하는 이른바 '4자회담' 등을 제의했다. 김영삼 정부는 중국을 포함시켜 미북 관계 진전을 견제하면서 남북관계를 우선하고자 했다.

북한의 붕괴를 예상하고 우왕좌왕한 대북정책

북한이 동유럽 공산권 붕괴와 심각한 경제난으로 곤경에 처한 가운데 김일성 주석이 갑자기 사망하면서 북한 정권 수립 이후 최악의 위기를 맞게 되자, 김영삼 정부는 북한의 조기 붕괴를 확신하게 되었다. 당시 정종욱 외교안보수석은 앤서니 레이크 백악관 안보보좌관과의 통화에서 "북한이 6개월 내지 24개월 안에 붕괴할 것"이라고 말했다고 한다.[106] 김영삼 대통령의 최측근 이원종 정무수석도 "YS는 김일성의 건강이 나쁘다는 정보부의 보고를 워낙 많이 들어서 사실 북한의 붕괴를 기대하고 있었다. 김일성이 죽으면 북한은 무너진다고 판단했다"고 말했다. 1994년 8월 광복절 연설에서 김영삼 대통령은 "남북의 체제 경쟁은 끝났다"며 "언제 갑자기 통일이 눈앞에 닥쳐올지 모른다"고 말했으며, 그 후에도 공개적으로 북한을 '고장 난 비행기'에 비유하며 "북한은 붕괴에 직면해 있다"고 했다.

김영삼 대통령의 한 측근은 《워싱턴 포스트》의 오버도퍼(Don Oberdorfer) 특파원에게 "집권 초기의 김 대통령은 북한의 붕괴를 유도하고 한반도의 통일을 이룩하는 역사적 대통령이 되는 것이 자신의 운명이라 믿는 것처럼 보였다"며 "그는 자신이 강하게 밀어붙이면 북한이 굴복할 것으로 생각하는 것 같았다"고 말했다고 한다. 당시 레이니 미국대사도 김영삼 대통령에 대해 "그는 이성적으로는 북한의 붕괴가 재난을 초래한다고 생각했지만, 감정적으로는 북한이 붕괴함으로써 자신이 통일 한국을 통치하는 첫 번째 대통령이 되기를 원했다"고 말했다.[107]

실제로 김일성 사망 이후 북한 붕괴론은 국내외에서 전염병처럼 확산되고 있었다. 최평길 교수는 5개국의 한반도 전문가 50명과 한국의 북한 전문가들을 대상으로 실시한 설문조사에서 대다수 학자들이 북한이 붕괴하여 2000년쯤에는 한반도가 통일이 될 것으로 판단하고 있었다고 했다.[108] 1997년 2월 황장엽 노동당 비서가 북한을 탈출하자, 북한 붕괴론은 절정에 달했다. 북한의 붕괴를 주장하는 사람들의 또 다른 논리적 근거는 1980년대에 이미 동맥경화증을 앓고 있던 북한 경제는 1990년대 들어 심각히 악화되었으며, 김일성 사망으로 체제 붕괴가 가속화되고 있는 것으로 판단했다는 것이다.

이 무렵 북한 붕괴는 미국의 관심사이기도 했다. 1996년 12월 미

상원 정보위원회 청문회에서 존 글렌(John Glenn) 상원의원은 그 해 6월의 국방정보국 보고서를 다음과 같이 인용했다. "북한이 향후 15년간 현재의 국가로 존속할 확률은 낮거나 중간 수준이다. 북한의 경제 문제에 대한 해답이 마련되지 않으면 생존하지 못할 것이다"라고 했다. 또한 존 도이취(John Deutch) 중앙정보국 국장은 "북한은 심각한 경제 문제로 인해 한국을 공격하거나 자체적으로 붕괴 또는 내파(implosion: 내부에서 스스로 붕괴)할 것"이라고 했고, 레이니 주한 미국대사도 "북한이 불가역적인 정치경제적 쇠락의 길로 가고 있으며, 미국의 정책은 김일성이 만든 체제의 붕괴를 관리하는 것"이라 말했다.[109] 게리 럭 주한미군사령관도 1996년 3월 하원 국토안보위원회에서 북한의 심각한 경제 상황과 식량난을 볼 때 붕괴는 "가능성의 문제가 아니라 시기와 방법의 문제일 뿐"이라고 말했다.[110] 2005년 7월 클린턴 행정부의 관료였던 한 인사도 미국은 북한이 제네바 합의 후 몇 년 안에 붕괴될 것으로 예상하고 협약에 합의했다고 말한 바 있다.[111]

동유럽 공산권 붕괴로 북한에 대한 이 국가들의 경제지원이 중단되었고, 중국도 경제성장으로 국내 소비가 증가하면서 곡물 수입을 확대해야 했기 때문에 북한을 지원할 수 없었다. 그래서 북한의 경제 사정은 급속도로 악화되어 1992년부터 '하루 두 끼 먹기 운동'을 벌여야 했다. 1995년 여름에는 홍수로 식량 사정이 더욱 악화되었다. 정권 주도의 배급체제는 붕괴되었기 때문에 스스로 시장경제 활동을 해본 적이 없는 많은 사람들이 굶어죽었고, 생존만을 위해 목숨을 걸고 북한을 탈출하는 사람들이 줄을 이었다.

1995년 말 북한 각 지방을 순회했던 유엔 세계식량계획(WFP) 평양사무소 트레버 페이지(Trevor Page) 소장은 북한 도처에서 굶주린 사람들을 목격했으며, 영양실조가 만연된 현상을 목격했다고 했다. 그는 황해도 지방에서 "가족들에게 먹일 죽을 끓이기 위해 나무뿌리와 야생 식물을 찾아 들판을 헤매는 사람들을 많이 보았다"고 말했다.

그러나 북한처럼 폐쇄되고 통제된 국가가 경제난으로 붕괴될 것으로 예상한 것은 잘못된 판단이다. 더구나 북한의 수령체제는 조직적인 반대세력이 없는 가운데 노동당 조직과 군대에 의해 철저히 옹위되고 있어 무너지기 어려운 체제다. 동유럽 공산국가들이 붕괴된 것은 이 국가들이 개방과 개혁이 이롭다고 판단하고 스스로 개방·개혁을 했기 때문에 자연스럽게 체제 변화를 했던 것이다. 동유럽 국가들과는 달리, 북한은 급속히 성장하고 있던 중국의 보호를 받을 수 있는 점도 달랐다.

더구나 은둔의 왕국인 북한에서는 개방·개혁이 허용되지 않았다. 개방하고 개혁하는 것은 곧 수령체제의 종말을 의미하기 때문이다. 더구나 북한에는 조직적인 반정부 세력도 없었고, 또한 철저히 감시받고 통제받는 주민들이 봉기한다는 것은 상상조차 하기 어려운 일이었다.

역설적으로, 북한이 붕괴 위기에 몰려 있었기 때문에 체제 생존을 위해 모든 수단과 방법을 총동원하여 핵개발에 매달렸으며, 경제 위기가 심화될수록 더욱 핵개발에 매진했다고 볼 수 있다. 상황이 이러한데 한국이나 미국이 북한이 조만간 붕괴할 것으로 예상하면서 북한을 얕보게 되었고, 그리하여 북한에 대한 정책이 안이해진 것이 아닌지 의심스럽다. 이는 더 이상 북한의 조기 붕괴를 전제로 한 비

현실적인 대북정책이 추진되어서는 안 된다는 교훈을 주고 있다.

미국은 북한 문제뿐만 아니라 냉전 이후의 세계에 대해 지나친 낙관에 빠져 있었다. 유일한 초강대국이라는 자신감 때문이었다. 예를 들면, 미국은 중국을 세계무역기구(WTO)에 가입시켜 국제시장에 접근하게 함으로써 중국의 고도성장 시대를 열게 했다. 당시 미국은 중국이 시장경제체제로 바뀌면 민주화될 것으로 낙관했다. 그러나 지금 와서 보면 그것은 완전히 잘못된 판단이었다.

*****

김영삼 정부의 대북정책은 유화정책과 강경정책을 오락가락했다. 그것은 통일원장관 임명에서도 드러난다. 북한에 대해 대화와 협력을 주장했던 한완상 장관은 10개월 만에 교체되었고, 그 후 2년 동안 5명의 보수적 장관이 들락날락했다. 이는 전문가들의 조언보다는 자신의 정치적 감(感)에 의존하여 정책을 결정하는 김영삼 대통령의 보스(boss) 스타일 때문이기도 했다. 김영삼 대통령은 미국이 북한과 합의를 하면 한국이 소외되었다는 비판을 의식하여 반대했다. 그러면서도 김일성과의 정상회담 제의가 왔을 때는 적극 응했다. 김일성 사망 후에는 조문을 반대하는 등 강경한 입장으로 다시 전환했다. 김영삼 정부는 이처럼 대북정책에서 유화정책과 강경정책을 오락가락함으로써 한반도 비핵화 논의에서 주도권을 잃게 되었고, 그럼에도 불구하고 제네바 합의에 따른 경수로 건설을 위해 막대한 부담을 떠안게 되었다.

제6장

◆

북한을 개혁·개방으로 유도하려 했던

김대중 대통령

◆

마침내 민족의 화해와 평화와 통일의 태양이 떠오르고 있다.

– 김대중 –

북한이 지금의 경제파탄을 수습하는 길은 대외 개방하는 길밖에 없습니다.

– 김대중 –

◆

해방 직후 남로당 계열 정당인 신민당 목포시당 조직부장을 지냈고, 이승만 정부와 박정희 정부 하에서 반체제활동을 해왔던 김대중(金大中)의 대통령 취임은 한국 현대사의 중대한 전환을 의미했다. 김대중 정부가 들어섬으로써 보수주의 노선에서 진보주의 노선으로의 획기적인 변화가 예상되었다. 실제로 김대중 대통령의 대북정책은 과거와는 근본적으로 달랐다. 대한민국 정부 수립 이래 역대 정부들은 일관되게 반공정책을 펴왔으며, 대북정책도 언제나 안보가 우선이었다. 그러나 김대중의 대북정책은 "평화공존, 그리고 교류와 협력으로 항구적인 남북관계 개선"을 통해 궁극적으로 통일을 추구하고자 했다.[112]

오랜 세월 통일 대통령을 꿈꿨던 지도자

김대중은 오래전부터 남북관계와 통일 문제에 대해 전향적인 생각과 비전을 가지고 있었다. 1971년 대통령 후보로 나섰을 당시 그는 파격적인 외교안보 공약으로 세상을 놀라게 했다. 한국 안보의 미·

일·소·중 4대국 보장, 중앙정보부 폐지, 향토예비군 및 학생군사 훈련 폐지, 남북 간 긴장완화와 교류협력을 통한 통일 노력 등을 제시했던 것이다. 그러나 그 몇 년 전부터 한국 안보는 최악의 상황이었다. 1968년 초 북한 특수부대가 청와대 부근까지 침투하여 대통령 암살이라는 목표를 달성할 뻔했다. 그 전후로 몇 년간 북한의 무장병력 침투와 그로 인한 총격전이 획기적으로 증가했고, 김일성은 1970년대 초에는 통일을 달성하겠다고 큰소리치고 있었다. 설상가상으로 1969년 미국이 아시아에서 미군을 철수하겠다는 닉슨 독트린을 선언한 후 다음 해 주한미군 제7사단을 철수시키면서 국민의 안보불안감은 크게 고조되었다.

1971년 대통령 출마 이래로 김대중은 '3단계 통일 계획'을 주장해왔다. 그는 남한과 북한이 하나의 연방을 구성하여 10여 년에 걸쳐 함께 노력한 다음에 연방국가를 이루고, 마지막 단계에서 통일을 이루자는 안이었다.[113] 6·25전쟁은 물론 그 이후 계속된 북한의 대남 도발과 남북 간 충돌에도 불구하고 통일에 대한 그의 열망은 꺼진 적이 없었다. 1987년 대통령에 두 번째 출마했을 때에도 김대중은 "통일 없이는 민족화해나 국민의 행복이 있을 수 없다"면서 민족통일의 중요성을 강조했다.[114] 그는 1991년 《월간조선》 기자와의 인터뷰에서 자신의 '3단계 통일 계획'을 설명했다. 즉 "1단계는 '하나의 연방 2개의 독립정부', 즉 2개의 공화국으로 된 연방 구조"라고 말했다. "2단계는 '1개의 연방과 2개의 자치정부'를 말하며," "3단계는 통일의 완성 단계"라고 했다.[115]

1995년 김대중의 싱크 탱크인 아태평화재단은 그의 3단계 통일론을 재정립했다.[116] 1단계는 남북한이 서로 다른 체제를 유지하면서 국가연합을 형성하는 것이다. 국가연합에서는 남북연합헌장을 채택하고 남북정상회의, 남북연합의회, 남북각료회의 등 남북연합을 관리하는 기구를 둔다. 그 당시까지의 대북정책은 교류·협력 단계를 거쳐 남북연합에 이르도록 했으나, 김대중은 남북연합은 남북한 최고지도자 간 정치적 결단으로 이루어질 수 있다고 보았다.[117] 2단계는 연방제로서 여기서는 하나의 체제 아래 외교·국방과 중요한 국내 정책은 중앙정부가 관장하고 그 밖의 문제들은 남북한 지역정부가 담당한다는 것이다. 그리고 마지막 단계는 완전 통일이라는 것이다.

햇볕정책으로 김정일의 선군정치(先軍政治) 변화 시도

1998년 2월 김대중 대통령은 취임했지만 통일시대를 열기 위한 노력에 앞서 IMF금융위기 수습이 시급했기 때문에 미국과의 협력을 우선할 수밖에 없었다. 그런데도 그는 취임사에서 "남북관계는 화해와 협력, 그리고 평화정착에 토대를 두고 발전시켜나가야 합니다"라고 하면서 대북정책 3원칙을 밝혔다. "첫째, 어떠한 무력도발도 결코 용납하지 않겠습니다. 둘째, 우리는 북한을 해치거나 흡수할 생각이 없습니다. 셋째, 남북 간의 화해와 협력을 가능한 분야부터 적극적으로 추진해나갈 것입니다." 그는 남북기본합의서에 의한 남북 간 여러 분야에서의 교류가 실현되기를 바란다며 이를 위해 특사 교환을 제의하고, 북한이 원한다면 정상회담에도 응할 용의가 있다고 했다.

그해 8·15 경축사에서도 김대중 대통령은 남북관계 개선의 의지를 재확인했다. "지난 50년간 한반도를 지배해온 남북 대결주의를 넘어서, 확고한 안보의 기반 위에 남북 간 교류협력의 시대를 열어 나가고자 합니다. … 남북 간 오랜 불신을 해소하고, 정경분리(政經分離)의 원칙에 따라 남북 간 경제적 교류와 협력을 증진하고자 합니다. … 이를 통해 우리는 한반도에 전쟁의 위험을 없애고 평화통일의 기반을 쌓아나갈 것입니다."

김대중 정부가 야심적으로 추진한 대북정책인 햇볕정책은 남북 간 화해 · 협력, 공존 · 공영을 목표로 했다. 햇볕정책은 햇볕에 몸이 더워지자 코트를 벗는 여행객에 관한 이솝우화에서 따온 개념이다. 그러나 북한이 1998년 8월 말 대포동 미사일을 발사하면서 미국과 일본 등지에서 햇볕정책에 대한 인식이 나빠졌다. 이에 김대중 정부는 미국, 일본 등 우방국에 햇볕정책을 이해시키기 위한 논리로서 '한반도 냉전구조 해체를 위한 포괄적 접근 전략'을 마련하여 우방들을 설득함으로써 대북정책 공조를 도모하고자 했다. 이를 위해 5대 과제를 제시했다. 남북 화해 · 협력, 북미 · 북일 수교, 북한 개방 환경 조성, 핵 및 미사일 군축 실현, 정전체제의 평화체제로의 전환이 그것이다. 이 같은 문제들을 협상하기 전에 북한이 필요로 하는 달러, 식량, 비료 등을 제공하겠다는 것이다.[118]

김대중 대통령의 외교안보수석비서관으로서 햇볕정책을 주도해 온 임동원(林東源)은 언론 기고문에서 북한에 대한 인식을 이렇게 밝혔다. 첫째 북한체제는 실패한 체제이고, 둘째 그렇지만 북한의 조기 붕괴 가능성은 희박하고, 셋째 북한의 변화는 불가피하고, 넷째 북한은 대남 혁명전략과 군사제일주의 노선을 유지할 것이라고 했다.[119] 김정일 체제의 붕괴 가능성은 희박하지만 북한의 변화는 불가피하므로 햇볕정책으로 북한의 변화를 가속화시켜 북한이 대남 적대정책을 버리고 화해 · 협력할 수 있도록 유도하겠다는 것이다.

김대중 정부의 대북정책 중에 특이한 것은 정경분리 원칙이다. 이 원칙은 남북 간 정치적 갈등이 불거지더라도 이것이 남북 경제협력에 장애가 되지 않도록 하겠다는 것이다. 이를 위해 김대중 정부는 1998년 4월 30일 '남북 경협 활성화 조치'를 발표했다. 이에 따라 대북 투자 규모 제한 완전 철폐, 투자 제한 업종의 명시(negative list), 방북 유효기간 연장(최장 3년으로 연장), 수시 방북 제도 확대 등 남북 교류 협력과 관련된 절차와 규제를 간소화했다. 임가공을 위한 대북 설비 반출의 규모 제한도 폐지하고, 남북 교역 물품에 대해 국세와 지방세의 면세 혜택을 부여했다. 또한 3년으로 제한했던 국내 기업의 북한사무소 상주 기간을 폐지하고, 남북 왕래자의 휴대 금지 품목을 축소시켰으며, 남북교류협력기금 지원 신청 절차를 간소화했다.

이에 따라 정주영 현대그룹 명예회장은 6월 16일 500마리의 소를 트럭 50대에 나눠 싣고 북한을 방문했고, 동시에 현대그룹은 북한에서 금강산 관광사업과 개성공단 개발을 포함한 9개 사업에 착수하게 되었다.[120] 노태우 정부와 김영삼 정부에서는 현대그룹의 금강산 관광사업에 대해 북한에 현금 지급을 허용하지 않았기 때문에 사업을 성사시키지 못했다. 그러나 김대중 정부는 금강산 관광사업과 관련하여 현대그룹에 북한의 요구조건을 모두 수용하도록 했다. 당시 현대그룹은 IMF위기로 부도위기에 처해 있었기 위해 정부의 구제금융 지원을 받기 위해 정부의 햇볕정책에 적극 협조했던 것이다.[121]

서울에서는 햇볕으로 평양에 접근하려 했지만 평양은 햇볕과는 반대방향으로 치달았다. 김일성 사망 3년 후인 1998년 김정일 정권이 출범하면서 새로운 헌법이 채택되었다. 이 헌법에 따라 국방위원회가 설치되었고, 김정일이 국방위원장이 되었으며, 그는 정치, 군사, 외교, 경제 등 모든 것을 관장하게 되었다. 국방위원회 위원 10명 중 현역 장군이 8명으로, 사실상 군사독재체제였다. 이때부터 김정일은 선군정치(先軍政治)를 표방하며 군사력 증강을 최우선 목표로 삼았다. 선군정치란 "사탕알(경제)보다 총알(군사력)을 중시해야 한다"는 김정일의 말에 집약되어 있듯이 안보우선체제였다. 그래서 북한은 아사자(餓死者)가 속출하고 수십만 명이 탈북하고 있는 상황에서도 선군정치를 외치며 예산의 절반을 군사 부문에 투입했다.

또한 북한은 다른 한편으로 대남 도발을 계속했다. 그해 6월 무장간첩을 태운 북한 잠수정이 속초 부근에서 좌초되어 6명의 승무원과 간첩 3명이 모두 자살하는 사건이 일어났다. 그 후에도 북한의 무장간첩 침투사건이 두 번 더 일어났다. 8월 31일에는 북한이 '대포동 1호' 장거리 미사일을 발사하여 이 미사일의 2단 추진체가 일본 미사와(三澤) 북동쪽 580km 공해상에 떨어졌다. 이 일로 세계는 큰 충격을 받았다. 특히 인접한 한국과 일본에 충격이 커서 한국에서는 생필품 사재기 소동이 벌어지기도 했다.

1999년에 들어서도 북한의 강경 노선은 계속되었다. 김정일은 북한의 개혁·개방을 전제로 하는 햇볕정책에 대해 근본적으로 부정적이었다. 그해 신년사를 통해 김정일은 "개방·개혁은 망국의 길이다. 우리는 개방·개혁을 절대로 허용할 수 없다. 우리의 강성대국은 자력갱생의 강성대국이다"라고 선언했다.[122] 5월 7일 김정일은 노동당 책임일꾼들을 대상으로 한 담화에서 "제국주의자들이 우리에게 '개혁', '개방'을 해야 한다고 떠드는 것은 우리나라에서 사회주의를 허물고 자본주의 제도로 되살리려는 기본 의도가 있다"면서 "적들은 개혁 · 개방으로 우리의 사회주의를 내부로부터 와해시켜 저들의 구미에 맞는 자본주의로 전환시키려는 음흉한 목적을 추구하고 있다"고 말했다.[123] 그해 10월 유엔 북한대표부 김창국 차석대사는 유엔 연설을 통해 "남한의 햇볕정책은 화해와 협력을 가장하고 북한의 체제를 바꾸려는 반(反)통일 반(反)조선 정책"이라고 비난했다.

그럼에도 불구하고 김대중 대통령은 북한에 유화적인 메시지를 계속 보냈다. 1999년 5월 5일 CNN 방송 인터뷰에서 그는 "우리 정부의 대북정책의 목표가 한반도의 냉전구조를 해체하는 데 있고, 여기에는 다섯 가지 요소가 포함된다고 밝혔다. 첫째는 남북 간의 불신과 대결을 화해 · 협력 단계로 전환시켜나가야 하고, 둘째는 미국과 일본이 북한과의 관계를 개선하고 정상화해야 하며, 셋째는 북한이 개방과 시장경제로 전환하고 책임 있는 성원으로 국제사회에 참여해야 하고, 넷째는 한반도에서 대량살상무기를 제거하고 군비통제를 실현해야 하며, 다섯째는 정전체제를 평화체제로 전환하고 한반도의 법적 통일에 앞서서 남북한이 서로를 인정하면서 자유로운 인적 · 물적 교류를 하는 사실상의 통일 상황(de facto unification)을 실현해야 한다"고 말했다.[124]

그러나 북한의 무력도발은 계속되었다. 1999년 6월 연평도 근해에서 북한 해군의 도발에 우리 해군이 대응하면서 군사충돌이 일어났다. 꽃게철이면 대규모 북한 어선들이 해상분계선(NLL) 근처에서 조업을 하는데, 이때 북한군이 이들을 감시하러 내려오면 한국군과 대치하는 일이 빈번히 일어났다. 6월 15일 오전 북한 경비정 4척이 어선 20척과 함께 북방한계선 남쪽 2km 해역까지 내려왔다. 이에 우리 해군은 고속정과 초계함 10여 척을 동원하여 선체를 직접 충돌시키는 밀어내기로 북한 함정을 해상분계선 밖으로 내보내려 했다. 이때 북한 경비정 한 척이 갑자기 25mm 기관포로 사격을 시작하자, 다른 함선들도 공격에 가담했다. 이 과정에서 참수리급 고속정 325호 정장 안지영 대위를 비롯하여 당시 325호에 탑승한 장병들 중 일부가 부상을 당했다. 하지만 우리 해군 초계함의 76mm 함포와 고속정의 40mm 기관포 등의 사격으로 북한 어뢰정 한 척과 중형 경비정 한 척 등 2척이 침몰했으며, 다른 경비정 5척도 파손된 채 퇴각했다. 이 과정에서 우리 해군 고속정 2척이 파손되고 7명이 부상당했지만, 북한 해군은 20명이 사망하고 30명이 부상당한 것으로 추정되었다.

이처럼 북한의 계속된 무력도발과 이에 따른 북한에 대한 격렬한 비난 여론에도 불구하고 김대중 정부는 햇볕정책을 밀고 나갔다. 김대중 정부는 1998년 6월 북한의 잠수정 침투 사건이 일어났을 때나, 8월의 대포동 1호 미사일을 발사하고, 같은 달《뉴욕 타임스》가 "북한 금창리 지역에 대규모 지하 핵시설이 만들어지고 있다"고 보도했을 때도, 그리고 1999년 6월 15일 서해에서 남북 해군 함정 간 교전이 벌어졌을 때도 금강산 관광 사업과 개성공단 개발 사업 등 대북 경제협력 사업을 계속했다.

남북관계의 획기적 전환을 겨냥한 남북 정상회담

2000년 들어 북한이 적극적인 외교공세를 펴는 등 변화의 조짐이 나타났다. 그런 가운데 2월 초 김대중 대통령은 도쿄 방송과의 인터뷰에서 김정일을 "실용주의자이며 판단력과 식견을 갖춘 지도자로서 대화가 될 수 있는 인물"이라 치켜세웠다.[125] 3월 9일 김대중 대통령은 유럽 순방 중 독일 베를린자유대학에서 대북 경제지원, 평화정착, 이산가족 문제 해결, 당국 간 대화 등 한반도 문제 전반을 포괄하는 연설을 했다. 이것이 이른바 '베를린 선언'이다. 김대중 대통령은 이 연설에서 특히 북한의 도로, 항만, 전력, 통신 등 사회간접자본 건설을 위해 본격적인 지원을 할 준비가 되어 있다고 했다.

10년 연속 뒷걸음치는 경제와 5년간에 걸친 식량난으로 최악의 위기에 빠져 있던 김정일은 그 같은 김대중 대통령의 파격적인 제안을 외면하기 어려웠다. 김대중 대통령의 베를린 선언 직후 북한은 판문점을 통해 대화 의사를 밝혀왔으며, 이에 따라 남북은 중국에서 비밀협상을 했다. 우리 측에서는 박지원(朴智元) 문화관광부 장관이 대표로 나갔고, 북한에서는 아태평화위원회 송호경(宋浩景) 부위원장이 나왔다. 그들은 3주간의 비밀협상 끝에 정상회담 조건에 합의했다. 베를린 선언이 있은 지 한 달 후, 국회의원 총선거 사흘 전인 4월 10일에 서울과 평양에서 6월 12일에서 14일 사이에 남북 정상회담을 개최하기로 했다고 발표했다. 실제 남북 정상회담은 하루 늦어졌다. 정상회담에 대한 조건이 충족되지 않아 북한이 일방적으로 연기했기 때문이다. 6월 13일, 한국인들은 물론 세계의 이목이 평양에 집중되었다. 정상회담이 끝난 후 남북 지도자는 다음과 같은 '6·15 남북공동선언'을 발표했다.

"남북 정상들은 분단 역사상 처음으로 열린 이번 상봉과 회담이 서로 이해를 증진시키고 남북관계를 발전시키며 평화통일을 실현하는 데 중대한 의의를 가진다고 평가하고 다음과 같이 선언한다.

1. 남과 북은 나라의 통일 문제를 그 주인인 우리 민족끼리 힘을 합쳐 자주적으로 해결해나가기로 하였다.
2. 남과 북은 나라의 통일을 위한 남측의 연합제안과 북측의 낮은 연방제안이 서로 공통성이 있다고 인정하고 앞으로 이 방향에서 통일을 지향시켜나가기로 하였다.
3. 남과 북은 올해 8·15에 즈음하여 흩어진 가족, 친척 방문단을 교환하며 비전향장기수 문제를 해결하는 등 인도적 문제를 조속히 풀어나가기로 하였다.
4. 남과 북은 경제협력을 통하여 민족경제를 균형적으로 발전시키고 사회, 문화, 체육, 보건, 환경 등 제반 분야의 협력과 교류를 활성화하여 서로의 신뢰를 다져나가기로 하였다.
5. 남과 북은 이상과 같은 합의사항을 조속히 실천에 옮기기 위하여 빠른 시일 안에 당국 사이의 대화를 개최하기로 하였다.

김대중 대통령은 김정일 국방위원장이 서울을 방문하도록 정중히 초청하였으며, 김정일 국방위원장은 앞으로 적절한 시기에 서울을 방문하기로 하였다."

역사적 회담이었지만 북한 측의 반대로 정상회담의 의제가 정해지지 않았다. 외교안보수석비서관이었던 황원탁(黃源卓)은 "북측에서 '모든 문제는 두 분 정상 간에 만나서 결정하도록 하자'고 해서 사전에 그런 문제들(세부적인 의제)에 대하여는 전혀 논의가 안 되었다"고 했다. 그 결과 남북 정상회담은 의사록도 없었고, 기록도 전혀 없었다. 특히 문제로 지적된 것은 당시 심각한 우려 대상이 되고 있었던 북한의 핵개발과 미사일 문제는 논의되지 않았다는 것이다. 군사적 긴장 해소를 등한시하는 남북관계 개선은 궁극적으로 실패할 가능성이 크다. 많은 국민들은 김대중 대통령이 정상회담에서 왜 안보 문제를 다루지 않았는지 의아해했다.[126] 또한《뉴욕 타임스》는 6월 14일 "김대중 정부는 정상회담을 전후해서 4억 5,000만 달러의 현금과 20만 톤의 비료를 북한에 제공했다는 보도가 있다"고 했다.[127]

김정일의 서울 답방 문제도 논란의 대상이 되었다. 황원탁이 2000년 6월 30일 재향군인회 연설에서 밝힌 내용은 다음과 같다. "김대중 대통령이 김정일 위원장에게 당신이 서울에 와야 한다고 했을 때 김 위원장은 '안 됩니다. 나의 위치로는 거기에 갈 수 없습니다'라고 말했다. 김 대통령은 '말도 안 됩니다. 김 위원장님은 서울에 와야 됩니다. 김 위원장과 나는 남북화해를 논의했는데 김정일 위원장이 서울에 오지 않으면 누가 우리의 합의를 밀고 나가겠습니까? 김 위원장은 와야 됩니다.' 김정일 위원장은 '안 됩니다. 나는 갈 수 없습니다. 공적인 지위를 가진 나로서 서울을 방문하는 것은 불가능합니다.' 김 대통령은 여러 가지로 설득했지만 효과가 없었다. 김 대통령은 최후의 시도로 말했다. '김 위원장은 동방예의지국의 예의를 잘 아는 분으로 알고 있는데, 내가 김 위원장보다도 10여 살 위인데 당신보다 더 나이 먹은 노인이 여기까지 왔는데 당신이 안 온다고 하는 것이 말이 되느냐'고 했다. 김정일 위원장은 마지못해 '앞으로 적절한 시기에 서울을 방문하기로 하였다'는 남북 공동선언 조항에 동의했던 것이다."[128]

그럼에도 남북 정상회담으로 남북 교류협력의 제도적 기반이 마련되어 금강산 관광사업, 개성공단 개발사업 등 남북 교류협력이 본격화되었다. 정상회담 두 달 만인 8월, 현대아산과 북한 당국 간에 '공업지구 개발에 관한 합의서'를 채택하고 개성공단 건설이 시작되었다. 또한 대규모 대북 경제지원이 이루어졌고, 몇 차례 장관급 회담이 열렸다. 투자보장협정을 비롯한 네 가지 경제협력합의서를 채택했고, 남북 간 철도 및 도로 연결 공사에 착수했으며, 이산가족 상호방문과 예술단체의 방북도 이뤄졌다. 그래서 한동안 통일의 문이 열릴 듯한 분위기였다.

김대중 대통령은 남북 정상회담 이후 2년 남짓한 짧은 기간 중 한반도 냉전 구조를 해체하여 평화통일의 확고한 기반을 구축하고자 했다. 그는 2000년 9월《뉴욕 타임스》회견에서 "2003년 초 본인이 퇴임하기 이전에 북한과 평화협정을 체결할 수 있기를 희망한다"고 말했다.[129]

그러나 김정일이 김대중 대통령을 기만했다는 생각을 지울 수 없다. 김대중 정부가 남북협력 사업을 적극 추진하고 있었을 당시 김정일은 "햇볕정책 역이용 전략을 수립하라"는 특별지시를 내렸다고 한다. 햇볕정책 역이용 전략의 목적은 세 가지로 알려지고 있다. 첫째 남북관계를 경제적 이익에 국한시키고, 둘째 '우리민족끼리' 구호를 통해 한국 내 북한 지지 세력을 확산시키며, 셋째 남북화해를 명분으로 한미 갈등을 조장하여 주한미군을 철수시킴으로써 적화통일에 유리한 환경을 조성한다는 것이다.[130] 이에 따라 북한은 표면적으로는 민족공조와 평화통일을 강조하며 남북 교류협력에 호응하면서 뒤로는 적들과는 '끼리' 할 수 없다는 원칙을 고수하며 기존의 적대적인 대남전략을 계속했던 것이다.[131]

햇볕정책은 북한이 변할 것이라는 기대에서 시작되었지만, 김정일 정권이 개혁과 개방을 하지 않는 한 실패하거나 아니면 큰 성과를 거두기 어려웠다. 햇볕정책의 성공에 모든 것을 걸었던 김대중 대통령은 자신도 모르는 사이에 김정일의 전략·전술에 끌려가는 입장이 되고 말았다. 그는 김정일의 비위를 거스를까 우려하여 김정일 정권에 대한 비판을 용납하지 않으려 했을 뿐 아니라 북한의 변화를 이끌어낸다는 명분 하에 대북 경제지원에 더욱 적극적이 되었다. 햇볕정책이라는 호랑이 등에 타고 나서 떨어지면 잡아먹힐까 우려하여 계속 달려갈 수밖에 없었다.[132]

김정일의 서울 답방 여부는 북한 변화의 시금석이었다. 김대중 대통령은 김정일의 답방이 남북관계를 획기적으로 발전시킬 수 있는 유일한 길이라고 판단하고 김정일의 서울 방문을 위한 환경 조성을 위해 갖가지 노력을 했다. 김대중 대통령은 남북 정상회담 1주년이 되는 2001년 6월 전후 한 달간 다섯 차례, 그해 말까지 10여 차례 김정일의 서울 답방을 촉구했던 것이다.[133] 그러나 김정일은 끝내 서울에 오지 않았다. 북한이 정상국가가 아니라는 것을 증명한 것이다.

북한에 아무런 근본적 변화의 조짐이 없다고 판단한 사람들은 햇볕정책에 대한 불만과 불신을 표출하기 시작했다. 김대중 정부의 적극적인 대북 협력정책에도 불구하고 북한의 소극적 반응으로 2000년 말부터 햇볕정책에 대한 지지는 급속히 추락했다. 2001년 2월 《동아일보》가 실시한 여론조사에 따르면, 응답자의 37%만이 햇볕정책을 지지하고 있었는데 이것은 불과 몇 개월 전 87%의 지지율에서 놀라울 정도로 대폭 하락한 것이었다.[134]

김대중 정부의 햇볕정책은 그 자체를 정당화하면서 비판과 반대를 봉쇄했다. 민주체제는 다양한 의견을 용인하는 체제임에도 불구하고 민족의 명운이 걸린 대북정책에 대한 비판세력을 반통일세력 내지 수구세력으로 매도하면서 자신들의 정책을 밀어붙였고, 이로 인해 정치적 · 국민적 분열과 갈등이 심화되고 말았다.

노벨 평화상을 위해 정상회담을 추진했다는 논란

김대중 대통령의 햇볕정책은 머지않아 국제적으로 인정받게 되었다. 2000년 10월 13일 노벨상위원회는 한국 민주주의를 위한 노력과 남북 간 평화와 화해를 증진시킨 공로로 김대중 대통령에게 노벨 평화상을 수여한다고 발표했다. 12월 10일 오슬로에서 거행된 노벨상 수여식에서 김대중 대통령은 수상연설을 통해 "나의 조국과 세계에 인권과 평화 그리고 우리 민족의 화해와 협력을 위해 여생을 바치겠다"고 다짐했다.[135]

그러나 그 이전부터 김대중 대통령이 노벨상을 목표로 햇볕정책에 열을 올렸다는 논란이 있었다. 노벨상을 수상할 당시, 김대중 대통령의 지지도는 위험할 정도로 낮았다. 1998년 그의 취임 직후의 지지도는 81%나 되었지만, 남북 정상회담 6개월 후인 2000년 말 김대중 대통령 지지도는 30% 정도에 불과했다.[136] 햇볕정책이 선거 승리 등 정치적 이익은 물론 노벨상 등 개인적 이익을 노린 데서 비롯되었다는 주장이 나오면서 햇볕정책에 대한 폭넓은 반대가 나타났기 때문이다. 남북관계는 찬반논란이 많고 국가적으로 중대한 문제이기 때문에 초당적인 협의와 대국민 설득이 중요했지만 김대중 정부는 이를 소홀히 했던 것이다.

2012년 미국으로 정치적 망명을 한 전 국가정보원 직원 김기삼(金基三)은 남북 정상회담 직전의 대북 비밀송금과 김대중의 노벨 평화상 수상은 긴밀히 연계되었다고 주장한다. 김기삼은 김대중이 대통령이 되기 전부터 최측근 공보비서로 있었고, 나중에 김대중 대통령의 제1부속실장으로 있었던 김한정(金漢正)과 같은 노벨상 수상을 위한 특별팀인 국정원 대외협력관실 소속이었다. 김대중 대통령은 1980년대부터 노벨 평화상을 목표로 활동했다. 김대중 대통령이 노벨 평화상을 받았을 당시 필자가 한국계 미국인 교수로부터 들은 바로는 그가 김대중을 위해 열네 번이나 추천서를 썼다고 했다. 국정원 중심의 노벨상 수상 작전은 김대중 정부 출범 직후부터 시작된 것으로 보인다.

미국 유력 언론 특파원으로서 1970년대부터 한국을 밀착 취재해 왔던 도널드 커크(Donald Kirk)는 자신의 저서 『김대중 신화(Korea Betrayed)』에서 "김한정은 이종찬(당시 국정원장)과 함께 1998년 8월부터 2000년 12월까지 스웨덴과 노르웨이를 최소한 여덟 번 방문했다"고 했다. 그는 이 책에서 김기삼과의 인터뷰 그리고 김기삼이 《주간조선》과의 인터뷰에서 밝힌 내용을 소개하고 있다. "김기삼에 따르면, DJ가 '그런 분별없는 북한 정책'을 그렇게 오랫동안 추구한 이유는 '노벨 평화상에 대한 지나친 욕심에 눈이 멀었기 때문'이었다. 김정일이 30억 달러를 요구하자, DJ는 정상회담의 대가로 '15억 달러에 상당하는' 2조 원을 약속했다고 김기삼은 말했다. … 김기삼이 한국 잡지에 설명한 것처럼, '금강산 관광 사업을 운영하는 특권에 대한 지급액까지 포함하면, 전체 금액이 30억 달러에 이른다.' 정몽헌은 북한으로 간 돈의 액수를 알고 있었지만 미스터리를 남기고 죽었다."[137]

《월간조선》은 "김대중 전 대통령의 노벨 평화상 수상에 국가정보원의 조직과 돈이 이용되었다"고 주장했다. 정상회담 전에 북한에 송금된 돈의 일부가 스웨덴에서 굴착 장비를 구입하는 데 사용되었다는 것이다. 즉 "북한은 표면적으로는 지하 곡물 창고를 짓는다는 목적으로 굴착기를 구입했다고 했지만, 실제로는 핵 관련 시설들을 건설하기 위해 구입했다"는 것이다. "현대의 금강산 관광에서 챙긴 이익의 일부와 정상회담 목적으로 건너간 5억 달러의 불법 송금이 북한의 무기 구입에 쓰였다는 정보가 들어오고 있다. … 한 개인의 명예를 높이기 위해 국익이 손상을 입었다"고 했다.[138]

김기삼은 인터넷에 게재한 자료에서 김정일이 "그 돈으로 파키스탄과 카자흐스탄과 프랑스로부터 고성능 폭발장치 등 핵무기 개발에 필요한 주요 장비들을 구입했다"고 주장했다. "김정일은 또한 카자흐스탄과 러시아로부터 미그(Mig) 전투기 40대와 잠수함, 전차 등을 구입했다." "현대는 정부로부터 엄청난 금액의 공적 자금을 받아 개성공업단지와 금강산 프로젝트에 대한 독점권을 위하여 그 자금의 일부를 북한에 제공했다." "김정일은 뇌물을 받은 대가로 평화

의 제스처를 취함으로써 김대중이 노벨 평화상을 수상하도록 도왔다"고 주장했다.[139]

임기 말에 빛을 잃어버린 햇볕정책

북한 연착륙(soft landing)을 목표로 했던 클린턴 행정부와는 달리 보수적인 부시(Gorge W. Bush) 행정부의 등장은 햇볕정책의 새로운 부담 요인이 되었다. 2001년 초 출범한 부시 행정부는 클린턴 행정부의 유화적인 대북정책을 비판하며 강경한 대북정책을 추진했다. 김대중 대통령은 부시 대통령을 설득하기 위해 그해 3월 서둘러 워싱턴을 방문했다. 그러나 부시 대통령은 정상회담에서 "나는 북한 지도자에 대해 회의적인 견해를 가지고 있다"고 말함으로써 햇볕정책에 대해 노골적인 불만을 표시했다. 이때부터 북한은 미국의 대북정책을 비난하며 남북 간 모든 대화 채널을 폐쇄하고 이산가족 상봉을 포함한 남북 교류협력사업도 중단했다.

2001년 9월에 있었던 알카에다의 테러 공격인 9·11사태 이후 부시 행정부의 북한 정책은 더욱 강경해졌다. 붕괴 위기에 직면한 북한이 핵기술이나 핵물질을 테러 집단에 판매할까 우려했기 때문이다. 9·11 바로 몇 달 뒤인 2002년 1월 30일 부시 대통령은 연두교서를 통해 북한에 대해 "주민들을 굶주리게 하면서도 미사일과 대량살상무기로 무장한 정권"이라며 이란, 이라크와 더불어 '악의 축(axis of evil)'이라고 했다. 당시 많은 미국인들은 김대중 정부가 북한 문제를 대화로만 해결하려는 것을 납득하지 못했다. 《월스트리트 저널(The Wall Street Journal)》의 캐런 하우스(Karen House)

기자는 햇볕정책에 대한 미국인들의 인식을 다음과 같이 전하고 있다. "놀랍게도 한국 지도자들은 김정일보다 부시를 더 우려하고 있다. … 북한이 어떤 잘못을 저질러도 김대중은 계속 경제지원과 대화만으로 대응하고 있다. 한국을 이처럼 어려운 지경에 빠지게 만든 것은 바로 파탄에 빠진 햇볕정책 때문이다."[140]

임기 마지막 해인 2002년에 들어서면서 김대중 대통령은 남북관계를 되살리기 위해 안간힘을 썼다. 그는 임동원 특별보좌관을 평양으로 보내 1년간 정체상태에 있던 남북관계에 생기를 불어넣고자 했다. 그러나 6월에 들어 북한은 연평도 근해의 해상분계선(NLL)을 빈번히 침범했으며, 특히 6월 29일에는 북한 경비정 2척이 해상분계선을 넘어 우리 해군 함정을 기습공격하면서 30분간 교전이 계속되었다. 이것이 이른바 제2연평해전이다. 우리 해군의 참수리 357호는 침몰되었고, 정장을 포함한 해군 6명이 전사하고 18명이 부상당했다. 북한 함정 등산곶 684호도 우리 해군의 반격으로 상당한 피해를 입었고, 북한 해군도 13명이 전사하고, 25명이 부상당했다. 우리 해군은 3년 전에 일어났던 제1연평해전 때보다 더 큰 피해를 입었다. 제1연평해전 이후 김대중 대통령이 선제공격을 하지 말 것, 상대가 먼저 발사하면 교전규칙에 따라 격퇴할 것, 전쟁으로 확대시키지 말 것 등으로 이루어진 4대 교전 수칙을 지시했기 때문에 우리 해군은 '밀어내기'로 불리는 차단기동으로 대응했던 것이다.[141]

2002년 말에는 햇볕정책을 뒤흔든 태풍이 불어닥쳤다. 10월 4일, 제임스 켈리(James Kelly) 미국 국무부 동아시아·태평양 차관보가 평양을 방문하여 강석주 북한 외무성 제1부상과 회담하는 자리에서 제네바 합의로 가동 중단된 것과 별도로 고농축 우라늄(Highly Enriched Uranium: HEU) 기술을 이용한 핵개발을 추진하고 있다는 증거를 제시하자 강석주가 이를 시인했던 것이다.[142] 북한은 제네바 합의에 따라 영변의 플루토늄 핵개발 시설을 가동 중단하는 대신 곧바로 고농축 우라늄 핵개발 프로그램을 비밀리에 추진한 것이다. 플루토늄 핵개발 시설은 거대하기 때문에 정찰로부터 은닉하기 어렵지만, 고농축 우라늄 핵개발은 비교적 작은 공간에서 위장해서 가동할 수 있기 때문에 위성 탐지가 거의 불가능하다. 이처럼 북한이 국제사회와의 약속을 어기고 다시 비밀리에 핵개발을 하고 있음을 스스로 인정함으로써 한반도는 2차 북한 핵 위기에 휩싸였다. 미국은 제네바 합의에 따라 해오던 북한에 대한 중유 공급을 11월부터 중단했다. 이에 반발하여 북한은 12월 말 영변에서 국제원자력기구 사찰관들을 추방했고, 다음 해 1월에는 핵비확산조약에서 탈퇴하고 영변의 5MW 원자로를 재가동했다.

클린턴 행정부 당시 미 의회의 대북정책검토그룹이 작성한 보고서는 북한이 1994년 이후 핵개발을 위해 파키스탄, 러시아 등으로부터 지원을 모색해왔고 유럽과 일본에서 이중용도품목의 획득을 시도했다고 밝혔다. 더욱이 우라늄 농축 기술과 핵 관련 고폭실험을 포함해서 핵개발이 지속되고 있다는 '중요한 증거(significant evidence)'가 있다고 명시했다.[143] 클린턴 행정부는 북한의 핵무기개발 활동을 인지해왔음에도 불구하고 대통령 선거 과정에서 실패한 대북정책이라는 비난을 피하기 위해 소극적으로 대응해왔던 것이다. 켈리의 문제제기는 북한의 핵개발 활동에 대한 부시 행정부의 공식적인 우려 표명이자 핵개발을 중단하라는 요구였다.

김대중 대통령도 햇볕정책이 자신의 대표 정책이며 최대 치적으로 과시하고 있었기 때문에 북한의 핵개발을 거론하지 않았다. 2002년 10월 고농축 우라늄 프로그램을 둘러싸고 북한 핵 위기가 고조된 이후 김대중 정부는 북한의 고농축 우라늄 프로그램의 존재를 인지하고 추적해왔다는 사실을 밝혔다. 2002년 10월 18일, 이준(李俊) 국방부장관은 국회 국방위원회에서 한미 정보당국이 1994년 제네바 합의로 봉쇄된 플루토늄 생산 시설 외에 농축 우라늄을 이용한 핵개발에 관련된 첩보에 주목하고 긴밀한 정보협력을 유지해왔다고 공개했다.[144] 며칠 뒤인 10월 24일 신건(辛建) 국가정보원장은 국회 정보위원회에 제출한 보고서에서 북한의 고농축 우라늄 프로그램에 대한 정보를 한국이 확보한 시점이 1999년 초이고, 관련 정보를 미국에 통보해서 한미 정보공조가 이뤄져왔다고 밝혔다. 이 보고서에 의하면, 우리 정부는 1999년 초 북한이 연구 인력을 파키스탄에 파견하고 일본으로부터 원심분리기에 사용하는 주파수변환기 구입을 시도한 사실을 미국 정부에 통보했다는 것이다.[145]

북한은 제네바 합의 이후 중단하기로 약속했던 고폭(高爆)실험도 비밀리에 계속했다. 고폭실험은 고성능 폭약을 폭발시켜 정확한 타이밍(100만분의 1초)에 플루토늄이 핵폭발을 일으킬 수 있는 조건을 만들어내는 것으로, 핵개발의 마지막 단계 중 하나다. 북한은 1997년부터 시작하여 2002년 9월까지 계속 고폭실험을 해왔던 것으로 알려졌다. 미 국방정보본부는 2002년 12월 초 한미 연례안보협의회 참석차 미국을 방문한 이남신(李南信) 합참의장에게 북한이 제네바 합의 이후 70여 차례의 고폭실험을 했다는 사실을 알려주었다.[146] 노무현 정부의 고영구(高泳耈) 국가정보원장은 2003년 7월 9

일 국회 정보위원회 답변을 통해 김대중 정부가 북한의 고폭실험 사실을 1998년 4월부터 파악하고 있었다고 밝혔다.[147] 이처럼 김대중 정부는 집권 초부터 북한이 제네바 기본합의를 위반하며 비밀리에 핵개발 활동을 지속해왔다는 것을 알고 있었으면서도 북한의 핵개발을 사활적 문제로 인식하고 강력히 대처하지 않았던 것이다.

북한의 핵개발 움직임에 대한 김대중 대통령의 소극적 대응은 심각한 실책이 아닐 수 없다. 그가 역사적인 남북 정상회담과 6·15 공동선언으로 상징되는 햇볕정책의 업적이 훼손되는 것을 피하고자 한 것은 물론 노벨 평화상도 놓치지 않으려 했기 때문이다. 이처럼 김대중 정부에서 매우 우호적인 햇볕정책이 추진되고 있었음에도 불구하고 북한이 비밀리에 핵개발을 계속해왔다는 것이 드러나면서 햇볕정책의 한계가 명백해졌다.

햇볕정책을 뒤흔든 세 번째 사건은 여중생 사망 사건이다. 2002년 6월 13일 경기도 양주군 도로에서 여중생 2명이 훈련 중인 미군 공병대 장갑차에 깔려 숨진 사건이다. 사고 당일 미 8군 사령관이 유감의 뜻을 전했고, 다음 날에는 미 보병 2사단 참모장 등이 분향소를 방문하여 문상했으며, 피해 유가족들에게 각각 위로금을 전달하는 등 사고 수습에 나섰다. 법무부는 7월 10일 미군 측에 재판권 포기 요청서를 보냈지만, 미군 당국은 "이 사고가 공무 중에 일어난 사고이기 때문에 재판권은 미국에 있으며, 이제껏 미국이 1차적 재판권을 포기한 전례가 없다"며 재판권 포기를 거부했다.

11월 18~23일 열린 미군 군사재판에서 배심원단은 기소된 미군 2명에게 공무 중 발생한 과실사고라며 무죄(not guilty) 평결을 내렸다. 미군은 무죄 평결이 있은 지 5일 만인 11월 27일 사과성명을 발표했다. 군사법원은 소녀들이 귀에 이어폰을 꽂고 음악을 들으며 뒤에서 접근하는 장갑차를 인지하지 못한 채 좁은 2차선 도로의 갓길을 걷고 있었으며, 미군들이 여학생들을 발견했을 때는 이미 늦었다고 말했다. 사고에 책임이 있는 미군들이 무죄로 풀려나자 수만 명의 시민들이 서울 도심으로 몰려나와 촛불을 들고 몇 주일 동안 밤낮으로 격렬한 반미시위를 계속했다. 그들은 성조기를 비에 젖게 하고, 성조기를 반으로 자르고 불태우기도 했지만 경찰은 제지하지 않았다. 이러한 장면들이 미국 전역에 보도되면서 한국이 동맹국인가라는 의문이 폭증했다. 여중생 압사 사건은 한국 대통령 선거 막판에 다시 점화되면서 반미(反美) 이슈가 핵심 쟁점이 되었고, 그런 가운데 "반미면 어떠냐"고 했던 노무현 후보가 대통령으로 당선되었다.

퇴임을 한 달 앞둔 김대중 대통령은 남북관계의 돌파구를 마련하기 위한 마지막 시도를 했다. 임동원 특별보좌관으로 하여금 김정일에게 보내는 김대중 대통령의 친서를 휴대하고 평양을 방문하게 했던 것이다. 임동원 특별보좌관은 김정일을 만나기 위해 3일간 기다렸지만 끝내 만나지 못했다. 김정일로서는 더 이상 만날 필요가 없다고 느꼈을 것이다. 김대중 대통령이 그것이 남북관계의 본질이었다는 것을 깨달았는지는 알 수 없다.

유감스럽게도 김대중 대통령의 퇴임을 앞둔 시점에서 햇볕정책 추진 과정의 도덕성 문제까지 터져나왔다. 2002년 9월 국정감사에서 '4억 달러 대북지원' 의혹이 불거진 것이다. 감사원은 3개월간의 조사 끝에 2003년 1월 남북 정상회담 직전에 적어도 2억 달러가 북한에 제공되었다고 발표했다. 남북 정상회담을 위해 북한과 협상했던 박지원은 이기호(李起浩) 경제수석비서관, 이근영(李瑾榮) 금융감독원장 등을 통해 산업은행 자금을 북한 측에 송금하도록 했다. 이 비밀 송금은 청와대, 국가정보원, 3개의 현대 계열사를 통해 홍콩, 마카오, 싱가포르의 은행을 통해 스파이 작전처럼 이뤄졌다. 현대그룹 회사들이 대북 비밀송금 통로로 이용되었던 것이다. 정부의 공식승인 절차도 없었고 국회와 협의도 없이 거액의 자금을 북한에 비밀리에 보낸 것은 심각한 불법행위였다.[148]

이 사건을 규명해야 한다는 여론이 빗발치자, 새로 취임한 노무현 대통령도 이를 묵과할 수 없었다. 2003년 3월 14일 여야 합의로 특별검사를 임명하여 진상을 규명하도록 했다. 그해 6월 25일 송두환 특검팀은 현대그룹이 김대중 정부의 요구에 따라 4억 5,000만 달러의 현금과 5,000만 달러의 건설장비를 북한으로 보냈으며, 그 후 대부분을 정부로부터 되돌려 받았다고 밝혔다. 특검팀은 "(현물을 제외한) 4억 5,000만 달러가 정상회담 전에 모두 송금되었고 송금 과정에 정부가 적극 개입했으며 국민에게 알리는 등의 절차의 정당성을 확보하지 않은 것을 볼 때 정상회담과의 연관성을 부인할 수 없다"며 대북송금이 포괄적인 정상회담 대가라는 것을 인정했다.[149] 2004년 3월 28일 박지원, 임동원 등 대북 불법송금 관련자 6명의 유죄가 확정되었다.

2020년 7월 27일 국회에서 열린 박지원 국정원장 후보자 인사청문회에서 미래통합당 주호영 의원은 2000년 남북 정상회담을 성사시킨 '4·8 남북 합의서'에 당시 남측 특사였던 박 후보자가 서명했다는 문건을 제시하면서 박 후보자가 실형을 선고받았던 5억 달러 대북송금 외에도 25억 달러 규모의 투자 및 차관을 북한에 제공한다는 내용이 이 문건에 담겼다고 했다.[150] 그러나 박지원은 2000년 남북 정상회담 당시 북한에 30억 달러를 보내겠다는 '비밀협약서'를 작성했다는 것은 모략이라고 반박했다.

김대중·노무현 정부 10년 동안 남북 정상회담을 위한 비밀 송금 외에도 햇볕정책의 명분 아래 엄청난 규모의 대북지원이 이뤄졌다. 통일부 자료에 의하면, 정부 차원에서 쌀 등 식량지원에 무상지원이 57만여 톤, 유상지원이 260만 톤이고, 비료 무상지원도 255만 톤에 달했다.[151] 정부 차원의 대북지원과 민간 차원의 지원을 포함하면, 햇볕정책 10년 동안 약 2조 7,300억 원이라는 엄청난 규모의 지원이 이루어졌던 것이다.

1995년부터 1999년까지 북한은 '고난의 행군' 기간이었다. 1995년 하순부터 북한에서는 식량 배급과 생활필수품 배급이 중단되었다. 배급체제로 지탱되던 북한 체제 자체가 붕괴될 긴급 상황에 놓였던 것이다. 일반 기관과 기업소는 물론이고 군대와 군수공장, 심지어 중앙기관조차 식량 확보를 못해 붕괴 임계점까지 도달했다. 우리 통계청은 이 기간 중 북한에서 33만 명 정도가 굶어 죽은 것으로 추산했다. 당시 북한 주민 대다수가 극심한 영양실조에 시달렸고, 살기 위해 북한을 탈출한 주민이 수십만 명에 달했다. 영양실조로 병이 나고 병이 들면 죽기 마련이다. 아사(餓死)와 병사(病死)의 경계가 모호했던 것이다. 평양 특파원을 지낸 하기와라 료(萩原 遼)는 자신의 저서 『김정일의 숨겨진 전쟁』에서 고난의 행군 시대의 사망자를 300만 명으로 추정하고 있다.[152] 고난의 행군 기간인 1997년 2월 주체사상을 정립했고 북한 정권의 요직에 있었던 황장엽(黃長燁)까지도 한국으로 망명했다. 햇볕정책이 최악의 상황에 있던 김정일 정권을 기사회생하게 했다고 볼 수 있다.

*****

김대중 대통령은 평양 정상회담을 마치고 돌아와서 "이제는 한반도에서 전쟁의 위험은 사라졌다"고 했다. 2001년에는 이런 말도 했다. "북은 핵을 개발한 적도 없고 개발할 능력도 없다. 만약 북이 핵을 개발한다면 내가 책임지겠다." 김대중 대통령이 이처럼 낙관적 착각에 빠져 있는 동안 북한은 핵개발을 계속하고 있었다.

북한을 개혁·개방으로 유도하려던 김대중 대통령의 햇볕정책은 좌절하고 말았다. 북한이 과연 햇볕정책을 받아들일 수 있느냐라는 냉철한 입장에서 접근하기보다는 화해와 협력을 통해 북한을 변화로 유도하여 평화와 통일의 길을 개척하고자 했기 때문이다. 김대중 정부의 대북 인식에 심각한 오류가 있었던 것이다. 북한의 실체를 도외시한 채 교류협력을 증진하면 북한이 반드시 변할 것이라는 낙관적 이상주의에 사로잡힘으로써 국가안보에 치명적인 결과를 초래한 것이다.

북한은 유일 주체사상 수령체제이며 이 체제를 수호하는 것이 북한 정권의 최고 목표다. 체제 유지를 위해 북한 정권은 주민을 철저히 감시·통제하고 왜곡된 정보만 제공하며 외부와의 접촉도 철저히 차단한다. 대외적으로 개방하고 대내적으로 주민 감시를 느슨히 하면 수령체제가 무너진다고 보기 때문이다. 핵은 수령체제 보위를 위한 최후 수단이라 믿기 때문에 북한 정권은 인민이 굶주리더라도 모든 자원을 투입해 핵무기와 미사일을 개발했던 것이다. 김대중 정부는 김정일이 최악의 여건에서도 선군정치를 선언했을 때 그것을 핵개발을 강행하겠다는 결의로 해석했어야 했다.

제3부

한반도
신냉전시대
(2003~)

한반도에서 냉전은 끝난 적이 없다. 많은 사람들이 노태우 정부 이래 냉전이 끝났다고 판단했을지 모르지만, 북한은 결코 그렇게 생각하지 않았을 것이다. 김대중 정부는 한반도 냉전체제 해체를 위해 온갖 노력을 다했지만, 북한은 김대중 정부와 세계를 기만하며 비밀리에 핵개발을 계속하여 2002년 말에 와서 2차 북한 핵 위기가 터져나왔고, 2006년 9월에 이르러 핵실험을 했으며, 그때부터 북한의 핵 질주는 계속되었다. 그야말로 심각한 한반도 신냉전시대인 것이다.

제7장

◆

2차 북한 핵 위기에도 햇볕정책을 가속화한 노무현 대통령

◆

대한민국은 미국을 등에 업은 자본주의 분열 세력이 세웠다.

– 노무현 –

북한이 핵을 가지려는 것은 일리가 있다.

– 노무현 –

한반도 비핵화가 김일성의 유훈이라는 데 유의한다.

– 노무현 –

작전통제권은 자주국방의 핵심이다.

– 노무현 –

평화적 수단만으로 평화를 실현할 수밖에 없다고 생각하는 국가는 머지않아 다른 국가에게 흡수될 것이다.

– 리처드 닉슨(Richard Nixon) –

◆

2002년 대통령 선거 막판에 미군 장갑차에 의한 여중생 압사 사건으로 인한 반미(反美) 이슈가 핵심 쟁점이 되었다. 그런 가운데 노무현(盧武鉉) 후보가 반미정서에 편승하여 대통령에 당선되었다. 취임 후 본격화된 노무현 대통령의 대북정책 및 자주외교 정책은 사사건건 미국과 엇박자를 냈다. 이런 상황에서 북한 핵 문제를 어떻게 다루어나갈지 의문이었다.

노무현은 후보 당시 "남북관계만 잘 하면 다 깽판 쳐도 괜찮다"고 했을 정도로 한반도 평화정착을 우선했다. 그러나 당시 한반도 정세는 평화를 노래할 분위기는 아니었다. 노무현 후보가 대통령 선거 캠페인에 열중하고 있었을 당시인 2002년 10월부터 2차 북한 핵 위기가 시작되었다. 미국이 제네바 합의에 따라 제공해오던 북한에 대한 중유 공급을 중단하자, 이에 대한 반발로 12월에 북한은 영변에 머물던 국제원자력기구 사찰관들을 추방했고, 2003년 초에는 핵확산금지조약을 탈퇴하고 2월 26일에는 8,000개의 폐연료봉에 대한 재처리에 나서면서 전쟁도 불사할 것이라고 했다.[153] 이에 대해 국제원자력기구는 2003년 1월 6일 북한에 대한 제재 결의안을 채택했고, 부시 대통령은 3월 3일 기자회견에서 북핵 문제의 외교적 해결을 강조하면서도 "북한에 대한 군사적 옵션도 배제하지 않고 있다"고 했다. 이처럼 노무현 대통령이 취임할 무렵 한반도의 긴장은 최고조에 달했다.

불투명한 국가정체성을 가진 대통령의 안보리더십

대통령의 국가관과 역사관은 안보리더십에 결정적 영향을 미친다. 그런 점에서 노무현 대통령의 국가관과 역사관은 조명할 필요가 있다. 그의 역사관과 국가관은 기존의 통설과는 근본적으로 달랐다. 문제는 역사관과 국가관이 달라지면 외교안보정책도 크게 달라진다는 것이다.

2001년 11월 안동시민학교 특강에서 노무현은 "대한민국은 미국을 등에 업은 자본주의 분열세력이 세웠습니다. 김구, 여운형, 김규식 등 민족의 통일과 자주독립이 중요하다고 주장하던 중도통합세력들은 모조리 패배해버리고 분열세력들이 득세를 했습니다"라고 주장했다. 대통령 후보 시절에도 그는 "그동안 우리 사회는 정의가 패배하고 기회주의가 득세했다"고 주장하며, "이제 이 나라는 친일했던 사람들, 군사독재에 아부했던 사이비 엘리트들의 시대가 아니다"라면서 "이를 바로잡지 않으면 미래로 나아갈 수 없다"고 말했다. 그래서 그는 대통령 취임사에서 대한민국 역사에 대해 "정의가 패배하고 기회주의가 득세했던 시대"라고 했다.

2004년 광복절 경축사에서 노무현 대통령은 과거사 진상 규명의 필요성을 역설하며 국회가 필요한 입법 조치를 해줄 것을 요청했다. 이에 따라 집권당인 열린우리당은 '과거사진상규명법' 제정에 나섰다. 2005년 2월 취임 2주년을 맞아 국회 국정연설에서 노무현 대통령은 과거사 진상 규명의 필요성을 재차 강조했다. 그리하여 과거사진상규명법은 그해 5월 국회를 통과했다.

이 법에 따라 100년 전에 일어났던 동학란에 대한 '동학혁명 참여자 명예회복심의위원회'를 비롯하여 친일반민족행위 진상규명위원회, 진실 · 화해를 위한 과거사정리위원회, 제주 4 · 3 진상규명위원회, 의문사 진상규명위원회 등 모두 16개의 과거사 관련 위원회가 설치 · 운영되었다. 규명 대상은 제주 4 · 3사건 등 빨치산 관련 사건, 6 · 25전쟁 관련 사건들이 대부분이었고, 그중 80% 이상이 국군과 경찰 및 미군에 의해 피해를 입었다고 주장하는 사건들이었다. 이들 위원회의 위원들은 과거 반정부활동을 했던 사람들이 절반이 넘었으며, 심지어 간첩죄로 실형을 살았던 사람들까지 조사관으로 참여했다. 그 결과, 대한민국의 건국과 발전에 기여가 컸던 김성수 부통령, 장면 총리, 정일권 총리, 백선엽 장군 등 1,000여 명을 친일반민족 행위자로 분류했고, 반면 대법원에서 확정판결을

받았던 반국가단체의 이적활동까지 민주화운동으로 인정하고 보상했다.[154]

친일반민족행위 진상조사위원장이었던 강만길 고려대 교수는 대표적인 수정주의 국사학자다. 그를 비롯한 상당수의 국사학자들은 민족을 역사 해석의 핵심 개념으로 삼는다. 그들은 대한민국은 민족분단을 통해 설립된 '결손국가(缺損國家)'이며, 따라서 대한민국의 역사는 '민족분단사'에 불과하다면서 분단 극복, 즉 통일을 최고의 가치로 여긴다. 소련으로 인해 분단이 되었음에도 분단의 책임을 이승만과 미국에 돌린다. 그들은 6·25전쟁을 비롯한 남북 간 대결은 분단이라는 원죄(原罪)에서 비롯되었다며 북한의 책임을 외면하는 동시에 역대 정부의 반공안보정책은 분단을 지속시키고, 민족 간 증오와 대립을 조장해왔다고 주장한다.[155]

진보진영 원로인 백낙청 서울대 명예교수는 "진보세력이 곧 민족세력이고 민주세력이며 또한 통일주도세력이라고 규정하는 동시에, 보수세력은 반민족세력이고 반민주세력이며 반통일세력이라고 매도한다.[156] 과거사정리위원회 위원장이었고 노무현의 '정신적 대부'로 알려진 송기인 신부는 1970년대부터 작전통제권 반환을 주장해왔고, 1980년대부터는 주한미군 철수를 주장했던 사람이다. 그는 2005년 5월 《월간중앙》과의 인터뷰에서 "미군이 철수하기 위해서는 남북이 먼저 손을 잡아야 한다. … 서울 정부와 평양 정부가 저 사람들(미국) 몰래라도 긴밀하게 결속해야 한다"고 했다. 6·25 남침을 비롯한 북한의 계속된 대남 적대행위를 완전히 도외시한 주장이다. 이러한 역사인식과 대북인식에서 제대로 된 대북정책과 안보정책이 나오기 어려운 것이다.

햇볕정책을 무비판적으로 계승한 평화번영정책

노무현 대통령은 '평화와 번영의 동북아 시대'를 3대 국정목표의 하나로 설정하고, 이를 위해 한반도 평화체제 구축을 위해 노력하겠다고 했다. 이를 통해 한반도 평화증진과 남북 공동번영으로 통일 기반을 조성하고 그 연장선상에서 한국을 동북아 경제 중심 국가로 만들겠다고 했다. 대통령 선거 과정에서 2차 북한 핵 위기가 발발하면서 햇볕정책이 심각한 논란의 대상이 되고 있었지만, 노무현 대통령은 햇볕정책을 계승하는 것을 당연시했다.

노무현 대통령의 대북정책은 평화번영정책으로 불린다. 평화번영정책은 한반도 평화증진과 남북한 공동번영이라는 목표를 달성하여 한반도를 동북아 경제 중심으로 만들겠다는 중장기 국가발전 전략이자 노무현 대통령의 전략구상이었다.[157] 이 구상은 햇볕정책에서 안보를 소홀히 했다는 비판을 의식해서 안보적 측면(평화)과 경제적 측면(번영)의 균형을 중시했다고 한다.

김대중 대통령의 햇볕정책은 북한에 국한된 정책이기 때문에 통일 문제가 중심적 위치를 차지했지만, 노무현 대통령의 평화번영정책은 대북정책에 국한된 것이 아니라 외교, 국방 등 안보정책 전반을 아우르는 대전략(grand strategy)이기 때문에 다르다고 노무현 정부는 주장했다.[158] 그러나 햇볕정책이 북한에 국한된 것이라 하더라도 결국 외교·국방과 긴밀히 연계될 수밖에 없었기 때문에 큰 차이가 있다고 볼 수 없다. 문제의 핵심은 우선순위에 있었다. 김대중 대통령이나 노무현 대통령 공히 대북정책을 최우선 목표로 하면서 외교와 국방 정책은 대북정책에 의해 제약받았던 것이다.[159] 노무현 정부에서 통일부장관이 국가안보회의 수장 자리를 계속 차지하고 있었던 점이나 남북관계 전문가 이종석 박사가 외교, 안보, 통일 문제를 총괄하는 국가안보회의 사무처장이었던 점에서 알 수 있다. 김대중 정부와 노무현 정부가 북한 핵 문제 해결을 위한 국제적 압박이나 제재에 소극적이었던 것도 남북관계를 우선했기 때문이다.[160]

노무현 대통령은 취임 후 북한의 핵무기 보유는 용납하지 않겠지만 북한 핵 문제는 대화를 통해 평화적으로 해결해야 하며 한반도에서 전쟁이 일어나게 해서는 안 된다고 하는 등, 자신의 대북정책 기조를 구체화했다. 그는 북한이 핵개발을 포기할 경우 대대적인 경제지원을 제공하겠다는 의사를 밝혔다. 방미 기간 중인 2003년 5월 13일 뉴욕 코리아소사이어티(Korea Society) 연설에서는 북한에게는 막다른 길목과 개방이라는 두 가지 대안이 놓여 있으며, 핵개발을 포기하고 국제사회의 책임 있는 일원이 되면 필요한 지원과 협조를 제공할 것이라고 말했다.[161] 그래서 남북대화는 중단 없이 계속되었다. 남북 간에 장관급회담과 철도와 도로 연결 등 경제협력 사업들이 추진되었다. 그리고 북핵 사태 해결을 위한 다자간 논의의 틀로서 6자회담이 8월 27일 베이징에서 시작되었다.

6자회담 참여국은 한국과 북한은 물론 미국, 일본, 중국, 러시아였다. 당시 미국은 중국을 통해 북한에 핵 포기를 압박할 수 있으리라고 계산했다. 북한이 생존을 중국에 의존하고 있고, 중국도 미국의 뜻을 거스르지 못할 것으로 판단했던 것이다. 그러나 미국은 당시 이라크 전쟁의 늪에 빠져 있어 북한에 대한 군사적 제재를 고려할 수 없었다. 그래서 중국은 북한에 핵을 포기하라는 압력 대신 북한의 입장을 감쌌고, 미국의 아프간 및 이라크 침공을 견제하려는 러시아도 중국과 비슷한 입장이었다.

문제는 노무현 정부에도 있었다. 자주외교와 남북관계 개선을 중시하던 노무현 정부는 북한 핵은 용납할 수 없다는 부시 행정부와 갈등이 불가피했다. 노무현 대통령은 북한 핵 프로그램은 협상 카드에 불과하며 반대급부를 주면 해결될 수 있는 대수롭지 않은 문제로 인식하면서 미국이 이를 과장하고 있다고 보았다. 그래서 그는 미국의 대북정책에 대해 직설적인 비판을 서슴지 않았다. 그는 2004년 11월 칠레에서 열리는 아시아태평양 경제협력체(APEC) 정상회의 참석차 로스앤젤레스에 기착하여 국제문화협회에서 행한 연설에서 "외부 위협에 대한 억제 수단으로 북한 핵은 일리가 있다"고 하여 핵확산 방지를 주요 목표로 삼고 있는 부시 행정부를 당혹케 했다. 미국 헤리티지연구소의 한 연구원은 "북한과의 관계 개선을 원하는 한국 정부가 한미동맹에 위협이 되고 있다"고 비난했다.[162]

2005년 2월 10일, 북한은 핵무기 보유를 선언했다. 이날 북한 외무성은 핵무기를 만들었고, 6자회담 참가는 무기한 중단하겠다는 요지의 성명을 발표했다. 이에 대해 이것은 "총성 없는 안보적 공습"이라는 우려의 목소리가 나오기도 했다. 그러나 노무현 정부는 금강산 관광을 계속하고 개성공단 사업도 확대했으며, 북한에 대한 비료지원도 계속했다. 그리고 북한 핵 문제의 유엔 안보리 회부도 반대했다.

그해 11월 경주에서 열린 한미 정상회담에서 노무현 대통령은 미국이 방코델타아시아은행의 북한 계좌를 동결시킨 것을 두고 부시 대통령에게 "왜 그렇게 북한을 압박하느냐"고 따지면서 양국 정상 간 언쟁이 한 시간 넘게 지속되었다. 당시 주한 미국대사 버시바우(Alexander R. Vershbow)는 "역사상 최악의 한미 정상회담이었다"고 증언한 바 있다.[163] 2006년 신년 기자회견에서도 노무현 대통령은 "미국이 북한의 붕괴를 바란다면 한미 간 마찰이 일어날 것"이라며 부시 행정부의 대북정책을 공개적으로 비난했다. 그는 5월에는 북한 핵은 방어용이라 변호했고, 7월 북한의 대포동 미사일 발사에 대해 한국에 위협이 안 된다고 했다.

미국과 중국 사이에 한국이 균형자 역할을 하겠다

북한의 핵 게임은 한국만을 노린 것이 아니다. 무엇보다 미국과의 담판을 통해 주한미군을 철수시키려는 것이다. 따라서 한반도 평화를 위해서는 북한의 비핵화가 필수적이며, 이를 위해서는 한미공조가 기본이다. 그런데 노무현 대통령은 자주외교와 자주국방을 강조했다. 미국과 거리를 두겠다는 의도다. 또한 그는 후보 시절부터 자주적인 대미관(對美觀)과 유화적인 대북관을 잇달아 피력했다. 여중생 사망 사건으로 반미 분위기가 고조된 가운데 노무현 후보는 "미국과 대등한 관계를 수립하겠다", "미국과 북한 간에 전쟁이 벌어지면 중간에서 만류하겠다"고 했다. 대한민국 대통령이 되려는 사람이 동맹국을 대상으로 할 수 있는 말이 아니었다. 그는 '평화와 번영의 동북아 시대'를 열기 위해서는 미국의 영향력에서 벗어나야 할 뿐 아니라 중국과의 관계를 강화하는 것이 민족자주 노선에도 부합되고 통일에도 도움이 될 것이라고 했다. 2004년 3·1절 기념사에서 노무현 대통령은 미군 용산기지를 "간섭과 침략의 상징"이라고 말해 주한미군의 존재를 모독했다.

그러나 취임 후 노무현 대통령은 2003년 3월의 이라크전 파병 결정과 5월의 한미 정상회담으로 한미관계에 대해 현실적인 입장으로 선회했다. 2003년 3월 20일 이라크 전쟁이 시작되면서 미국은 50~60개의 동맹국과 우방국에게 파병을 요청했다. 노무현 대통령은 북한 핵 문제 해결을 위해서는 한미공조가 필요하기 때문에 미국의 파병 요청을 거절하기 어려웠다. 노무현 정부는 즉각 국가안전보장회의를 소집하여 대책을 논의했고, 다음 날 노무현 대통령은 국무회의를 열고 '국군 부대의 대(對)이라크전쟁 파견동의안'을 심의 의결하여 국회에 제출했다.

그러나 국가인권위원회가 반전성명을 발표하고 집권당인 더불어민주당과 시민단체들이 참전 반대에 나섰다. 이에 노무현 대통령은 4월 2일 국회 연설을 통해 "명분을 앞세워 한미관계를 갈등관계로 몰아가는 것보다 오랜 우호관계와 동맹의 도리를 존중하여 어려울 때 미국을 도와주고 한미관계를 돈독히 하는 것이 북핵 문제 해결에 훨씬 도움이 될 것이라는 결론을 내렸다"고 강조하며 파병 찬성을 호소했다. 다음 날인 4월 3일 국회는 건설공병단 1개 대대와 100명 규모의 의료지원단을 파병을 골자로 하는 '국군 부대의 이라크전쟁 파병 동의안'을 통과시켰고, 이에 따라 서희부대와 제마부대로 명명된 총 675명의 건설공병단과 의료지원단이 이라크에 파병되었다.

이러한 우호적인 분위기에서 4월 8일 한미 간 '미래 한미동맹 정책구상' 회의가 열렸다. 50년 만에 미국과의 동맹관계 재조정의 첫 발이었고, 여기서 미군기지 이전, 전시 작전통제권 이양, 주한미군

지위협정인 소파(SOFA)의 개정을 논의하기 시작했다. 뒤이어 노무현 대통령은 5월 14일 워싱턴을 방문하고 부시 대통령과 정상회담을 통해 '북한 핵의 평화적 제거와 한미 동반자 관계 지향'에 합의했다. 그리고 미국으로부터 "북핵 문제는 대화를 통해 해결한다"는 약속을 받아냈다. 뒤이어 노무현 대통령은 일본을 방문하여 고이즈미 준이치로(小泉純一郎) 총리와 정상회담을 했다. 북핵 문제를 놓고 노무현 대통령은 "계속 대화", 고이즈미 총리는 "엄정한 대처" 등 이견이 있었으나, 6월 8일 "한국의 평화번영정책과 일본의 북일 국교 정상화를 상호 지지한다"는 합의에 이르렀다. 이어서 노무현 대통령은 6월 9일 일본 국회에서 과거사와 일본의 우경화에 대해 우려를 표명하고, "미래지향적 한일관계 구축에 주력하자"고 했다. 이후 7월 7일 노무현 대통령은 중국을 방문해 후진타오(胡錦濤) 주석과 정상회담을 갖고 '전면적 협력 동반자 관계' 등을 골자로 한 한중 공동성명을 발표했다.

그런데 9월 들어 미국은 여단 또는 사단 규모의 추가 파병을 해 달라고 요청했다. 미국의 추가 파병 요청이 알려지자 파병 반대운동이 거세게 일어났다. 이 같은 반대여론을 의식하여 노무현 정부는 미국이 요청한 1만 명 규모의 전투부대 대신 3,000명 규모의 재건지원 부대의 파병을 결정했다. 국방부는 추가 파병 부대의 명칭을 '자이툰'으로 확정했다.

당시 청와대 내에서 대북정책과 이라크 파병 문제 등을 둘러싸고 갈등이 있었다. 남북 간 화해협력을 적극적으로 추진하기 위해 한미동맹을 재조정해야 한다는 '민족자주파'와 북한 핵 문제를 다루기 위해 미국과의 공조가 중요하다는 '동맹중시파' 사이의 논란이었다. 그런 가운데 노무현 대통령은 2004년 초 동맹중시파에 속하는 윤영관(尹永寬) 외교부장관, 라종일(羅鍾一) 국가안보보좌관, 김희상(金熙相) 국방보좌관을 사퇴시키고 민족자주파 인사들을 중용했다.

이때부터 노무현 대통령은 미국에 대해 대등한 관계를 추구하는 것을 두려워하지 않겠다는 등, 민족주의 감정에 호소하는 포퓰리즘 발언을 쏟아냈다. 이는 측근비리, 노무현 탄핵 소동, 국내 정책 실패 등으로 실추된 이미지를 회복하려는 움직임이라는 견해도 있었다.[164] 또한 노무현 대통령이 자주적인 미국관을 피력한 이면에는 집권세력인 386운동권의 반미(反美)자주의식과 친중(親中)의식이 영향을 미쳤다는 견해도 있었다. 2004년 4월 총선 직후 열린 열린우리당 의원 워크숍 당시 참석의원 130명을 대상으로 한 설문조사에서 "우리나라가 가장 중점을 둬야 할 상대국이 어디냐"는 질문에 63%가 중국이라고 했고, 미국이라 한 사람은 26%에 불과했다.[165] 그들은 경제협력 확대, 지리적 근접성, 문화적 동질성, 중국의 방대한 인구와 영토, 북한 문제 협력 등을 고려할 때 중국과의 관계 강화가 한국의 국가이익에 더 유리하다고 판단했던 것이다.

강대국들의 중간지역에 위치한 한국은 '완충(緩衝)국가'로 안보면에서 매우 취약한 위치에 놓여 있었지만, 노무현 대통령은 그 같은 지정학적 취약성을 오히려 '전략적 균형자 역할'을 할 수 있는 유리한 위치로 해석한 것이다. 대한민국의 건국과 생존과 발전이 미국을 중심으로 한 해양세력과의 협력을 통해 이뤄졌음에도 노무현 정부는 '동북아 시대 구현'이라는 구호 아래 전통적 외교노선을 탈피하고 중국 등 대륙국가들과 협력을 강화하고자 했던 것이다.

특히 노무현 정부가 제시한 '동북아 균형자론'은 노무현 대통령의 자주노선의 문제점을 극명하게 보여준다. 노무현 대통령은 2005년 3월 육군 제3사관학교 졸업식에서 "우리는 한반도뿐 아니라 동북아시아 평화와 번영을 위한 균형자 역할을 해나갈 것"이라고 선언했다. 동북아 균형자론은 동북아 국가들의 국력을 무시한 허장성세(虛張聲勢)에 불과했다. 균형자가 되기 위해서는 주변국들을 압도할 수 있는 강력한 군사력과 경제력을 가져야 하지만, 한국의 국력은 주변국들에 비교가 되지 않는다. 또한 균형자가 되기 위해서는 한국이 중립노선을 걸어야 하는데 한미동맹체제 하에 있는 한국이 균형자가 되겠다는 것은 한미동맹에서 이탈하려는 의도를 내포한 것으로 의심받았다. 다시 말하면, 한국이 동북아에서 균형자 역할을 하겠다는 것은 한미일 3각 안보협력에서 이탈하여 미국과 중국 간 그리고 일본과 중국 간 갈등을 조정하겠다는 것이다. 그런 가운데 윤광웅(尹光雄) 국방부장관이 중국과 군사협력을 강화하겠다고 하면서 미국과 일본은 노무현 정부의 외교안보정책을 예의주시하게 되었다.[166]

한반도 평화정착을 위해 서두른 작전통제권 전환과 자주국방

2003년 초 노무현 당선자를 위한 대통령직인수위원회는 임기 중 "평화체제를 제도적으로 구축한다"는 목표 아래 '3단계 평화정착 방안'을 마련했으며, 이를 위해 전시 작전통제권을 '환수(還收)'해서 '국가 주권'을 되찾겠다고 했다. 이는 한국은 미국의 식민지라고 믿어왔던 386운동권의 인식에서 비롯된 것이었다. 대통령직인수위원회는 한반도 평화정착을 위해서는 미국과 북한 간의 적대관계를 청산해야 한다고 보고, 이를 위해 한미연합사령부를 해체해야 한다고 판단했다. 또한 대통령직인수위원회는 전시 작전권을 환수하려면 '자주국방'이 필수적이라면서 '자주국방 로드맵'도 만들었다. '자주국방'이라는 말은 곧 '전시 작전권 환수'로 이어지고, '전시 작전권 환수'는 곧 '주권회복'으로 인식되었다. 그해 1월 22일자《한국일보》는 "(인수위원회가) 이 야심찬 목표를 위해 주한미군 및 한미동맹의 재정립을 추구할 뜻을 내비쳤고, 주한미군의 감축에 대비할 것을 군 당국에 당부하는 등, 한반도 평화협정 체결을 염두에 둔 행보를 시작했다"고 보도했다. 미국은 불쾌감을 나타냈다. '환수'라는 말 자체도 거부하며 '전환'이라는 표현을 고집했을 정도다.

2003년 2월 13일 노무현 당선자는 한국노총을 방문한 자리에서 "막상 전쟁이 나면 국군에 대한 지휘권도 한국 대통령이 갖고 있지 않다"고 말했다. 그는 한미연합사령관이 작전권을 보유함으로써 한국의 주권이 침해당하고 있다는 잘못된 인식을 나타냈던 것이다. 실제로 한국 대통령은 군에 대한 모든 통제권을 행사해왔으며, 전시 작전통제권은 전시의 작전만을 통제하는 권한으로 한미 양국 대통령의 지침을 받아 한미연합사령관이 행사해온 것이다.

그러나 작전통제권의 전환은 대한민국의 명운이 걸린 중대 사안이다. 작전통제권은 한미연합사령부의 한국방위체제의 핵심이며 주한미군의 역할 및 거취와 직결된 문제일 뿐 아니라 한미동맹의 기본 틀이기도 하다. 그래서 북한은 6·25전쟁 이래 끊임없이 주한미군 철수를 주장해왔던 것이다. 작전통제권 전환에 따른 문제들을 살펴보면, 첫째, 한미연합사령부가 해체되고 한국 안보의 모든 책임이 한국군에 넘어온다. 둘째, 주한미군 주둔 명분이 사라져 궁극적으로 주한미군 철수가 현실이 된다. 주한미군의 존재는 '인계철선'과 같아서 북한이 침략하면 미군이 자동적으로 맞서 싸울 뿐 아니라 미국 본토에서 대규모 증원군이 자동적으로 투입된다. 셋째, 미국의 핵우산과 확장억제(extended deterrence) 공약도 유명무실해질 수 있다. 넷째, 한국의 국방비 부담이 급증할 것이지만, 그렇더라도 정보 · 탐지 · 지휘 · 통신 · 정밀타격 등 첨단전투체계는 쉽사리 구축할 수 없을 것이다.[167]

전시 작전통제권 전환 논의가 본격화된 것은 2005년이다. 그해 2월 취임 2주년을 맞은 노무현 대통령은 국회연설을 통해 "우리 군대는 스스로 전작권을 가진 자주군대로서 동북아시아의 균형자로서 동북아 지역의 평화를 굳건히 지켜낼 것"이라 했다. 그해 국군의 날에서도 그는 "전시 작전통제권 행사를 통해 스스로 한반도 안보를 책임지는 명실상부한 자주군대로 거듭나야 한다"고 했다.

노무현 대통령은 2006년 1월 25일 내외신 기자회견에서 "올해 안에 한국군의 전시작전권 환수 문제를 매듭지을 수 있도록 미국과 협의하겠다"고 했고, 광복절 기념사를 통해서도 "전시작전권 환수는 나라의 주권을 바로 세우는 일"이라고 했다. 이에 따라 한미 양국은 협상에 나섰다. 그해 3~4월경, 우리 군 당국은 전작권 전환의 목표 시기를 2012년으로 하고 싶다는 의사를 미국 측에 전달했던 것으로 알려지고 있다.

이때부터 안보 위기감이 한국 사회를 휩쓸었다. 전직 국방부장관들의 성명 발표와 예비역 장성들의 1,000만 명 반대서명운동에서 시작되어 전직 외교관, 전직 경찰 간부, 대학교수와 지식인 등 유례 없는 집단적 반대가 있었다. 미국에서도 한국에 대한 배신감이 터져나왔다. 당시 반미 시위대가 미군을 용산에서 나가라고 했고, 평택에서는 미군기지 건설 반대 시위로 대체할 기지가 건설되지 못하고 있었다. 미군 측은 이것을 미군은 떠나라는 신호로 받아들였다. 미국 외교관들의 언급도 주목받았다. 캠벨(Kurt M. Campbell)은 한미관계를 "이미 사실상 이혼한 관계"라 했고, 핼핀(Dennis P. Halpin)은 한미동맹을 "못 박기 직전의 관속의 시체"라고 했다. 햇볕정책을 지지했던 아인혼(Robert J. Einhorn)도 한국을 "북한 수석변호인(chief defender)"같다고 했고, 의회 조사국의 닉쉬(Larry Niksch) 박사도 "한국의 민족주의와 북한의 주체사상이 하나가 되어가고 있다"고 했다.[168]

노무현 대통령은 모두 열여섯 차례에 걸쳐 자주국방과 전시 작전통제권 전환에 대한 자신의 입장을 밝혔다. 그중에서도 미국과 전작권 전환 시기 합의를 앞둔 2006년 6월 16일 전군 주요지휘관회의에서 이렇게 말했다. "인류의 역사는 민주주의 발전으로 진보하고 전쟁은 이러한 진보의 방향에 부합되지 않는 문제 해결 방식이다." 그해 8월 9일, 《연합뉴스》와의 특별회견에서 "작전통제권은 자주국방의 핵심이고 자주국방은 주권국가의 꽃"이라면서 "한국이 북한을 상대로 자기방어도 할 수 있는 능력이 없다는 건 사리에 맞지 않고 부끄럽고 자존심도 없는 얘기다. … 한국은 자주국방을 할 만한 능력이 있고 그래도[전작권을 전환해도] 안보에 이상이 없다"고 주장했다.[169]

8월 17일 국회 국방위원회에서는 전작권 전환에 따른 한미연합사 해체 가능성에 대한 이인제 의원의 질의에 대해 윤광웅 국방부장관은 "연합사는 주권 침해다", "연합사는 북한과의 평화협정이나 군축을 위해 해체할 필요가 있다", "연합사 체제는 자주국방이 아니다" 등 자신의 책무를 망각한 발언을 쏟아냈다. 국방정책을 대북정책에 철저히 종속시키고 있다는 것을 알 수 있다.[170] 윤광웅은 노무현 대통령의 부산상고 선배로서 노무현 대통령의 국방보좌관, 국방담당 특별보좌관을 거쳐 국방부장관이 된 노무현 대통령의 핵심 측근이었기 때문에 그의 발언을 통해 연합사에 대한 노무현 대통령의 인식을 짐작할 수 있다.

미국은 전작권을 2009년까지 전환되기를 희망했고 노무현 대통령도 2009년까지 전환되기를 강력히 원했지만, 우리 실무진은 전환에 필요한 준비를 위해 2012년을 희망했던 것이다. 결국 2007년 2월 김장수(金章洙) 국방부장관과 게이츠(Robert M. Gates) 국방장관과의 워싱턴 회담에서 2012년 4월 17일부로 한미연합사를 해체하고 전작권을 전환하기로 합의했다. 럼즈펠드(Donald Rumsfeld) 당시 미 국방장관은 2011년 2월 발간된 회고록에서 미국은 노무현 정부의 자주노선을 이용하여 주한미군을 감축하고 한국으로 하여금 더 많은 국방비를 부담하도록 했다고 밝히고 있다.[171] 실제로 이 무렵 주한미군이 1만 2,500명 감축되었다.

노무현 정부의 대미관계에서 가장 긍정적으로 평가되는 부분은 자유무역협정 타결이다. 당시 팽배했던 반미정서와 노동단체, 농민단체 등의 강력한 반발 등 정치적 부담이 컸음에도 불구하고 노무현 대통령은 용기 있는 결단을 내렸던 것이다. 이로 인해 악화일로로 치닫고 있던 한미동맹을 포괄적 동맹으로 승격시킬 수 있는 계기를 마련했다고 본다.[172]

노무현 정부는 전작권 전환을 서두르는 동시에 '자주적 선진국방'이라는 구호를 내걸고 국방개혁에 나섰다. 노무현 대통령의 국방보좌관이던 윤광웅이 국방부장관으로 취임한 2004년 7월부터 국방개혁 논의가 본격화되기 시작하여 다음 해 9월 '국방개혁 2020'이 마련되어 노 대통령의 승인을 받았으며, 2006년 12월에는 '국방개혁에 관한 법률'이 제정되었다. 국방개혁 2020의 주요 내용은 전력(戰力)을 첨단화하고, 첫 5년간 국방예산을 매년 9.8% 증가시키고 2020년까지 평균 8% 증액하는 등 총 621조 원을 투자하며, 병사의 복무기간을 18개월로 줄이고 병력도 50만 명으로 감축하기로 했다.

문제는 노무현 정부가 북한과 화해협력을 추구하고 있었기 때문에 주적(主敵) 개념을 배제해버려 전략적 기조가 없는 개혁이 되고 말았다는 것이다. 그래서 할 수 있는 것은 첨단장비를 구매하는 것이 주였다. 뿐만 아니라 이 계획은 경제성장률을 4.6~4.8%로 지나치게 높게 잡아서 국방예산을 매년 계획한 만큼 증액하지 못하여 전략증강이 지지부진했지만 병력 감축은 계획대로 실시되었다.[173]

북한 핵실험 후에도 계속된 평화번영정책

2006년 10월 9일, 드디어 북한은 핵실험을 강행했다. 6자회담의 실패는 물론 햇볕정책의 실패를 보여주는 증거였다. 6자회담에서 미국과 일본은 북한에 대해 강경한 요구를 했지만, 한국, 중국, 러시아가 북한 편에 선 것이나 마찬가지였기 때문에 북한은 핵을 포기해야 할 만큼 압박을 느끼지 않았던 것이다. 북한 핵실험 후 한국에서 안보불안감이 급상승하면서 김대중·노무현 정부의 대북정책에 대해 비난이 쏟아졌다. 북한은 핵을 개발할 능력도 의지도 없다면서 낙관해왔던 위정자들의 주장이 헛소리였다는 것이 드러났다. 그럼에도 불구하고 노무현 대통령은 "북한 핵무기의 위협을 과장해서는 안 된다"고 강조하고, "북한의 핵무기 개발로 한반도의 군사균형이 깨지지는 않았다"고 했다.[174]

북한 핵실험 다음 날인 10월 10일, 노무현 대통령은 안보 위기 수습을 위한 조언을 듣기 위해 전두환, 노태우, 김영삼, 김대중 등 전직 대통령들을 청와대로 초치했다. 이 자리에서 김영삼은 노무현 대통령과 김대중을 향해 비판을 쏟아냈다. 노무현 대통령을 향해서는 "북 핵실험은 6·25 이후 가장 큰 위기다. 대통령이 물러나야 할 정도의 사안이다. 공개 사과해야 한다. … 8년 7개월 동안 4조 5,800억의 돈을 퍼주어 마침내 북한이 핵을 만들게 되었다. 분해서 잠을 못 잤다"고 했고, 김대중을 향해서는 "재임 때 김정일 만난 뒤 나보고 '한반도 평화가 왔다. 김정일이 미군 철수 주장과 국가보안법 폐지 주장을 안 한다고 했다.' 그때 나는 '당신이 거짓말을 하거나 김정일이 거짓말을 한 것'이라고 했다. 무슨 평화가 왔느냐"고 몰아붙였다.[175] 북한 핵실험 직후《중앙일보》여론조사에 의하면, 응답자의 78%가 햇볕정책을 바꾸어야 한다고 했고, 금강산 관광과 개성공단 사업을 중단해야 한다는 의견도 50%가 넘었다.[176]

북한 핵실험으로 국가안위가 중대한 위협에 직면했음에도 12월 1일, 노무현 대통령은 아무 일도 없었다는 듯이 대북 유화론자인 송민순(宋旻淳)을 외교통상부장관으로, 대표적 친북인사인 이재정(李在禎)을 통일부장관으로 임명했으며, 금강산 관광, 개성공단 운영 등을 통해 대북지원도 계속하면서 미국, 일본 등의 대북제재를 비난했다. 북한 핵실험 직후인 10월 18일 청와대 국가안보실장 송민순은 '21세기 동북아 미래 포럼'에서 "미국은 세계에서 전쟁을 가장 많이 일으킨 나라"라고 하여 미국이 해명을 요구하기도 했다.

북한 핵실험으로 한반도 안보 여건은 악화되었고, 그래서 한반도 평화정착도 실현 가능성이 없었음에도 불구하고 노무현 대통령은 2007년 10월 초 평양을 방문했다. 노무현 정부는 정상회담 2개월 전 60조 원에 이르는 대규모 대북 경제협력 프로젝트를 발표했으며, 이에 필요한 예산을 조달하기 위해 국방비를 6조 원이나 줄이겠다고 했다.[177] 10월 4일 노무현 대통령은 평양에서 김정일과 정상회담을 개최했다. 회담의 결과는 '남북관계 발전과 평화번영을 위한 선언'으로 발표되었으며, 이를 10·4선언이라 한다. 이 선언에는 획기적 규모의 남북 경제협력과 평화체제 구축에 관한 내용이 담겨 있었으며, 특히 이 선언 4항에 "정전체제 종식과 항구적 평화체제 구축, 그리고 직접 관련된 3자 또는 4자 정상들이 한반도 지역에서 만나 종전을 선언하는 문제를 추진하기 위해 협력하기로 했다"는 내용도 포함되었다.

그러나 문제가 된 것은 노무현 대통령이 임기 만료 5개월을 앞두고 북한에 엄청난 규모의 대북 경제협력을 약속했다는 것이다. 즉, 서해 평화협력특별지대 설치, 한강 하구에서 서해 5도 지역에 이르는 바다에 공동어로구역과 평화수역 설정, 해주지역 경제특구 건설, 북한 기반시설 확충, 북한 자원개발 추진, 남포 조선(造船)협력단지 건설, 경의선 화물철도 운행 등을 합의했던 것이다. 특히 우려 대상이 된 것은 '서해평화특별지대' 설치다. 이것은 서해 5도 지역의 무력충돌 가능성을 차단하고 한강 하구에서 서해 5도에 이르는 바다를 남북 공동어로구역과 평화수역으로 만들겠다는 것이다. 그러나 이렇게 되면 서해 북방한계선(NLL)은 무력화되고 수도권의 안전이 직접 위협받게 될 가능성이 컸다.

10·4선언을 실시하는 데 필요한 14조 3,000억 원의 재원을 조달하는 것도 문제였지만, 북한의 폐쇄적인 수령체제가 존속하는 한 이 같은 사업들이 성공할 수 있을 것인지 의문이었다. 더구나 북한이 적화통일 전략을 포기하지 않는 상황에서 대규모 대북지원은 그들의 핵개발을 가속화하는 결과를 초래할 가능성이 컸다. 북한 주재 소련 대사관에서 8년간 근무한 바 있는 러시아 이메모(IMEMO) 연구소 미헤예프(Vasily Mikheev)는 "남북 간 경제협력 확대로 긴장이 풀릴 것이라 생각한다면 정말로 순진한 것"이라며 "한국의 지원금은 군수품으로 바뀔 것"이라 했다. 한국의 지원금이 핵개발로 전용된다는 것이다.[178] 실제로 정상회담에 임하는 김정일의 생각은 달랐다. 그는 노무현 대통령과의 정상회담을 앞두고 다음과 같은 무력통일관을 피력한 것으로 알려지고 있다.

"나는 남한 점령군 사령관으로 가겠다. 1,000만 명은 이민 갈 것이고, 2,000만 명은 숙청될 것이며, 남은 2,000만 명과 북한 2,000만 명으로 공산주의 국가 건설하면 될 것이다."

햇볕정책의 이름 아래 김대중·노무현 정부 10년 동안 남북협력기금으로 9조 3,000여억 원을 조성했으며, 그중 8조 2,000억 원을 집행했다. 그 외에도 금강산관광, 개성공단사업, 민간 차원의 지원, 그리고 김대중 정부의 5억 달러 비밀 송금 등 대북 지원액은 엄청난 규모였다. 북한의 총생산이 최저 100억 달러에서 최대 200억 달러 수준이라 볼 때 매년 평균 10억 달러 규모의 대북지원은 북한 정권으로서는 막대한 자금이다. 이 자금이 몰락 직전에 있던 북한 정권을 지탱시키고 핵무기와 미사일을 개발하는 데 활용되었다는 것은 의문의 여지가 없다.[179]

북한이 개방 · 개혁할 것으로 오판

김대중 · 노무현 정부는 북한의 변화, 즉 개혁 · 개방을 유도하기 위해 막대한 경제적 지원을 했고, 국제사회에서도 북한의 입장을 옹호했지만 북한의 변화는 없었다. 왜 북한 정권은 개혁 · 개방을 하지 않았는가? 아니, 왜 하지 못했던 것인가?

북한 정권이 한국의 개혁 · 개방 주장에 알레르기 반응을 보인다는 사실은 2007년 10월 남북 정상회담에서 확인된 바 있다. 당시 노무현 대통령은 김정일과의 회담을 마친 후 방북대표단과 오찬을 같이 하면서 이렇게 말했다. "남측은 신뢰하고 있는 사안에 대해 북은 의심을 가지고 있는 부분이 있었다. 불신의 벽이 있었다"고 언급한 뒤 "그중에서 예를 들면 개혁 · 개방에 대한 불신과 거부감이 그렇다. 어제 김영남 위원장과 면담에서도 그렇고 오늘 정상회담도 그렇고. 서울에 가면 이 말을 쓰지 말아야 하겠다"고 했다.[180] 평양 정상회담이 있은 지 닷새 만인 10월 9일 통일부 인터넷 홈페이지에서 '개혁 · 개방'이라는 단어가 몽땅 삭제되었다. 이는 당시 노무현 정부가 북한의 실체와 의도에 대해 얼마나 깜깜했는지를 잘 보여주는 사례다.

노무현 대통령이 평양 방문을 마치고 돌아간 후 김정일은 본심을 드러냈다. 그는 노동당 책임일꾼들을 모아놓고 "계급적 원수들의 착취적 본성은 승냥이가 양으로 될 수 없듯이 절대로 변하지 않는다. … 높은 정치적 신념을 간직하고 원수들과는 웃으며 백 번을 입 맞추다가도 언젠가 쳐부수고 조국을 통일하여야 한다"고 하면서 "지금 남조선과의 평화 공존은 일시적"이라고 했다. 이어서 그는 "후대들에게 통일된 조국, 부강한 조국을 넘겨주기 위해서라도 핵무기를 비롯한 현대적 무장장비 연구와 개발 사업을 절대로 약화시키지 말고 강화하여야 한다"고 강조했다.[181]

김정일은 왜 개혁 · 개방에 그처럼 거부반응을 나타낸 것인가? 실제로 북한 정권은 개혁 · 개방에 무방비 상태라고 할 수 있다. 북한 정권이 거짓과 왜곡과 과장으로 쌓아올린 모래성 같은 존재이기 때문이다. 그들은 북한은 '인민의 낙원'이며, 남조선은 '인민의 지옥'이라고 선전해왔다. 그들은 세습 독재체제를 유지하기 위해 주민들을 철저히 통제하고 우민화해왔다. 일상생활의 감시 · 통제, 정보 통제, 사상 통제 등으로 인민을 정권의 꼭두각시로 만들었다. 인민의 모든 생활을 감시하고 통제하며, 심지어 이웃 사람은 물론 가족끼리도 감시하게 한다. 언론의 자유는 물론 없다. 모든 신문방송과 발간물은 노동당의 선전매체일 뿐이다. 외부 세계에 대한 정보는 철저히 차단되어 있으며, 외국인과의 접촉이나 해외여행도 허용되지 않는다. 사상 통제도 철저하다. 학문의 자유, 표현의 자유 같은 것이 있을 수 없다. 어릴 때부터 계속해서 김일성 일가에 대해 우상화교육을 받는다.

북한이 중국 수준의 개혁·개방을 한다는 것은 무엇보다도 주민에 대한 감시와 통제를 풀어 상당한 자유를 허용하는 것을 의미한다. 그렇게 되면, 북한 주민들이 수십 년 동안 정권에 의해 기만당하고 통제당하고 고통받아왔다는 사실을 깨닫게 될 수밖에 없다. 특히 '인민의 지옥'이라고 선전했던 한국이 너무도 잘 살고 자유롭다는 사실을 알게 되면 정권에 대한 분노가 폭발할 것이다. 그래서 북한의 최대 위협은 미국이 아니라 풍요롭고 자유로운 대한민국 존재 그 자체다. 중동, 아프리카의 난민처럼 하루에 수백 명의 북한 주민이 남으로 내려온다면 과연 북한 체제가 유지될 수 있을까? 극단적인 통제로 되돌아가지 않는 한 북한 체제는 급속히 붕괴되고 말 것이다.

1983년 가을 후계자가 된 김정일은 처음으로 중국을 방문하여 중국 개혁·개방의 놀라운 현장을 둘러봤다. 당시 덩샤오핑은 김정일에게 개혁·개방만이 잘 사는 길이라며 이렇게 말했다. "이제 우리는 '마오쩌둥 주석의 말이라면 무엇이든 그대로 따른다'는 원칙을 버리고 모든 일은 실사구시(實事求是), 즉 실제 상황에 따라 결정하기로 했습니다. 개혁·개방에서 제일 먼저 한 것이 '사상 개방'이었습니다." 덩샤오핑의 직접 권유에도 불구하고 김정일은 개혁·개방을 하지 않았다. 고르바초프의 개혁·개방으로 소련이 붕괴되었듯이 북한도 개혁·개방을 하면 붕괴될 위험이 있다고 판단했기 때문이다. 개혁·개방은 절대권력의 축소가 필수적이며, 또한 정치제일주의, 군사제일주의에서 경제제일주의로 국정 우선순위가 바뀌어야 한다. 그러나 김정일은 고르바초프나 덩샤오핑 같은 결단을 내릴 수 없었다.[182]

실제로 북한은 소련보다 붕괴 위험이 더 컸다. 북한에서 '사상 개방'이란 꿈도 꿀 수 없었다. 사상의 개방이란 김일성의 교시까지도 잘못되었다고 인정할 수 있어야 하는데, 아버지의 우상화에 앞장서 왔던 김정일 스스로 아버지의 과오를 인정한다는 것은 세습자인 자기 자신을 부정하는 것이나 마찬가지다. 우상화를 통해 김일성은 전지전능하고 백전백승하는 신과 같은 존재였다. 김일성이 했던 말은 전국 곳곳에 새겨져 있다. 그런데 김정일이 어떻게 이 모든 것을 부정하거나 비판할 수 있었겠는가?

햇볕정책은 대북 지원을 통해 북한을 변화시키겠다는 목표를 가지고 있었다. 그러나 북한의 변화는 내부 요인에 의해 결정되는 것이지 한국의 대북정책에 의해 결정되는 것이 아니다. 그럼에도 불구하고 김대중 정부와 노무현 정부는 남북 화해협력의 장애요인이 북한이 아니라 미국과 한국에 있다고 인식했던 것이다. 북한을 변화시키겠다고 한 햇볕정책은 북한을 변화시키지는 못하고 오히려 한국 내 안보불감증이 만연되고 이념갈등과 반미풍조가 확산되는 결과를 초래했다. 북한처럼 체제유지에 사활을 건 집단을 상대로 한 채찍 없는 햇볕정책은 유화정책이 될 수밖에 없다. 그래서 이들 정권의 외교안보정책은 대북정책의 지원 수단으로 전락했다. 북한을 자극하거나 북한이 반대하는 외교안보정책은 폐지, 보류, 또는 변경되었다. 중국 공산당 중앙당학교 장롄구이(張璉瑰) 교수까지도 "한국 정부가 북한의 위험한 행동을 모른 척하는 행태가 놀랍다. 북한은 그동안 최악의 선택만 골라서 했지만 한국 정부는 제대로 된 대응 없이 지원만 계속했다"고 했다.

노무현 대통령은 화해 · 협력과 통일이라는 민족공조 환상에 빠져 북한 정권의 전략적 의도가 무엇인지 제대로 인식하지 못했고, 또한 북한 핵 문제의 심각성을 인식하지 못한 가운데 한반도 평화정착에 대한 낙관적 전망에 따라 화해 · 협력에 몰두했으나 결국 모든 것이 물거품이 되고 말았다. 여기에는 우리 지도자들이 대북정책을 이용했다는 점도 있다. 나라의 사활이 걸린 중대한 문제에 개인적 이익이나 정치적 이익을 노렸다는 비난도 피하기 어렵다.[183]

*****

북한이 핵개발을 포기할 것이며, 경제협력을 통해 그렇게 유도할 수 있다고 믿은 것은 김대중 · 노무현 정권의 판단착오였다. 의미 있는 남북관계 변화를 하지 않으려는 북한을 상대로 협상한 것 자체가 북한에게 궁지에서 벗어날 기회를 주고 핵개발에 필요한 시간과 돈을 지원한 결과를 낳고 말았다. 대통령의 가장 중요한 책무는 나라의 안전보장이다. 임기 5년간 노무현 대통령은 한 번도 안보 문제를 걱정하거나 이에 대한 명확한 입장을 내놓지 않았다. '국가안보'라는 말을 그의 육성으로 들어보지 못했으며, '국가안보'라는 말은 노무현 정부에서 기피하는 단어였다.

제8장

◆

외교안보정책의
급격한 우회전을 시도한
이명박 대통령

◆

북한이 핵을 포기하고 개방의 길을 택하면 남북협력에 새 지평이 열릴 것이다.

– 이명박 –

◆

경영자 출신인 이명박(李明博) 대통령은 '경제 살리기'를 통해 박정희 시대 같은 고도성장을 이룩하겠다는 공약에 힘입어 당선되었다. 그의 대표 공약은 '747 경제선진화'와 '4대강 개발'이었다. '747 경제선진화' 공약은 임기 5년간 평균 7%의 고도성장을 이룩하여 10년 후 1인당 소득 4만 달러, 세계 7대 경제대국으로 부상시키겠다는 것이다. 노무현 정부의 친노동 · 반기업 정책과 잘못된 부동산정책으로 침체된 경제로 인해 이명박에 대한 기대가 컸던 것은 사실이다. 그러나 한국과 같은 발전 수준에 있는 나라에서 정부의 노력으로 7% 고도성장을 이룩한다는 것은 불가능했다. 그럼에도 이명박 대통령의 핵심 어젠다는 경제성장이었다.

그러나 이명박 대통령 앞에는 심각한 안보 위기가 도사리고 있었다. 1년 반 전 북한이 핵실험에 성공하고, 노무현 정부의 친북 · 친중정책, 자주외교노선과 전시 작전통제권 전환 등으로 한미관계가 악화되는 등 우리나라는 심각한 외교안보 문제에 직면해 있었으나, 이명박 대통령은 이를 직시하지 못한 것 같았다. 되돌아보면, 2006년 10월의 북한 핵실험으로 안보 우려가 치솟으면서 안보 위기에 효과적으로 대처하기 위해서는 남성이며 강한 추진력을 가진 이명박 후보가 박근혜 후보보다 적임자라는 이유로 그의 지지율이 박근혜 후보의 지지율을 뛰어넘었고 그 덕분에 이명박 후보가 대통령에 당선될 수 있었던 것이다.

그러나 대통령이 되기 전까지 이명박은 대북정책을 포함한 외교안보 문제에 관심도 적었고 경험도 없었다. 그의 대외정책 방향은 정부의 직제 개편에서 나타났다. 그는 통일부를 폐지하려다가 야당의 반대로 포기했다. 작은 정부를 지향한다면서 청와대의 비서실 편제를 축소하는 가운데 통일외교안보정책실과 국가안전보장회의(NSC) 사무처를 폐지하고 외교안보수석실을 복원했다. 또한 정부조직 축소의 일환으로 전쟁 등 비상사태 대비 임무를 담당했던 비상기획위원회를 폐지했다. 안보태세를 강화했어야 할 시기에 오히려 약화시켰던 것이다.

서두른 한미관계 복원과 한일관계 개선

한국의 외교안보정책에서 가장 중요한 것은 한미관계다. 이명박 대통령은 한미관계가 심각한 위기에 봉착한 이유는 노무현 정부가 "청사진도 없이 기둥부터 바꾸려는 시도를 했기 때문"이라고 판단했다. 그는 '이혼 직전의 왕과 왕비 관계'로 비유될 만큼 소원해진 한미관계를 복원하는 것은 물론 북한 핵실험이 심각한 위협으로 떠오른 상황에서 미국을 비롯한 우방국들과 협력을 공고히 하는 것이 시급하다고 판단하고 취임 2개월 만인 2008년 4월 15일 미국을 방문했다.

캠프 데이비드(Camp David)에서 개최된 한미 정상회담에서 이명박 대통령과 부시(George W. Bush) 대통령은 급변하는 세계 전략환경을 고려하여 한미동맹을 21세기 전략동맹으로 발전시키기로 합의했다. 또한 두 정상은 한미 자유무역협정 조기 비준, 북한 핵 문제를 포함한 대량살상무기 확산 방지 등을 위해 긴밀히 협력하기로 했다.

정상회담 후속 조치로 4월 19일 이명박 정부는 한미 자유무역협정의 국회 비준을 위해 소고기 전면 개방 및 검역기준 하향을 내용으로 하는 한미 소고기 2차 협상을 서둘러 타결했다. 소고기 수입 협상에서 이명박 정부가 미국산 소고기의 연령 제한을 철폐하기로 합의했는데, 일부 언론이 미국 소고기의 광우병 연관성에 관한 왜곡 보도를 했고, 이것이 인터넷 등을 통해 유포되었다. 그런 가운데 4월 29일 MBC 방송의 〈PD수첩〉이 "미국이 해외에 수출하는 소고기 가운데는 광우병에 걸린 소를 도축한 것으로 의심되는 것도 있다"는 취지의 방송을 내보냈다. 이에 자극받은 많은 사람들이 서울 광화문에서 '미국산 소고기 수입 반대 시위'를 벌이기 시작했고, 5월에는 좌파 단체들이 만든 '광우병국민대책회의'를 중심으로 미국산 소고기 수입을 전면 반대하자는 대대적인 시위가 벌어지면서 정권을 뒤흔들 정도의 '광우병 사태'가 시작되었다.

수도 서울의 심장부인 광화문 일대가 밤낮 없이 시위세력에 장악되어 무법천지로 변했으며, 그러한 혼란이 3개월가량 지속되었다. 수많은 시민들이 고통받고 있었고, 사회경제적 피해도 엄청났으며, 국제적으로 한국의 위신도 추락했다. 그러나 이명박 정부는 위기의식도 없었고 위기관리 시스템도 작동하지 않았으며, 특히 이명박 대통령은 적극적으로 수습하려는 의지를 보여주지 못했다. 정부는 경찰로 하여금 광화문 도로를 컨테이너로 차단하는 등 소극적 대응으로 일관하여 국민은 실망을 넘어 절망에 빠지게 되었다. 그런 가운데 이명박 대통령은 5월 21일 대국민 사과문을 통해 "청와대 뒷산에 올라 시위대의 함성과 〈아침이슬〉(운동권 애창곡)을 들으며 국민을 편안하게 모시지 못한 제 자신을 자책했다"고 했다.[184] 이러한 위기조차 제대로 다루지 못한다면 안보 위기에 제대로 대응할 수 있을지 의문이었다.

이러한 사태는 우연이 아니었다. 취임 당시 청와대 참모진의 면모에서 이미 예견되었다 해도 과언이 아니다. 비서실장을 비롯한 9명의 청와대 간부 중 민정수석비서관과 대변인을 제외한 7명이 모두 교수 출신으로 전례 없는 아마추어 비서실이었다. 지리학 교수를 비서실장으로 앉힌 것은 말할 것도 없고 정치경제학 교수를 외교안보수석비서관으로 임명한 것도 의외였다. 광우병 사태를 거치며 이들 대부분이 교체되었다.[185]

이명박 대통령은 2009년 초 취임한 버락 오바마(Barack H. Obama) 대통령과의 정상회담을 위해 그해 6월 워싱턴을 방문했다. 두 정상은 한 달 전에 있었던 북한의 2차 핵실험에 대한 유엔안보리 대북제재 결의안 실천을 포함한 대북정책 공조를 논의하고, 나아가 굳건한 한미동맹을 재확인했다. 그해 9월 피츠버그에서 열린 G20 정상회의에서 오바마 대통령의 제의에 따라 한국이 다음해 11월에 열리는 G20 정상회의 주최국이 되었다. 그 후 오바마 대통령은 "한국은 미국의 가장 가까운 동맹국"이라고 거듭 강조했고, 커트 캠벨 (Kurt Campbell) 미 국무부 동아시아·태평양 차관보는 한미 자유무역협정 비준, 작전통제권 이양 시기 연기, G20 정상회의 서울 개최 등, 한미 양국은 여러 면에서 르네상스를 맞고 있다고

했다.[186]

이명박 정부는 2009년 5월 북한의 2차 핵실험과 2010년 3월의 천안함 폭침 등, 변화된 안보환경을 고려하여 미국과 협상을 벌여 작전통제권 전환 시기를 2015년 12월 1일까지 3년 7개월 연장했다. 7월 21일에는 서울에서 한미 외교 및 국방장관 합동회의를 개최하여 외교안보전략을 논의했다.

이명박 대통령은 그동안 경색되었던 한일관계 개선은 물론 북핵 문제 해결을 위한 한미일 안보협력 강화를 위해 일본과의 관계 개선에도 노력했다. 그는 대통령에 당선된 날 시게이에 도시노리(重家俊範) 주한 일본대사를 접견한 자리에서 한일관계를 복원하기 위해 노력하겠다고 했다. 당선인 시절인 2008년 1월 외신기자클럽 간담회에서 그는 "성숙한 한일관계를 위해 사과나 반성이라는 말을 하고 싶지 않다"고 했다. 일본에 대한 그의 우호적인 입장은 일본 정부의 호응을 받아 후쿠다 야스오(福田康夫) 일본 총리가 이명박 대통령 취임식에 참석하면서 양국 관계는 정상궤도에 복귀했다.

4월 20일, 이명박 대통령은 미국 방문 후 귀국길에 도쿄에 들러 후쿠다 총리와 정상회담을 했지만, 독도 영유권, 일본군 위안부, 역사교과서 등 민감한 문제는 논의하지 않았다.[187] 두 정상은 2005년 6월 이래 중단되었던 양국 지도자 간 셔틀 외교를 복원하기로 했고, 북한 핵 문제 해결을 위한 한미일 협력도 강화하기로 했다.

이에 따라 이명박 정부는 일본과의 안보협력도 증진하고자 노력했다. 2009년 4월 23일, 이상희(李相憙) 국방부장관은 일본을 방문하여 하마다 야스카즈(浜田靖一) 일본 방위상과 회담을 갖고, 국방교류에 관한 의향서에 서명했다. 이에 따라 양국은 장차관, 합참의장, 각 군 총장 등 국방 관련 고위급 인사들의 교류 활성화, 양국 부대 간 교류 및 훈련 참관, 해군 및 해상자위대에 의한 수색구조활동 공동훈련 정례화, 함정과 항공기의 상호 방문 활성화, 국제평화유지 활동에서의 협력 강화를 통해 안보 분야 협력의 기반을 구축해 나가기로 했다. 그해 5월 25일 실시된 북한의 2차 핵실험 또한 한일 간 안보협력을 촉진시키는 계기가 되었다.

미국과 일본을 순방한 지 한 달 만인 2008년 5월 이명박 대통령은 중국을 방문했다. 그러나 중국과의 관계는 중대한 도전이었다. 왜냐하면, 안보에서는 미국이 결정적으로 중요한 나라이지만, 경제적으로는 중국이 한국의 제1교역국이었기 때문이다. 더구나 노무현 대통령은 미국과 중국 간에 균형외교를 추구해왔지만, 이명박 대통령은 미국 및 일본과의 관계를 적극적으로 강화하고 있었기 때문이다.

이명박 대통령과 후진타오 주석은 5월 27일 정상회담을 통해 한중관계를 '전략적 협력 동반자 관계'로 격상하는 데 합의했다. 그런데 이명박 대통령이 후진타오 주석과의 정상회담을 앞둔 시점에 중국 외교부 대변인이 돌출발언을 했다. 중국 외교부 친강(秦剛) 대변인은 정례 브리핑에서 "한미 군사동맹은 지나간 역사의 산물"이라며 "시대가 많이 변하고 동북아 각국의 정황에 많은 변화가 생겼기 때문에 냉전시대의 소위 군사동맹으로 역내에 닥친 안보 문제를 생각하고 다루고 처리할 수 없다"며 한미동맹을 공개적으로 비난하는 외교적 무례를 서슴지 않았다. 중국 정부와 중국 공산당의 의도된 도발이었다.[188]

2010년에 잇달아 일어났던 천안함 폭침과 연평도 포격 이후 한중 양국이 합의한 전략적 협력 동반자 관계의 한계가 노출되었다. 중국은 천안함 조사 결과를 인정하지 않았을 뿐 아니라 책임 소재를 가리고 재발 방지 노력을 해야 한다는 한국과 미국의 입장에 거부감을 나타냈다. 2010년 6월 초 서해에서 실시되었던 천안함 폭침에 대한 무력시위 성격의 한미 연합훈련을 했을 때 중국은 신경질적인 반응을 보였다.[189] 연평도 포격 당시에도 중국의 반응은 비슷했다. 안보 문제에 관한 한 중국은 북한의 입장을 무조건 지지했던 것이다.

대북정책의 근본적 변화 추구

이명박 대통령은 경제제일주의 사고에 젖어 안보의 중요성을 간과했다. 수석비서관 중 장성 출신은 한 명도 없었다. 더구나 이명박 정부의 대북정책이 급격한 우회전이었기 때문에 남북긴장이 높아질 것으로 예상되고 있었다.[190] 이명박 대통령은 김대중 · 노무현 정부 10년간의 대북정책이 실패했기 때문에 근본적 변화가 불가피하다고 판단했다. 김대중 · 노무현 정부 기간 동안 한나라당이 대북 포용정책을 유화정책(appeasement)으로 강하게 비판했고, 또한 햇볕정책을 계승하고자 한 정동영 후보에게 이명박 후보가 압승을 했기 때문에 대북정책에 큰 변화가 있을 것으로 예상되었다.

노무현 정부와 다른 지지 기반에 힘입어 당선된 이명박 대통령은 남북관계의 의미 있는 발전은 비핵화와 개혁 · 개방 등 북한의 근본적 변화가 선행되어야 하며, 북한의 변화를 압박하기 위해서는 남북관계의 일시적 갈등도 감수해야 한다고 판단했다.

이명박은 대통령 후보 당시인 2007년 11월 8일 재향군인회 연설에서 햇볕정책이 "주어서 변화시킨다"는 것이었다면, 자신의 비핵·개방·3000 구상은 북한이 "변해야 준다"는 조건부 정책이라고 강조했다. 그는 "북한 핵 문제의 완전한 해결 없는 남북관계의 정상화는 불가능"하고 "개혁·개방을 거부하는 한 열매는 없다"고 선언했다. 이것은 자신의 실용 외교 원칙을 남북관계에 적용한 것으로, 일방적인 지원을 지양하고 북한에 상응한 요구를 하겠다는 것이다. 그런데 문제는 북한이 개혁·개방도 거부하고 체제 변화도 거부하고 있었기 때문에 남북 간 충돌은 시간문제였다.

이명박 정부가 이처럼 강경한 대북정책을 추진하게 된 이유는 무엇인가? 첫째, 햇볕정책이 북한의 핵개발을 저지하기는커녕 오히려 도움을 주었다는 것이다. 둘째, 햇볕정책이 개혁·개방 등 북한의 근본적 변화를 이끌어내는 데 실패했다는 것이다. 셋째, 햇볕정책으로 북한에 '퍼주기'만 하고 아무런 양보도 받아내지 못했다는 것이다. 넷째, 평화만을 지나치게 강조함으로써 국민의 안보의식을 약화시키고 한미갈등을 초래하는 등 안보태세를 크게 약화시켰다는 것이다. 마지막으로, 대북정책을 둘러싼 남남갈등으로 대북정책의 추진력을 상실했다는 것이다. 한마디로 말해, 김대중·노무현 정부의 대북정책이 총체적으로 실패했기 때문에 새로운 접근이 불가피하다는 것이다.[191] 국민 여론에도 그 같은 평가가 분명히 나타났다. 대통령 선거 직전인 2007년 11월 3일 《동아일보》 여론조사에 의하면, 차기 정부의 대북정책 방향에 대해 "대북 지원과 북한 핵 포기 등 북한의 변화와 연계해야 한다"는 의견(62.9%)이 "현 정부의 대북 포용정책 계승에 더 중점을 둬야 한다"는 의견(32.1%)보다 두

배 정도 높게 나타났다.[192]

이명박 정부는 햇볕정책의 이름 아래 화해 · 협력이 북한의 변화를 가져올 것이라는 것은 순진한 발상에 불과했다며, 햇볕정책은 오히려 북한의 수령 독재체제를 강화했다고 판단했다. 북한이 핵개발을 하고 있는 상황에서 남북 간의 표면적 평화는 '거짓 평화'이며, 오히려 한국 안보를 스스로 큰 위협에 빠뜨렸다고 본 것이다. 이명박 정부는 북한이 먼저 핵개발을 포기하고 국제사회의 책임 있는 일원으로 행동하지 않으면 한반도의 진정한 평화와 의미 있는 남북관계 발전은 기대하기 어렵다고 보았다.

이명박 대통령은 북한의 비핵화는 체제 변화가 있어야만 가능하다고 판단하고 상생 · 공영을 위한 '비핵 · 개방 · 3000'을 대북정책으로 제시했으며, 2009년 9월 유엔 연설에서 북핵 문제 해결을 위한 실행계획으로 '그랜드 바겐(Grand Bargain: 일괄타결)'을 제안했다. '비핵 · 개방 · 3000' 정책은 북한이 먼저 핵을 포기하고 경제체제를 개방하고 국제사회의 책임 있는 일원으로 나서면, 한국 주도하에 국제사회의 대북 개발 지원 및 투자를 확대시켜 북한의 1인당 국민소득을 10년 내에 3,000달러 수준으로 끌어올리겠다는 것이다.[193] 다시 말하면, 대북정책에 있어서 북한 핵 문제 해결을 최우선 과제로 삼고, 대북지원이나 경제협력도 핵 문제와 결부시키는 정경연계(政經連繫)원칙을 분명히 했다.[194]

북한은 2007년 대통령 선거 당시 이명박 후보가 대북정책 공약으로 내세운 "비핵 · 개방 · 3000' 구상을 6 · 15선언과 10 · 4선언을 무시한 내정간섭"일 뿐만 아니라 그들에 대한 "적대정책"이라며 맹렬히 비난했다. 이명박 정부 출범 이후 북한은 6 · 15공동선언과

10·4공동선언의 실천을 요구하며 대남 비방과 각종 위협으로 긴장을 조성했다. 3월 말부터 김하중(金夏中) 통일부장관의 북핵 문제 및 개성공단 관련 발언과 김태영(金泰榮) 합참의장의 선제타격 발언 등을 문제 삼으며 비난했고, 3월 24일에는 개성공단의 남북경제협력사무소 우리 측 인원의 철수를 요구했으며, 3월 27일에는 강제로 철수시켰다.[195] 7월에는 금강산 관광객 박왕자씨를 살해했고, 8월에는 개성공단과 금강산에 체류하던 우리 정부 당국자들을 추방했다. 이로 인해 금강산 관광이 중단되었고, 개성공단은 폐쇄 위기에 놓였다.

2009년 초부터 북한은 초강경 노선으로 치달았다. 1월 17일 인민군 총참모부는 대남 전면 대결태세를 선언했고, 1월 30일에는 통일전선부의 조국평화통일위원회가 남북 간에 이루어진 모든 정치·군사적 합의는 무효라고 선언하면서 "강력한 군사적 대응조치가 뒤따를 것"이라고 했다. 즉, 7·4공동성명(1972년), 남북기본합의서(1992년), 6·15선언(2000년), 10·4선언(2007년) 등이 무효라는 것이다. 뒤이어 4월에 대포동 2호 미사일을 발사했고, 5월 25일에는 2차 핵실험을 강행했다. 이에 유엔 안보리는 6월 13일 대북제재 결의안 1874호를 채택했으며, 이에 따라 이명박 정부도 북한에 대한 민간 경제협력을 제한했다. 11월에는 북한 해군 경비정이 NLL을 넘어 우리 해군 함정을 공격하면서 대청해전이 일어났다.

이처럼 북한은 대남 비방과 군사적 도발을 계속했지만 이명박 대통령은 "기다리는 것도 전략"이라며 특별한 대책을 강구하지 않았다. 이명박 대통령의 취임 1주년을 맞아 실시한 여론조사에 의하면, 남북관계가 나빠진 이유에 대해 "북한의 대남정책 때문"이라는

응답이 63%였지만, "이명박 정부의 대북정책 때문"이라는 반응은 27.4%에 불과했다.[196]

이명박 대통령의 비핵 · 개방 · 3000 구상은 경제논리가 중심이지만, 북한은 제제유지라는 정치논리가 우선이기 때문에 접점을 찾기 어려웠다. 김정일 정권은 군사제일주의 노선을 고수하고 있었고, 핵개발을 포기하거나 개방도 할 수 없었기 때문에 남북 간 충돌은 불가피했다.

천안함 폭침과 연평도 포격 후 소극적인 대응

772함 수병은 귀환하라

772함(艦) 나와라
온 국민이 애타게 기다린다.

칠흑(漆黑)의 어두움도
서해(西海)의 그 어떤 급류(急流)도
당신들의 귀환을 막을 수 없다
작전지역(作戰地域)에 남아 있는 772함 수병은 즉시 귀환하라.

(중략)

대한민국을 보우(保佑)하시는 하느님이시여,
아직도 작전지역에 남아 있는

우리 772함 수병을 구원(救援)하소서

우리 마흔여섯 명의 대한(大韓)의 아들들을
차가운 해저(海底)에 외롭게 두지 마시고
온 국민이 기다리는 따듯한 집으로 생환(生還)시켜 주소서.

천안함 피격 4일 후인 2010년 3월 29일, 우리 해군 홈페이지 게시판에 게재되었던 김덕규의 시다.

2010년 3월 26일 밤 9시 22분, 서해 백령도 근해에서 청천벽력 같은 일이 일어났다. 백령도 남서쪽 약 1km 지점에서 포항급 초계함 PCC-772 천안함이 임무 수행 중 북한 해군 잠수정의 어뢰 공격으로 선체가 반파되며 침몰했던 것이다. 피격 이후, 인근 지역에서 작전 중이던 속초함과 고속정, 해경 함정에 의해 58명이 구조되었지만, 46명이 전사했다. 이후 수색작전 중 3월 30일 한주호 준위가 잠수병(潛水病)으로 순직하고, 4월 3일 천안함 수색을 돕던 쌍끌이 민간 어선 98금양호가 상선과 충돌해 2명이 사망하고 7명이 실종되는 등 10명의 희생이 있었다.

천안함 사태 초기부터 해군은 어뢰에 의한 피격이라고 판단했지만, 청와대는 파도로 인해 부러졌다는 등 계속하여 어뢰 피격을 부정했다. 3월 30일 김성찬(金盛贊) 해군참모총장은 이명박 대통령에게 천안함 폭침의 원인은 "어뢰 피격 가능성이 높다"고 보고했다. 그러나 이명박 대통령은 "내가 배를 만들어봐서 아는데, 파도에도 (배가) 그렇게 부러질 수 있다. 사고 가능성이 있다. 증거 없이 (북한 연계설을) 주장하다가 러시아 등 주변국이 증거를 대라면 어떻게 할 것인가? 북한의 기뢰 등도 침몰 가능성의 하나일 뿐이지 어느 하나로 몰고 가며 추측하는 것은 바람직하지 않다. 과학적이고 객관적인 증거로 말해야 한다."[197]

이 무렵 1970년 당시 백령도 기뢰 부설 책임자였던 김 모 씨가 자신이 매설한 기뢰가 "한 번 우연히 폭발한 적이 있다"고 말한 내용이 담긴 문서가 청와대로 전달되었고, 이에 김성환 외교안보수석, 정정길 대통령실장, 원세훈 국정원장, 김태효 대외전략비서관이 동조했다. 참모들의 의견을 들은 이명박 대통령은 기뢰폭파설에 무게를 실었다.[198] 외교관 출신인 김성환 외교안보수석비서관마저 이러한 위기 상황을 관리할 능력이 있었는지 의문이다.

그래서 사건 발생 두 달이 넘도록 해군의 어뢰피격설은 부정되었고, 청와대에서는 기체피로설과 기뢰폭파설이 흘러나왔다. 당시 합참 전비태세검열차장이었던 오병흥 장군에 의하면, 당시 남북한이 정상회담을 논의하고 있었기 때문에 청와대에서 어뢰설을 원치 않았다고 한다. 오병흥 장군이 조사 후 어뢰 공격이라고 보고하자, 김태영 국방부장관이 난감한 표정을 지으며 정치적 고려가 있을 수 있으니 어디에도 그 보고서를 주지 말라고 당부했다고 한다.[199]

4월 15일 천안함 함미가 인양되었으며, 24일에는 함수가 인양되었다. 1차 현장 조사 결과 내부 폭발 가능성과 피로 파괴는 가능성이 없음이 확인되었다. 가능성은 외부의 요인, 즉 기뢰냐 어뢰냐 하는 것뿐이었다. 군은 처음부터 북한의 소행을 확신하고 있었다. 그러나 청와대는 결정적 증거가 없다며 어뢰 폭침이라는 결론을 허용하지 않았다. 이후 북한의 어뢰 추진체가 발견되었다. 5월 20일 한국, 미국 등 5개국 전문가 74명이 참여한 민군합동조사단은 "천안함이 북한 어뢰 공격으로 폭침되었다"는 조사 결과를 발표했다.

천안함 폭침 2개월 만인 5월 24일 이명박 대통령은 용산 전쟁기념관에서 행한 연설에서 "천안함 침몰은 대한민국을 공격한 북한의 군사도발"이라 규정하고 "북한은 자신의 행위에 상응하는 대가를 치르게 될 것이다. 나는 북한의 책임을 묻기 위해 단호히 조처해나가겠다"고 선언했다. 이어서 그는 "대한민국은 앞으로 북한의 어떠한 도발도 용납하지 않을 것"이며 "앞으로 [북한이] 우리의 영해, 영공, 영토를 무력침범한다면 즉각 자위권을 발동할 것"이라 선언하고, "이번 사태를 계기로 안보태세를 확고히 구축하겠다"고 다짐했다. 북한에 대한 제재 조치로 북한 선박의 한국 해역 운항 불허, 개성공단을 제외한 남북교역 중단, 한국 국민의 방북 불허, 대북 신규투자 및 투자 확대 불허, 인도적 지원을 제외한 대북 지원 보류 등 '5·24조치'가 실시되었다.

이 연설 후속 조치로 이명박 대통령은 이희원 예비역 대장을 안보특보로 임명하고 안보태세를 종합적으로 평가하기 위해 국가안보총괄점검회의(의장 이상우)를 설치했다. 또한 외교안보수석실 산하에 있던 국가위기상황팀을 국가위기관리센터로 확대 개편하여 안보특보의 지휘를 받도록 했다. 국가안보총괄점검회의는 그해 9월 이명박 대통령에게 ① 북한의 도발의지를 원천 봉쇄할 수 있는 '능동적 억제(proactive deterrence)' 전략 채택, ② 육·해·공군 작전 합동성 강화, ③ 전시사태 대비 위기업무 총괄 통합기구 설치, ④ 사병 복무기간 18개월 축소 계획 재검토 등을 건의했다.[200]

놀라운 것은 천안함 폭침 몇 개월 후 이명박 대통령이 광복절 경축사에서 공허한 평화통일 청사진을 밝히고 있었다는 사실이다. 당시 광복절 경축사 일부만 여기에 소개한다.

"남과 북이 함께 평화와 번영을 이루어 통일의 길로 나아가는 것은 한민족의 염원이며, 진정한 광복을 이루는 길입니다.

(중략)

지금 남북관계는 새로운 패러다임을 요구하고 있습니다.

대결이 아닌 공존, 정체가 아닌 발전을 지향해야 합니다.

주어진 분단 상황의 관리를 넘어서 평화통일을 목표로 삼아야 합니다.

우선 한반도의 안전과 평화를 보장하는 평화공동체를 구축해야 합니다.

그러려면 무엇보다 한반도의 비핵화가 이뤄져야 합니다.

나아가 남북 간의 포괄적인 교류 · 협력을 통해 북한경제를 획기적으로 발전시키고 남북한 경제의 통합을 준비하는 경제공동체를 이루어야 합니다.

이를 토대로 궁극적으로는 제도의 장벽을 허물고 한민족 모두의 존엄과 자유, 삶의 기본권을 보장하는 민족공동체를 향해 나아가야 합니다.

이러한 과정을 통해서 우리는 한민족의 평화통일을 이룰 수 있습니다."

이 광복절 경축사를 보면, 이명박 정부의 대북정책이 김대중 · 노무현 정부의 대북정책과 크게 다르지 않다는 것을 알 수 있다. 그동안 김대중 · 노무현 정부의 대북정책을 비난해왔지만, 이명박 정부의 대북정책도 이 두 정부의 대북정책에서 크게 벗어나지 못했을 뿐만 아니라 천안함 폭침으로 분노하고 있는 국민 정서에도 맞지 않았다. 그런데 이 무렵 이명박 정부는 비밀리에 북한과의 정상회담을 협상하고 있었던 것이다.

이보다 1년 전인 2009년 8월 18일, 김대중 전(前) 대통령의 서거에 조문객으로 왔던 김기남 노동당 비서, 김양건 통일전선부장, 원동연 아시아태평양위원회 실장 등이 청와대를 방문해 이명박 대통령과 면담한 바 있었다. 이어서 10월 중순 임태희(任太熙) 노동부장관은 싱가포르에서 김양건 통일전선부장과 남북 정상회담 개최를 논의했다. 이명박 대통령은 출국에 앞서 임태희 노동부장관에게 "올해 안에 정상회담을 개최하도록 준비하라"는 지시와 함께 통일안보 참모 회의를 통해 정리된 협상 가이드라인도 제시했다.[201]

천안함 폭침 사건 직후에도 남북 간 고위 인사의 비밀 교차방문이 이뤄진 것으로 확인되었다. 이명박 대통령은 퇴임 후 자신의 회고록에서 천안함 폭침에 따른 5·24 대북제재 조치 직후인 2010년 7월 국가정보원 고위 인사가 북한을 방문했다고 밝혔다. 그는 회고록에 "남북 정상회담은 북한 측의 대규모 지원 요구로 불발되었다"고 기록하고 있다. 북한의 계속된 중대한 도발에도 불구하고 이명박 정부는 안보태세 강화와 남북대화 사이에서 우왕좌왕하고 있었던 것이다.

그런데 천안함 폭침 8개월 만인 11월 23일, 북한은 대낮에 대한민국의 영토인 연평도에 집중 포격을 가했다. 이 포격으로 해병 2명과 민간인 2명이 사망하고 19명이 부상당했으며 상당한 재산피해가 있었다. 당시 텔레비전 화면에 비친 연평도는 검은 연기로 뒤덮여 있어 전쟁터를 방불케 했다. 주민들은 겁에 질려 황급히 대피하거나 섬을 탈출하려고 아우성이었다. 방송 속보를 지켜본 국민들은 "전쟁 나는 것 아니냐"며 불안감에 휩싸였다. 북한의 도발에 강력히 대응하겠다고 했던 이명박 대통령의 5월 24일의 선언은 까마득히 잊어버렸다. 정부와 군의 대응은 천안함 폭침 이후 허둥댔던 것과 크게 다르지 않았다.

위기 사태 발생 시 대통령의 첫마디는 결정적으로 중요하다. 그런대 청와대는 이명박 대통령의 지시 내용을 네 번이나 바꾸어가며 전달했다. 즉, 연평도 포격 직후에는 "확전되지 않도록 잘 관리하라"(3시 50분 청와대 대변인)고 발표한 후 "확전되지 않도록 만전을 기하라"(4시 관계자 비공식 브리핑), "단호히 대응하라. 상황이 악화되지 않도록 만전을 기하라"(4시 30분 관계자 비공식 브리핑)고 바꾸어 말한 내용이 2시간 동안 계속 방송되었다. 이로 인해 북한으로 향해야 할 국민들의 분노가 정부와 군에 쏟아졌다. 뒤늦게 여론의 심각성을 감지한 청와대는 6시 홍보수석을 통해 "대통령은 초지일관 '교전수칙에 따라 단호하게 대응하라'고 지시했다. '확전되지 않도록 만전을 기하라'는 말은 와전된 것"이라고 했다. 국회 국방위원회에 출석한 김태영 국방부장관은 이 대통령으로부터 "단호하게 대응하되 확전되지 않도록 잘 관리하라"는 지시를 받았다고 말했다. 사태의 파장을 우려한 청와대가 직접 나서서 국방부장관을 말을 뒤집었고, 이로 인해 이명박 정부에 대한 불신이 가중되었다.

이명박 대통령은 천안함 사태 후 안보태세를 강화하겠다고 거듭 다짐했지만, 연평도 포격까지 실질적인 안보태세 강화는 없었다. 그는 천안함 폭침 이후 국민의 슬픔과 분노를 결집하여 북한에 효과적으로 대응할 태세를 마련하지 못했다. 북한의 연평도 포격에 대한 우리 군의 대응은 K9 자주포 80여 발 대응사격에 불과했다. 북한은 서해 5도 지역에 해안포 1,000여 문, 방사포 수십 문, 다수의 무인항공기와 미사일을 보유하고 있었지만, 우리 군의 대응 능력은 K9 12문뿐이었다. 2010년 11월 동아시아연구원 여론조사에 의하면, 연평도 사태에 대해 정부가 "잘못하고 있다"는 반응이 72%나 되었지만 "잘하고 있다"는 반응은 24.7%에 불과했다.[202]

결국 이명박 대통령은 11월 29일 특별담화를 통해 "대통령으로서 국민의 생명과 재산을 지키지 못한 책임을 통감한다"고 사과했다. 이명박 대통령은 경제제일주의 사고에 젖어 매주 비상경제대책회의를 주재했지만, 안보 위기에 직면했을 때 경제 위기를 다루는 것만큼 비장한 각오로 임했는지 의문이다. 그의 인사에도 문제가 컸다. 외교안보 핵심 인사들까지 병역 미필자가 많았다.[203] 이명박 대통령은 퇴임 후 재임 중 천안함 폭침과 연평도 포격 도발에 제대로 응징하지 못한 것을 가장 아쉬운 점으로 꼽았다.

다행히도 2010년 12월 4일 새로 취임한 김관진(金寬鎭) 국방부장관은 "지금은 6·25 이후 가장 심각한 위기 상황"이라고 선언했다. 그는 "북한이 또다시 우리의 영토와 국민을 대상으로 군사적 도발을 감행해온다면 즉각적이고도 강력한 대응으로 그들이 완전히 굴복할 때까지 응징해야 합니다"라고 말했다.

한편 청와대는 2010년 초부터 대통령 직속으로 국방선진화위원회를 구성하여 국방개혁을 검토해왔으며, 천안함 폭침과 연평도 포격을 계기로 '국방개혁 307계획'을 마련하여 2011년 3월 7일 이명박 대통령에게 보고했다. '국방개혁 307계획'에는 합참의장에게 인사권 등 제한된 군정권(軍政權)을 부여하여 지휘력을 강화하고 각 군의 작전사령부를 폐지하고 참모총장에게 작전지휘권인 군령권(軍令權)을 부여함으로써 3군 합동성 강화 등 지휘구조를 개편하고, 노무현 정부의 '국방개혁 2020'에서 미래의 잠재적 위협에 대비하는 데 중점을 두었던 전력증강계획을 북한의 현존 위협에 대한 억제전력 확보에 중점을 두며, 군 장성 60명을 감축하는 방안 등이 포함되었다.[204]

2011년 3월 8일 '국방개혁 307계획'이 발표되자, 해·공군의 전직 참모총장들은 크게 반발하며 반대하는 광고를 게재하는 등 적극적인 저지 활동을 했다. 2011년 5월 관련 법률개정안이 국회로 송부되자, 이들은 국회의원들에게 개편안의 문제점을 설명하며 법 개정을 저지하는 활동을 벌였다. 이 법률안은 2012년 5월 18대 국회가 종료될 때까지 국방위의 법률심사소위를 통과하지 못하여 결국 폐기되고 말았다. 천안함 폭침과 연평도 피격으로 군사적 긴장이 고조되고 있었고, 북한의 핵무장과 내부 정세의 불안, 그리고 작전통제권 전환 등 한미 군사협력체제의 질적 변화 등으로 나라의 안보 상황이 불안정하고 긴박한 상황에서 군의 지휘체제를 전면 개편하려는 것은 무리라는 주장이 적지 않았기 때문이다.[205]

그럼에도 불구하고 천안함 폭침과 연평도 포격 도발은 군의 작전개념과 대비태세를 크게 바꾸는 결정적인 계기가 되기도 했다. 우선 작전개념이 북한이 도발할 경우 도발 원점(原點)은 물론 지원지휘 세력까지 타격하는 공세적 형태로 바뀌었다. 종전에는 작전과 정보의 유기적인 협조가 부족해 북한이 서북 도서 등을 포격하더라도 즉각적인 응징이 어려웠다. 하지만 천안함 폭침과 연평도 포격 도발 이후에는 합참에서 작전·정보 관계자 등이 매일 상황평가 회의를 통해 북한이 언제 어디서 도발하더라도 즉각 보복타격을 할 수 있게 되었다. 한미 공동 국지도발 대비계획도 처음으로 만들어졌다. 전에는 북한 국지도발이 있을 경우 한국군이 대처하고 미군은 정보지원만 했는데 이제는 주한미군은 물론 주일미군 전력까지 투입되어 함께 대응할 수 있게 된 것이다.

2011년 6월에는 백령도, 연평도 등 서북 도서의 방어를 전담하는 서북도서방위사령부가 창설되었고, 노무현 정부의 국방개혁 2020에서 감축하기로 했던 서해 해병 병력도 증강되었다. 육·해·공군 합동 참모진으로 구성된 최초의 합동작전사령부인 서북도서방위사령부가 창설됨으로써 북한군이 서북 도서를 넘보면 지상, 해상, 공중 전력으로 입체적인 작전을 펼쳐 응징할 수 있게 되었다.) 서북 도서를 방어하는 핵심 전력인 해병대 병력도 1,200여 명이 증강되어 서북 도서 주둔 해병대는 5,000여 명이 되었다.

성급한 한일관계 개선에 따른 시행착오

2009년 5월 북한의 2차 핵실험과 2010년 북한에 의한 천안함 폭침과 연평도 포격이 있었기 때문에 한국과 일본은 안보협력 확대가 절실했다. 미국의 적극적 중재 아래 한일 양국은 군사 및 안보 협력을 강화하기 시작했다. 한일 군사정보보호협정(GSOMIA)은 2010년 일본 외상이 체결을 제안했고, 2011년 1월 10일 개최된 김관진 국방부장관과 기타자와 도시미(北澤 俊美) 일본 방위상과의 회담에서 군사정보보호협정과 상호군수지원협정 체결에 대한 논의를 했다. 미국이 외무 · 국방부장관 협의를 통해 양국에 군사정보보호협정과 상호군수지원협정의 조기 체결을 촉구하자, 양국은 두 협정 체결에 합의했다.

이명박 정부는 2012년 6월 26일 한일 군사정보보호협정 체결안을 국무회의 안건으로 상정해 비공개로 통과시키려 했지만, 언론에 누설되면서 체결이 유보되었다.[206] 협정의 밀실 추진 논란이 일었을 뿐 아니라 참여연대 등 시민단체들이 일본과의 군사협정 체결이 자위대의 군사행동을 정당화하고 동북아에 신냉전을 초래할 것이라며 강력히 반발했고, 정치인들도 당면한 대통령 선거를 의식하여 반대에 동참했다. 일본에서는 6월 29일에 협정 체결안이 통과되었으나, 한국 정부는 서명식을 50분 남겨놓고 일본에 체결 연기를 통보했다.[207]

그런데 당시 한일관계를 가로막고 있던 현안은 위안부 문제였다. 2011년 8월 헌법재판소가 위안부 문제에 대해 정부를 질타하며 이 문제를 조속히 해결할 것을 촉구하는 판결을 내렸다. 이에 이명박 대통령은 2011년 12월 일본의 교토에서 열린 한일정상 회담 당시 일본의 노다 요시히코(野田佳彦) 총리에게 위안부 문제 해결을 강력히 촉구했지만, 일본은 독도 문제를 국제사법재판소에 공동제소하자는 주장을 하며 맞불작전에 나섰다. 이명박 대통령과 노다 총리 간에 종군위안부 문제 해결 방안에 대한 협의가 결렬되면서 역사문제로 인한 갈등이 더욱 고조되었고, 이로 인해 군사정보보호협정 및 상호군수지원협정에 대해 한국 시민단체와 야당의 반발이 더욱 커졌던 것이다.[208]

그런 가운데 이명박 대통령이 2012년 8월 독도를 방문하고, 일본 천황에 대해 발언한 것이 일본에서 큰 반발을 불러왔다. 그는 독도를 방문한 뒤에 있었던 교원들과의 워크숍에서 "아키히토(明仁) 천황도 한국을 방문하고 싶으면 독립운동을 하다 돌아가신 분들을 찾아가서 진심으로 사과하면 좋겠다. … 통석의 염, 뭐가 어쩌고 이런 단어 하나 찾아올 거면 올 필요가 없다"고 말했다. 일본에서 강력한 비난이 쏟아져나왔다. 노다 총리는 "지극히 유감이며, 단호하게 대처하겠다"고 말했다. 그래서 그달 말로 예정되었던 한일 재무장관 회담은 취소되었고 주한 일본대사가 소환되었으며, 양국 간 통화 스와프도 종료되었다. 이명박 대통령의 독도 방문은 국가원수의 자국 영토 순방이라는 점이 강조되었지만, 독도를 분쟁지역으로 국제사회에 각인시키고 양국관계에 심각한 영향을 미쳤다. 이명박 대통령의 독도 방문 후 한일관계는 국교 정상화 이후 최악의 상태가 되었다.

이에 따라 한일 양국의 국민 감정도 극도로 악화되었다. 이명박 대통령의 독도 방문 두 달 후 실시된 일본 내각부의 여론조사에 의하면, 2011년에는 "친근감을 느낀다"(62.2%)가 "친근감을 느끼지 않는다"(35.3%)의 약 두 배였지만, 2012년에 와서 "친근감을 느낀다"가 40.7%인 데 비해 "친근감을 느끼지 않는다"가 59%나 되었다. 한일관계에 대한 평가도 2001년부터 2011년까지의 평균이 "좋다고 생각한다"가 52%, "좋다고 생각하지 않는다"가 40%였다. 그런데 2012년의 한일관계 평가에서 "좋다고 생각한다"가 18.4%, "좋다고 생각하지 않는다"가 78.8%였다. 1986년 일본 내각부가 조사를 시작한 이래 가장 부정적인 결과였다.[209] 이명박 대통령의 독도 방문을 두고 "일관성을 잃은 외교 행보"라는 비판도 있었다. 또한 최근까지 양국 간 군사정보보호협정을 추진하는 등 유화적인 태도를 취하다가 느닷없이 초강경 카드를 꺼내들었다는 지적도 받았다.

이명박 대통령은 한일관계 개선을 통해 한미일 안보협력을 강화하려는 목표를 내세웠지만, 이를 실행에 옮기기 위한 계획도 부실했고, 특히 이명박 대통령 자신의 강력한 의지와 난관을 돌파하려는 용기도 부족했다. 이는 한일 국교 정상화 당시 박정희 대통령과 크게 비교되는 측면이다. 이명박 대통령은 한일 국교 정상화 당시 고려대 학생으로서 반대투쟁에 참가한 바 있는데, 독도 방문 역시 그의 뿌리 깊은 반일감정에서 비롯된 것이었을까?

*****

2010년 3월의 천안함 폭침과 11월의 연평도 포격은 병석에 누워 있는 김정일 위원장이 생존하는 동안 후계 세습을 공고히 하기 위해 김정은이 감행했던 대표적인 대남 도발이었다. 그럼에도 불구하고 이명박 정부는 북한 정권의 동향에 깜깜한 채 남북 정상회담에만 관심을 기울이고 있었던 것이다.

대통령은 국가 위기 시 유약할 자유가 없는 자리다. 용기와 결단력은 대통령의 안보리더십의 필수요건이다. 국가안보는 대통령의 주요 정책에서 최우선 순위가 되어야 한다. 대통령이 현명하고도 대담한 결단을 내리기 위해서는 최고 외교안보 브레인들의 보좌를 체계적으로 받아야 한다. 과연 이명박 대통령은 그런 자질을 갖춘 지도자였으며, 또한 그러한 외교안보 브레인들의 보좌를 받았는지 의문이다.

제9장

◆

적대행위에 광분한 북한에 신뢰구축을 시도한

박근혜 대통령

◆

(북핵 사태 해결을 위해) 외교적 해결 가능성이 조금이라도 있으면 최선을 다해야 한다.

– 박근혜 –

통일은 대박이다.

– 박근혜 –

◆

2013년 초 박근혜(朴槿惠) 대통령이 취임할 무렵 안보 상황은 최악이었다. 박근혜의 대통령 당선 1주 전인 12월 12일에 북한이 장거리 로켓을 발사했고, 취임 10여 일 전에는 3차 핵실험을 했으며, 취임 한 달 만인 3월 31일에는 김정은이 '핵개발 경제발전 병진'을 노동당 공식 노선이라고 선언했고, 4월에는 최고인민회의에서 '핵보유국지위법'을 채택했다. 이 법 제2조에는 "조선민주주의인민공화국의 핵무력은 세계의 비핵화가 실현될 때까지 우리 공화국에 대한 침략과 공격을 억제·격퇴하고 침략의 본거지들에 대한 섬멸적인 보복타격을 가하는 데 복무한다"고 핵무기 운용전략을 규정했다. 또한 박근혜 정부 출범 당시 미중 간 패권경쟁이 본격화되고 있어서 "안보는 미국, 경제는 중국"이라는 기존 외교노선은 더 이상 유지하기 어렵게 되었다.

박근혜 대통령은 이 같은 심각한 안보 상황을 인식했던 것 같다. 그는 취임과 동시에 외교안보정책의 컨트롤 타워 역할을 할 국가안보실을 부활시키고 국방부장관 출신 김장수를 안보실장에 임명했다.[210] 또한 이명박 정부 당시 북한의 무력도발에 단호한 응징을 거듭 강조했던 김관진 국방부장관을 유임시켰으며, 국정원장에는 육군참모총장 출신인 남재준(南在俊)을 임명했다. 한국 최고의 무장(武將)들로 안보 컨트롤 타워를 구축한 것이다.

그러나 여성인 박근혜 대통령은 안보에 대한 인식이나 경험이 부족한 편이었다. 젊은 시절 박정희 대통령을 보좌하기는 했지만 그 경험이 국군 통수권자로서 충분하다고 볼 수 없었다. 박근혜 대통령의 3대 외교안보정책 구상은 한반도 신뢰 프로세스, 동북아 평화협력, 유라시아 이니셔티브 등 추상적이고 거대한 목표여서 실천이 만만치 않았다. 또한 그러한 구상들이 남북관계 개선을 전제로 하고 있었지만, 북한이 호응하지 않으면 어느 것도 실현하기 어려운 것이었다.[211]

군사적 모험 노선으로 치닫는 북한 대상으로 신뢰구축

박근혜 대통령의 대북정책은 '한반도 신뢰 프로세스'다. 그것은 김대중·노무현 정부의 햇볕정책이 지나치게 북한에 끌려갔다고 본 반면 이명박 정부의 대북정책은 지나치게 강변일변도였다고 판단한 것에서 나온 결과다. 이러한 문제점을 극복하고 안보와 교류협력의 균형을 통해 남북 간 신뢰를 구축하겠다는 것이었다. 그동안 남북관계는 악순환을 되풀이해왔으며, 그것은 무엇보다 상호 신뢰 부족 때문이라고 판단한 것이다. 상식과 국제규범을 바탕으로 한 남북관계로 남북 간 정치·군사적 신뢰를 증진시켜 핵 문제를 해결하는 등 지속가능한 한반도 평화를 정착시키는 것을 목표로 했다. 동시에 북한이 평화를 깨는 잘못된 행위를 한다면 반드시 이에 대한 대가를 치르도록 함으로써 협력의 길로 나오도록 하겠다고 했다. 그래서 박근혜 대통령의 '한반도 신뢰 프로세스'는 햇볕정책의 기조와 비슷하다는 평가도 없지 않았다.[212] 그러나 '한반도 신뢰 프로세스'가 김정은의 호전적 핵개발 전략과 접점을 찾을 수 있을지 의문이었다.

그동안 북한이 수많은 남북 간 합의를 헌신짝 버리듯 하고 국제사회와의 약속도 짓밟아왔으며, 또한 남북이 생사를 건 체제대결을 벌여왔던 것을 고려할 때 과연 남북 간 신뢰 형성이 가능할 것인가? 특히 오랫동안 북한이 핵개발에 광분해왔던 것을 고려할 때 박근혜 대통령의 임기 내에 신뢰를 형성한다는 것은 불가능에 가까운 일이었다.

박근혜 대통령이 북한과의 신뢰 구축을 중시한 것은 자신의 경험 때문인지도 모른다. 한국미래연합 창당 준비위원장 당시인 2002년 5월, 그는 주한 유럽연합(EU) 상공회의소 산하 재단인 유럽·코리아재단으로부터 방북 제안을 받고 평양을 방문하여 김정일을 만난 바 있다. 한나라당 대표 당시인 2005년에는 유럽·코리아재단 이사 자격으로 김정일에게 편지를 보낸 바 있다. 이 편지에는 2002년 자신의 방북 이후 3년 동안의 소식과 함께 남북 교류사업이 추진될 수 있도록 요청한 내용이 포함되어 있었다.

북한의 1차 핵실험 직후인 2006년 11월 2일 당시 한나라당 대표였던 박근혜는 '서초 포럼' 강연에서 어느 때보다 단호한 어조로 북핵 사태에 미온적으로 대처하는 노무현 정권을 강도 높게 비판했다. 그는 야당 대표로는 유일하게 김정일 위원장을 만났다는 점을 상기시키며 "당시 생각과 자세는 지금도 변함이 없다. 조금이라도 국가와 민족에 도움이 된다면 어떤 어려움이 있더라도 할 수 있는 일은 다하겠다"며 대북 특사를 수용할 의사가 있음을 밝혔다. 그는 "(북핵 사태 해결을 위해) 우리가 포기하지 못하는 또 하나의 길은 협상이다. 협상을 통한 외교적 해결 가능성이 조금이라도 있으면 최선을 다해야 한다"고 대화의 중요성을 강조했다. 그는 "어머니는 북한의 사주를 받은 사람 총탄에 돌아가셨지만, 나는 개인적인 아픔보다는 한반도에 평화가 정착되어야 한다는 심정으로 2002년 김정일을 만나 남북한 신뢰를 쌓고 공동 발전해야 한다고 말했다"며 "국군포로 생사확인, 이산가족 상설 면회소 설치, 금강산댐 공동 조사를 제시하여 흔쾌히 합의를 이끌어냈다"고 말했다. 박근혜가 김정일과의 만남을 너무 긍정적으로 해석했던 것은 아닌지, 그리고 그의 아들 김정은을 과소평가한 것은 아닌지 의문이었다.[213]

박근혜 대통령과 일부 전문가들은 김정은이 유럽 유학을 했고 20대 후반의 젊은 지도자라는 점에서 북한에 변화를 가져올지 모른다는 기대가 없지 않았다. 그러나 김정은은 세습권력을 공고히 하기 위해 고모부를 비롯한 다수의 고위 간부들을 공개 총살하거나 숙청하는 등 공포정치를 폈다. 이러한 그의 공포정치는 박근혜 정부 출범 전후로 절정에 달했다. 2016년 말 국가안보전략연구원이 발간한 『김정은 정권 실정 5년 백서』에 의하면, 김정은 정권 5년간 340여 명의 고위 간부들이 공개 총살당하거나 숙청당했다고 밝혔다.[214]

김정은의 모험적이며 도발적인 행태는 대남정책에도 그대로 나타났다. 2010년 3월 26의 천안함 폭침과 11월 23에 있었던 연평도 포격이 대표적이다. 2011년 12월 김정일의 사망으로 지도자로 등장한 김정은은 핵무기와 미사일 개발에 모든 것을 걸었다. 2012

년 12월 12일에는 장거리 로켓을 발사했고, 박근혜 대통령의 취임 직전인 2013년 2월 12일에는 3차 핵실험을 단행했다.[215] 박근혜 대통령이 한반도 신뢰 프로세스를 시작도 하기 전에 북한이 찬물을 끼얹었던 것이다.

그럼에도 불구하고 박근혜 대통령은 취임사에서 "국민의 생명과 대한민국의 안전을 위협하는 그 어떤 행동도 용납하지 않을 것"이며, 특히 "최근 북한의 핵실험은 민족의 생존과 미래에 대한 도전"이라고 경고했다. 이어서 "저는 한반도 신뢰 프로세스로 한민족 모두가 보다 풍요롭고 자유롭게 생활하며, 자신의 꿈을 이룰 수 있는 행복한 통일시대의 기반을 만들고자 합니다. 확실한 억지력을 바탕으로 남북 간에 신뢰를 쌓기 위해 한 걸음 한 걸음 나아가겠습니다. 서로 대화하고 약속을 지킬 때 신뢰는 쌓일 수 있습니다"라고 남북 간 신뢰 구축의 필요성을 강조했다.

박근혜 대통령의 대북정책은 남북 간 신뢰를 쌓기 위한 전제조건이 있었다. 북한 핵에 대해서는 억지력을 바탕으로 실질적인 협상을 할 것이며, 남북 정상회담을 할 용의가 있지만, 천안함 폭침, 연평도 포격, 금강산 관광객 피격 등에 대해 북한이 먼저 사과하고 재발 방지를 약속하는 등, 북한의 태도 변화가 선행되지 않는 한 5·24조치는 해제할 수 없으며, 금강산관광도 재개할 수 없다고 했다. 그러나 북한의 비핵화가 진전되면 대규모 경제협력을 추진하며 개성공단에 외국 기업의 입주도 허용하겠다고 했다.

2013년 2월에 있었던 북한의 핵실험에 대응하여 유엔에서 제재를 논의하고 있었고, 한미 양국군은 3월 들어 키 리졸브(Key Resolve) 연합훈련을 실시했다. 이에 반발한 북한은 3월 5일 정전협정을 백지화하고 판문점 대표부 활동도 전면 중지한다고 선언했다. 이때부터 북한의 대남 적대행위와 박근혜 정부의 대응은 다음과 같이 연이어졌다.

- **3월 8일 :** 남북 불가침 합의를 폐지하고 전면전을 준비하고 있으며, 이를 위해 각종 미사일이 핵탄두를 장착한 채 대기상태에 있으며, 판문점 남북 직통전화를 단절한다고 위협했다.
- **3월 10일 :** 청와대는 북한이 무력도발을 할 경우, 도발의 원점과 지휘부를 타격하겠다고 발표했다.
- **4월 2일 :** 영변 원자로를 재가동하겠다고 발표했다.
- **4월 3일 :** 북한은 개성공단에서 나가는 것은 허용하고 들어오는 것을 금지한다고 선언했다. 이로 인해 우리 측은 식량과 자재를 들여오지 못해 우리 기업들이 생산 활동을 중단하고 철수하고 있었다.
- **4월 4일 :** 김관진 국방부장관은 국회 국방위원회에서 "최근 북한이 3차 핵실험 이후 다양한 방법으로 전쟁 분위기를 조장하고 있다면서 북한이 도발을 해오면 즉각적이고 강력하게 응징하겠다고 밝혔다.
- **4월 5일 :** 평양에 있는 외국 공관에 4월 10일 이후 안전을 보장하지 못한다며 철수를 권고했다.
- **4월 8일 :** 북한은 개성공단 내 북한 근로자 전원을 철수시켰다.
- **4월 9일 :** 전쟁이 터진 후 남한 내 외국인 피해를 바라지 않는다며 사전 대피 및 소개 대책을 세우라고 했다.
- **4월 10일 :** 우리 국방부는 7월까지 한국형미사일방어체계

(KAMD)를 구축하겠다고 했다.

- **4월 11일 :** 북한은 버튼만 누르면 태평양과 동아시아의 모든 미군기지를 타격할 수 있다고 했다.
- **4월 14일 :** 북한은 우리의 대화 제의를 '교활한 술책'이라며 거부했다.
- **4월 26일 :** 류길재 통일부장관은 개성공단 내 잔류 인원을 철수하도록 했다.
- **5월 18~20 :** 북한은 미사일을 여섯 차례 연속적으로 발사했다.
- **12월 20일 :** 김정일 사망 2주기를 맞아 한국 보수단체가 시위를 하자 '최고 존엄'을 건드렸다며 "예고 없이 남조선을 타격하겠다"는 협박통지문을 보냈다.

이 기간 중 미국은 북한의 연이은 도발에 적극 대응했다. 3월 8일과 3월 25일에 괌의 앤더슨 공군기지에 있던 B-52 폭격기들을 한국으로 보내 훈련했고, 3월 27일에는 니미츠급 항공모함 2척을 동아시아 해역으로 급파했으며, 3월 29일에는 미주리주의 화이트맨 공군기지로부터 핵무기 탑재가 가능한 B-2 폭격기들이 한국에서 폭격 훈련을 했다. 또 3월 31일에는 최신예 F-22 전투기를 오산 미군기지에 전진 배치시켰고, 4월 1일에는 존 매케인 구축함과 해상 레이더인 SBX-1을 한반도 해역으로 이동시켰다. 4월 4일에는 미국이 괌(Guam)에 고고도미사일방어체계(THAAD)를 배치하겠다고 했고, 4월 5일에는 미 해병대 2,000명을 한국에 급파하여 한미 해병대가 연합 훈련을 실시했다. 4월 6일에는 일본 북부의 미사와 공군기지에 글로벌 호크를 배치했고, 4월 9일에는 태평양함대 사령관이 북한의 안보 위협에 강력 대응하겠다는 성명을 발표했다.

그럼에도 불구하고 박근혜 대통령은 2013년 광복절 경축사를 통해 "평화를 지키기 위해서는 억지력이 필요하지만, 평화를 만드는 것은 상호신뢰가 쌓여야 가능합니다. 다소 시간이 걸리더라도 상식과 국제적 규범이 통하는 남북관계를 정립"하고 "진정한 평화와 신뢰를 구축해가는 '한반도 신뢰 프로세스'를 일관되게 추진해가겠다"며 남북 간 신뢰 구축 의지를 재확인했다.

한미 및 한일관계 개선으로 한미일 대북 공조 모색

심각한 안보 위기 상황에서 한미 결속이 우선이었다. 박근혜 대통령은 2013년 5월 7일 백악관에서 오바마 대통령과 정상회담을 가졌다. 두 정상은 60주년을 맞는 한미동맹과 북한 문제, 동북아 문제, 전시 작전통제권 전환과 한미 원자력협정 개정 문제 등 현안을 폭넓게 논의했다. 한미동맹에 대해 양측은 한미동맹에 대한 확고한 지지와 한미 연합 방위태세의 유지 · 발전에 대한 의지를 재확인하고 한미 간 포괄적 전략동맹을 지속 발전시켜나간다는 데 의견을 같이했다. 최근 핵실험 등 계속된 북한의 도발에 대해서는 단호히 대응하되 대화의 문을 열어둘 것임을 확인했다. 또한 양국은 북한의 '잘못된 행동'에 대한 보상은 없다는 점을 분명히 하면서 북한이 '올바른 길'을 걷는다면 한반도 신뢰 프로세스를 가동해 대북 화해정책을 펴나간다는 데 인식을 같이했다. 박근혜 대통령은 미국의회 연설을 통해 한반도 신뢰 프로세스와 동북아 평화협력 구상을 밝힘으로써 미국 정치권의 공감대를 넓힐 수 있었다.

박근혜 대통령은 다음 해 4월 25일 방한한 오바마 대통령과 정상회담을 가졌다. 청와대는 "이번 한미 정상회담은 강력하고, 역동적이며, 진화하는 한미동맹을 재확인하고 양국 간 협력의 새로운 지평을 열어가는 전기가 될 것으로 기대된다"고 밝혔다. 뒤이어 10월 말에는 한민구(韓民求) 국방부장관과 척 헤이글(Chuck Hagel) 미 국방장관은 2015년 12월까지 하기로 한 작전통제권의 전환을 조건이 충족될 때까지 연기하고, 주한미군을 한강 이북에 계속 주둔시키고, 용산 미군기지에 한미연합사를 계속 잔류시키기로 합의했다. 이로써 한미연합사 해체와 작전통제권 전환을 사실상 무기한 연기한 것이다.

일본과의 관계 또한 매우 중요했다. 북한의 위협에 한미일 3국이 공동 대응해야 했을 뿐 아니라 중국과의 관계에도 중요했기 때문이다. 그런데 박근혜 정부는 출범 6개월 전인 2012년 8월 10일 이명박 대통령의 독도 방문 이후 극도로 악화된 한일관계를 계승했다는 점에서 큰 부담을 안고 있었다. 더구나 일본에서는 2012년 12월 강경보수파인 아베 신조(安倍晋三)가 총리가 되면서 한일관계 전망은 그리 밝지 않았다. 아베는 독도를 일본 영토로 만들기 위해 2월 22일의 '다케시마(독도의 일본명)의 날' 행사를 국가행사로 승격시키겠다 등의 공약을 내세우며 집권했다.[216]

위안부 문제와 독도 문제로 대립하고 있는 가운데 시작된 한일관계는 결국 역사 문제의 대립이라는 틀에 갇혀버렸다. 일본은 2013년 2월 22일 '다케시마의 날' 행사에 차관급 인사 3명을 파견하면서 사실상 이 행사를 국가행사로 승격한 모양새를 갖췄다. 박근혜 대통령 취임식 3일 전의 일이었다. 일본 측은 "한국 대통령의 취임식 직전이라는 점을 고려해서 다케시마의 날을 국가행사로 승격하는 것을 유보하는 대신 행사에 차관급 인사를 파견한다"고 했지만, 한국 측은 일본이 국가행사로 승격한 것이라고 해석했다.

이에 분노한 박근혜 대통령은 3·1절 기념식에서 "가해자와 피해자라는 역사적 입장은 천년의 역사가 흘러도 변할 수 없는 것"이라며 과거사에 대한 일본의 태도 변화가 한일관계 발전의 전제조건이라고 선을 그은 강한 메시지를 보냈다. 4월 24일 아베 총리가 침략을 부인하는 등 우경화 노선을 취하려 하자, 박근혜 대통령은 "역사인식이 바르게 가는 것이 전제되지 않고 과거 상처가 덧나게 되면 미래지향적 관계로 가기 어렵다"고 말했다.

이처럼 박근혜 대통령 취임 직후 불거진 아베 총리의 야스쿠니 신사 참배, 독도 영유권 주장, 위안부 문제 등으로 한일 정상회담을 갖지 못했다. 박근혜 대통령이 위안부 문제 해결이 한일 정상회담의 전제조건이라 했기 때문에 한일 갈등은 좀처럼 풀리지 않았다. 아베 정부는 조건 없이 정상회담을 열자는 제의를 했으나, 박근혜 정부는 조건 없는 정상회담은 아베 정부의 술책에 불과하다며 거절했다.

오바마 대통령은 2014년 3월 헤이그 핵안보정상회의 당시 한미일 정상회담을 통해 한일관계 개선을 종용했다. 아시아중시정책(Pivot to Asia)을 펴고 있던 오바마 대통령에게 한일관계 개선이 절실했기 때문이다. 그러나 한국과 일본은 몇 년 동안 정상회담을 갖지 못했을 정도로 양국 관계는 답보 상태를 벗어나지 못했다.

다행히 2015년 11월 1일 서울에서 열린 한중일 정상회의를 계기로 한일 정상회담이 개최되었다. 이명박 정부 때인 2012년 5월 이후 3년 6개월 만의 한일 정상회담이었다. 그 후 한 달간 협상을 거쳐 12월 28일 일본군 위안부 문제에 대해 합의에 도달했다. 그리하여 한일 양국 정부는 일본군 위안부 문제가 최종적이며 불가역적으로 종결되었다고 선언했다. 일본 총리가 공식 사과하고, 일본 예산으로 위안부 재단에 출연금을 내기로 했다. 일본의 국가 예산에서 10억 엔을 받은 것은 일본의 간접적인 국가책임을 인정한다는 의미로 해석되었다. 위안부 문제에서 우리 정부가 수십 년간 일본에 요구해온 핵심은 '사과와 책임 인정, 그에 따른 배상'이었기 때문에 최선의 결과로 볼 수 있다.

위안부 합의의 배후에는 한일 공조를 성사시키려는 미국 측의 강력한 요청이 있었다. 중요한 외교 과제가 제3국의 개입으로 졸속으로 처리되었다는 비판도 있었다. 이후 한일 양국은 2016년 8월 종결되었던 양국 간 통화 스와프 논의를 재개했고, 2016년 11월에는 이명박 정부 당시 무산되었던 군사정보보호협정(GSOMIA)도 체결했다.

북한 핵 문제 해결 관련, 시진핑에게 지나친 기대

박근혜 대통령은 중국과의 관계를 중시했다. 북한 핵 문제가 심각한 위협이 되고 있는 상황에서 북한 설득을 위한 중국의 역할을 기대했던 것이다. 박근혜 대통령이 중국과의 관계를 중시하게 된 데에는 시진핑(習近平)과의 오랜 친분 때문이었던 것으로 보인다. 박근혜 대통령과 시진핑 주석의 인연은 2005년으로 거슬러 올라간다. 당시 중국 저장성(浙江省) 서기로 있던 시진핑은 박정희 정부의 새마을운동에 관심을 가지고 한국을 방문했고, 당시 야당 대표였던 박근혜가 그를 만나면서 시작된 인연은 중요한 계기마다 서로 축하하며 친분을 쌓았다. 또한 박근혜 대통령이 취임한 지 한 달도 안 되어 시진핑이 국가주석으로 취임하면서 더욱 긴밀히 협력할 수 있게 되었다.

박근혜 대통령과 시진핑 주석 간의 첫 정상회담은 한미 정상회담 다음 달에 있었다. 2013년 6월 27일, 박근혜 대통령은 중국을 국빈 방문하고 시진핑 주석과 회담을 했다. 이 자리에서 시진핑 주석은 "우리의 교류는 매우 의의가 있고 성과가 있는 것 같습니다"라고 했고, 박근혜 대통령은 "한국 사람과 중국 사람의 정서가 통하는 것 같습니다"라고 화답했다. 정상회담 후 두 지도자는 한중 미래 공동 비전을 담은 성명을 발표했다.

박근혜 대통령과 시진핑 주석은 넉 달 뒤인 10월 인도네시아 발리에서 열린 아시아태평양 경제협력체(APEC) 정상회의에서 두 번째 정상회담을 하면서 한중관계가 급속도로 진전되었다. 2014년 3월에는 네덜란드 헤이그에서 열린 핵안보정상회의에서 박근혜와 시진핑이 별도로 만나 세 번째 정상회담을 했다. 당시 시진핑은 한미일 정상회담에 앞서 박근혜 대통령과 정상회담을 했는데, 그것은 시진핑이 한미일 협력과 한일관계 개선에 쐐기를 박으려는 의도로 해석되었다.

2014년 7월 시진핑의 한국 방문은 파격적이었다. 시진핑 체제가 들어선 후 처음으로 동북아 지역을 방문하는 중요한 외교행보에서 북한과 일본에 앞서 한국을 먼저 방문했던 것이다. 특히 중국 지도자가 북한보다 한국을 먼저 방문한 것은 처음이다. 두 정상은 한중

문화교류를 늘리고, 대기오염 감축과 재난 시 긴급구호 지원에 대해서도 의견을 같이했으며, 한중 자유무역협정 연내 타결에 대해서도 강한 의지를 보였다. 그러나 북핵 문제와 한반도 통일에 대한 중국의 입장은 변화가 없었다. 한반도 비핵화와 6자회담 재개 주장을 반복했던 것이다.[217]

그러나 시진핑은 정상회담에서 중국의 항일전쟁 승리 및 한반도 광복 70주년을 공동으로 기념하자고 제안했다. 이어서 그는 서울대 연설에서 "일본 군국주의는 야만적인 침략전쟁을 일으켰으며 한반도를 병탄했고 중국 국토의 절반을 강점하였습니다. 양국 모두 고난을 겪었습니다"라고 일본을 비난하며 역사 문제에 대한 공동대응의 필요성을 강조했다.

이 같은 한중 결속에 대해 일본은 "박근혜 정부의 중국 경사(傾斜) 자세를 부각하며, 한중 양국이 일본에 대한 역사동맹이 되어 일본을 때리고 한미일 협력구도를 훼손하고 있다"고 비판했다.[218] 당시 《월스트리트 저널》 등 외신들은 "(시진핑은) 한국에서 가장 환대받은 중국의 지도자", "역대 가장 가까운 한중관계" 등으로 보도한 바 있다.[219]

오바마 대통령이 2011년 11월부터 중국 견제를 위한 아시아중시정책을 펴고 있었기 때문에 박근혜 대통령의 친중행보는 미국에 경각심을 높였다. 2013년 12월 6일 조 바이든(Joe Biden) 미국 부통령은 청와대를 예방하여 박근혜 대통령과 회담하는 자리에서 "미국은 계속 한국에 베팅할 것"이라고 하면서 "미국 반대편에 베팅하는 것은 좋은 베팅이 아니다(It's never been a good bet to bet against America)"라고 말했다. 이것은 박근혜 정부의 친중노선에 대한 경고라고 볼 수 있었다. 그럼에도 불구하고 박근혜 대통령은 한미연합사 부사령관, 국방부장관, 청와대 안보실장을 지낸 김장수를 주중 대사에 임명했다. 동맹국인 미국에게는 매우 불쾌한 시그널이었다.

2015년 9월, 한국 외교에 이변이 일어났다. 박근혜 대통령이 중국 전승절(戰勝節) 행사에 참석한 것이다. 9월 3일 천안문 망루에 시진핑, 푸틴과 나란히 선 박근혜 대통령의 모습은 충격 그 자체였다. 6·25전쟁 때 중국은 한국을 공격한 나라인데 중국의 전승절에 참석해서야 되겠느냐는 비난이 적지 않았다. 이와 관련하여 민경욱(閔庚旭) 청와대 대변인은 "중국과의 우호협력 관계를 고려하고 한반도 평화와 통일에 기여하는 중국이 되길 바라는 차원에서 내린 결정"이라고 했다. 중국은 박근혜 대통령의 전승절 참석을 통해 일본의 군국주의 부활을 저지하기 위해 한국과 공동전선을 구축하고자 했던 것이다. 물론 박근혜 정부는 전승절 참석 여부를 두고 고심했던 것으로 알려지고 있다. 전승절 행사가 중국의 군사력을 과시하는 행사로 인식되고 있었기 때문이다.

당시 미국은 북핵 문제에 대해 전략적 인내로 대응하고 있었기 때문에 북한을 움직일 수 있는 중국과의 관계 개선이 중요하다는 견해가 많았다. 문재인 새정치민주연합 대표도 박근혜 대통령의 전승절 참석을 권유한 바 있다. 문재인은 그해 광복절 기자회견에서 "동북아 외교의 최우선 가치는 '평화'와 '국익'에 두고 한미동맹을 강화하는 일과 한중협력을 발전시키는 일을 균형적으로 추진해야 한다"고 강조했던 것이다.[220] 당시 여론도 박근혜 대통령의 전승절 참석에 대해 국민 10명 중 7명이 찬성할 정도였다. 그래서 전승절 참석 후 박근혜 대통령의 지지율은 54%로, 세월호 사태 후 최고치였다. 그러나 안보전문가들의 반응은 대체로 부정적이었다. 이 같은 박근혜 대통령의 모험적 외교행보에도 불구하고 '북한 핵 반대'라는 중국의 진전된 입장을 끌어내지 못했다.

중국은 공산당의 국가전략에 따라 움직이는 국가다. 따라서 박근혜 대통령이 시진핑과의 친분을 활용하려던 것은 너무 순진한 생각이었다. 박근혜 대통령의 친중행보로 미국 및 일본과의 관계, 특히 한미일 안보협력에 차질을 가져왔다고 본다.

통일정책으로 남북관계의 국면 전환을 노리다

북한의 3차 핵실험 이후 극도의 긴장 상태로 2013년을 보낸 박근혜 대통령은 2014년을 맞아 남북관계 전환을 모색했다. 1월 6일 내외신 기자회견에서 박근혜 대통령은 남북통일을 위한 준비에 착수해야 한다고 강조하면서 설맞이 남북 이산가족 상봉을 제안했다. 그는 "저는 한반도 통일은 우리 경제가 대도약할 기회라고 생각한다"면서 "통일은 대박이다"라는 말로 통일의 중요성을 강조했다. 그는 "내년이면 분단된 지 70년이 된다"면서 "우리 대한민국이 세계적으로 한 단계 더 도약하기 위해서는 남북한의 대립과 전쟁위협, 핵위협에서 벗어나 한반도 통일시대를 열어가야만 하고, 그것을 위한 준비에 들어가야 한다"고 했다. 이어서 "통일시대를 준비하는 데 핵심적인 장벽은 북핵 문제"라면서 "통일을 가로막을 뿐 아니라 세계 평화를 위협하는 북한의 핵개발은 결코 방치할 수 없다"고 강조했다. 그는 "북한이 비핵화를 위한 진정성 있는 걸음을 내디

딘다면 남북한과 국제사회는 한반도의 실질적 평화는 물론 동북아의 공동번영을 위한 의미 있는 일을 할 수 있을 것"이라고 말했다.

이어서 박근혜 대통령은 대통령 직속 자문위원회로 '통일준비위원회'를 설치하여 통일에 대한 체계적인 준비를 하도록 했다. 뒤이어 3월 28일에 박근혜 대통령은 독일 통일의 상징 도시인 드레스덴에 있는 공과대학에서 행한 연설에서 평화통일 기반 구축을 위한 3대 제안을 했다. 첫째, 남북한 주민들의 문제부터 해결해나가야 한다. 둘째, 남북한 공동번영을 위한 민생 인프라를 함께 구축해나가야 한다. 셋째, 남북 주민 간 동질성 회복에 나서야 한다. 또한 이러한 3대 제안을 실현하기 위한 남북교류협력사무소 설치도 제안했다.[221] 그런데 이 연설에서 박근혜 대통령은 북한의 실상에 대해 다음과 같이 말했다.

"저는 최근 외신 보도를 통해 북한 아이들의 모습을 보고 가슴이 아팠습니다. 경제난 속에 부모를 잃은 아이들은 거리에 방치되어 있었고, 추위 속에서 배고픔을 견뎌내고 있었습니다. 지금 이 시각에도 자유와 행복을 위해 목숨을 걸고 국경을 넘는 탈북자들이 있습니다. 또한 전쟁 중 가족과 헤어진 후 아직 생사도 모른 채, 다시 만날 날만 손꼽아 기다리는 수많은 남북 이산가족들 역시 분단의 아픔을 고스란히 보여주고 있습니다.

독일 국민이 베를린 장벽을 무너뜨리고 자유와 번영, 평화를 이루어냈듯이, 이제 한반도에서도 새로운 미래를 열어가기 위해 장벽을 무너뜨려야 합니다."

그러나 북한은 박근혜 대통령의 드레스덴 연설을 거칠게 비난하고 나섰다. 노동당 기관지《노동신문》은 4월 1일 "박근혜는 독일 통일에 대해 '배울 것이 많다'느니, '모범을 따르고 싶다'느니 하며 아양을 떨었다"고 하면서 박근혜 대통령이 연설에서 북한의 경제난과 아이들의 배고픔을 언급한 것을 두고 "동족에 대한 참을 수 없는 우롱이고 모독"이라고 맹비난했다.

박근혜 대통령은 그해 광복절 경축사에도서 현재의 남북관계를 "너무나 위험하고 비정상적"이라고 말했다. 그는 "비정상의 역사를 바로잡고, 통일을 준비하는 일은 더 이상 미룰 수 없는 시대적 소명"이라며 북한이 핵을 포기하고 국제사회의 책임있는 일원으로 나서줄 것을 요청했다. 동시에 그는 새로운 한반도를 만들기 위한 해법도 내놨다. 당장 실천할 수 있는 '작은 통일론'의 기반 위에 환경, 민생, 문화 협력의 '통로'를 열어 소통하고, 이를 토대로 한반도 평화를 실현하자고 했다. 이러한 제안은 자신의 드레스덴 구상을 흡수통일론이라고 비난해온 북한을 설득하고, 새로운 남북 대화의 계기를 만들어내기 위한 포석이었다.

2015년 들어 남북관계의 출발은 좋았다. 박근혜 정부는 2014년 12월 29일 통일준비위원회 명의로 '남북 당국 간 회담'을 제안했고, 박근혜 대통령도 2015년 신년 기자회견에서 '남북 정상회담' 성사 여부에 대한 질문에 대해 "평화통일의 길을 열기 위해 필요하다면 누구라도 만날 수 있다"며 적극적인 대화 의지를 밝혔다. 다만 "비핵화가 해결이 안 되면 평화통일을 이야기할 수 없다"며 북핵 문제는 대화로 풀어나가자는 입장을 밝혔다. 김정은도 신년사에서 "최고위급 회담도 못 할 이유가 없다"고 화답했다. 박근혜 대통령은

3·1절 기념사에서 재차 남북대화를 촉구했다. 그러나 북핵 문제의 진전 없이는 민생, 환경, 문화의 '3대 소통로'를 제외한 남북 간 대화를 하지 않겠다는 입장에는 변함이 없었다.

북한의 군사 도발에 원칙 있는 단호한 대응

그런데 3월 하순 북한은 우리의 통일준비위원회 부위원장의 흡수통일 발언에 신경질적인 반응을 나타냈다. 4월 18일 김정은이 백두산에 올라 '백두산 칼바람 정신'을 강조한 후부터 북한의 대남 강경노선이 본격화되었다. 5월에는 서해상에서 잠수함 발사 탄도미사일(SLBM) 사출(射出) 시험을 실시하며 의도적으로 긴장을 조성했다.

8월 들어 남북관계는 초긴장 대결로 치달았다. 8월 4일, 경기도 파주시 육군 제1사단 수색대원들이 휴전선 철책 통문 근처에서 지뢰를 밟아 부사관 2명이 무릎과 발목을 잃는 부상을 입었다. 8월 10일, 국방부 조사단은 "폭발한 지뢰의 파편이 북한의 목함지뢰와 일치한다"는 결론을 내렸다. 이는 북한군이 군사분계선을 400m나 넘어와 지뢰를 매설했다는 것으로 명백한 도발이었다. 이에 우리 군은 "혹독한 대가를 치르게 하겠다"라는 경고와 함께 대북 심리전 확성기 방송을 재개했다. 2004년 6월 남북 합의에 따라 방송이 중지된 지 11년 만이었다.

8월 15일, 박근혜 대통령은 광복절 경축사를 통해 북한이 "최근에는 DMZ 지뢰 도발로 정전협정과 남북 간 불가침 합의를 정면으로 위반하고, 광복 70주년을 기리는 겨레의 염원을 짓밟았습니다. 정부는 우리 국민의 안위를 위협하는 북한의 어떠한 도발에도 단호히 대응할 것입니다"라고 경고했다. 이틀 후인 8월 17일 을지프리덤가디언(UFG) 한미 합동군사훈련이 시작된 날, 박근혜 대통령은 을지훈련 국무회의에서 북한의 목함지뢰 도발에 대해 "불법적으로 군사분계선을 침범해 우리 장병의 살상을 기도한 명백한 군사 도발"이라고 말하고 "북한의 군사적 위협이 계속 증대되고 있는 상황에서 북한의 도발로부터 국민의 생명과 재산을 보호하기 위해 확고한 안보의식과 강력한 군사 대비 태세를 갖춰야 한다"고 강조했다.

북한의 반격은 8월 15일부터 본격화되었다. 그날 북한 인민군 전선사령부는 '공개 경고장'을 통해 "대북 심리전 방송을 즉시 중지하고 모든 심리전 수단을 모조리 철거하라"고 하면서 "불응하는 경우 모든 대북 심리전 수단들을 초토화해버리겠다"고 위협했다. 8월 20일부터 북한은 군사행동에 들어갔다. 이날 오후 3시 53분 고사포 1발을 발사한 데 이어 오후 4시에는 76.2mm 평곡사포 3발을 발사했다. 우리 군도 즉각 대응사격에 나서 155mm 자주포로 29발을 쐈다. 그날 김정은은 노동당 중앙군사위원회 비상확대회의를 열고 "21일 17시부터 전선 지대에 준전시상태를 선포함"이라는 최고사령관 명령을 하달했고, 총참모부는 "8월 20일 오후 5시부터 48시간 내 대북 심리전 방송을 중지하지 않으면 군사적 행동을 개시할 것"이라는 전화통지문을 보내 위협했다. 이에 대응하여 우리 군은 21일부터 최고 경계태세인 '진돗개 하나'를 발령했고, 한미 연합군도 대북 정보감시태세인 워치콘(WATCHCON)을 상향 조정했으며, 2013년에 서명한 '한미 공동 국지도발 대비계획'을 처음으로 적용하며 북한군 동향을 예의주시하는 등 만일의 사태에 대비했다.

그런데 북한이 갑자기 꼬리를 내렸다. 8월 21일 오후 4시경 김양건(金養建) 노동당 비서 명의의 통지문을 통해 김관진 국가안보실장과의 접촉을 제안했다. 이에 김관진 실장 명의로 보낸 전통문에 김양건뿐만 아니라 북한군을 대표하는 황병서(黃炳瑞) 총정치국장도 참석하라는 내용을 담았다. 결국 22일부터 김관진 국가안보실장과 홍용표(洪容杓) 통일부장관, 그리고 북한의 김양건과 황병서 간 고위급 협상에 들어갔다. 남북은 무려 43시간에 걸친 마라톤 협상 끝에 8월 25일 6개 항목에 합의했다. '8·25합의'로 알려진 이 합의에서 북한은 목함지뢰 사건에 대한 유감 표명과 재발 방지 약속을 했고, 우리 측은 대북 심리전 방송 중단을 약속했다. 그래서 이날 정오부터 북한은 준전시상태를 해제했고, 우리 군은 대북 심리전 방송을 중단했다.

북한이 태도를 바꾼 비밀의 열쇠는 "8월 20일 오후 5시부터 48시간 내 대북 심리전 방송을 중지하지 않으면 군사적 행동을 개시할 것"이라는 총참모부 명의의 전화통지문에 있다. 시한을 정해놓고 강경하게 나서면 우리가 뒤로 물러서리라고 오판했던 것이다. 그러나 박근혜 정부는 단호했고, 한국군과 미군은 연합 방위태세를 과시했던 것이다. 그렇다면 정면대결 상황으로 몰고 가던 북한이 '왜' 갑자기 태도를 바꿔 먼저 대화를 제의했는가? 그건 '김정은의 체면을 살리기 위한' 궁여지책이었다고 할 수 있다.[222]

8·25합의에 대해 박근혜 대통령은 "이번 합의는 우리 정부가 북한의 도발에 단호히 대응한다는 원칙을 일관되게 지켜나가면서 다른 한편으로 대화의 문을 열어놓고 문제 해결을 위해 노력한 결과라고 생각합니다. 이번에 북한이 자신들의 도발 행위에 유감을 표하고 재발 방지를 약속한 것이 앞으로 남북 간에 신뢰로 모든 문제

를 풀어가는 계기가 되기를 바랍니다"라고 말했다. 김정은은 8·25 합의를 "화를 복으로 전환시킨 합의"로 평가하며 "풍성한 결실로 가꾸어가야 한다"고 기대감을 나타냈다. 여론도 8·25합의에 호의적이어서 박근혜 정부의 지지율도 올라갔다.

그러나 8·25합의 이행은 순조롭지 않았다. 이산가족 상봉은 예정대로 10월 하순에 실시되었으나, 뒤이은 차관급 회담은 결렬되고 말았다. 북한이 요구한 금강산 관광 재개에 대한 타협점을 찾지 못했기 때문이다. 이 차관급 회담의 결렬은 남북관계 전반에 대해 시사하는 바가 컸다. 금강산 관광이나 5·24조치 해제 등 남북관계의 전반적인 흐름을 변화시킬 수 있는 큰 틀의 회담이 필요했기 때문이다.

2016년은 박근혜 정부에 최악의 한 해였다. 새해 벽두인 1월 6일 북한은 수소탄(수소폭탄)을 이용한 핵실험에 성공했다고 발표했다. 4차 핵실험이었다. 박근혜 대통령은 이날 국가안전보장회의를 주재하며 "우리는 이러한 상황을 엄중히 인식하고, 강력한 국제적 대북제재 조치 등을 통해 단호히 대처해야 한다"면서 "정부는 국제사회와 긴밀한 협력 하에 북한이 이번 핵실험에 대해 반드시 상응하는 대가를 치르도록 해야 한다"고 말했다.

4차 핵실험이 있은 지 한 달 만인 2월 7일 북한은 광명성호를 발사했다. 광명성호는 대륙간탄도미사일 개발을 위한 우주발사체다. 박근혜 대통령은 북한이 미사일을 발사한 지 1시간 만에 국가안전보장회의를 소집하여 대책을 논의했다. 그는 이 자리에서 북한이 새해 벽두부터 국제사회의 경고를 무시하고 4차 핵실험에 이어 또 다시 장거리 미사일 발사를 감행했다며 이는 "용납할 수 없는 도발

행위"라고 규탄했다. 2월 9일에는 박근혜 대통령이 오바마 대통령과 아베 총리로부터 잇달아 전화를 받고 북한의 4차 핵실험과 장거리 미사일 발사에 대한 대응 방안에 대해 협의했다. 그리고 통일부는 2월 10일 개성공단을 폐쇄한다고 발표했다.

2월 16일 박근혜 대통령은 북한의 4차 핵실험과 장거리 미사일 발사 도발과 관련하여 국회에서 특별연설을 했다. "한국 정부와 국제사회가 북한의 4차 핵실험에 대해 규탄하며 제재를 논의하는 가운데 북한이 또다시 탄도미사일을 발사하고 추가 핵실험과 미사일 발사를 공언하고 있는 것은 극단적인 도발 행위"라고 규탄했다. 그는 "지금부터 정부는 북한 정권이 핵개발로는 생존할 수 없으며 오히려 체제 붕괴를 재촉할 뿐이라는 사실을 뼈저리게 깨닫고 스스로 변화할 수밖에 없는 환경을 만들기 위해 보다 강력하고 실효적인 조치들을 취해나갈 것"이라고 선언했다.

개성공단 폐쇄와 관련해 박근혜 대통령은 "개성공단을 통해 작년에만 1,320억 원이 들어가는 등 지금까지 총 6,160억 원의 현금이 달러로 지급되었다"면서 "우리가 지급한 달러 대부분이 북한 주민들의 생활 향상에 쓰이지 않고 핵과 미사일 개발을 책임지고 있는 노동당 지도부에 전달되고 있는 것으로 파악되고 있다"고 말했다. 그러면서 "(개성공단 폐쇄 조치는) 북한의 핵과 미사일 능력 고도화를 막기 위해서는 북한으로의 외화 유입을 차단해야만 한다는 엄중한 상황 인식에 따른 것이며, 개성공단 중단의 손실은 국가안보를 위한 비용"이라고 설명했다. 또한 "결과적으로 우리가 북한 정권에 핵과 미사일 개발을 사실상 지원하게 되는 이런 상황을 그대로 지속되게 할 수는 없다"며 개성공단 폐쇄의 당위성을 강조했다.

계속해서 박근혜 대통령은 "이번에 정부가 개성공단 가동 중단 결정을 하면서 무엇보다 최우선으로 했던 것은 우리 기업인과 근로자들의 무사귀환이었습니다. 지난 2013년 북한의 일방적인 개성공단 가동 중단 당시, 우리 국민 7명이 한 달 가량 사실상 볼모로 잡혀 있었고, 이들의 안전한 귀환을 위해 피 말리는 노력을 해야만 했습니다. 이와 같은 사태를 미연에 방지하고, 우리 국민들을 최단기간 내에 안전하게 귀환시키기 위해 이번 결정 과정에서 사전에 알릴 수 없었고, 긴급조치가 불가피했습니다"라고 하면서 이를 위해 북한에 대한 강력한 제재가 필요하다고 거듭 강조하고 "개성공단 전면 중단은 앞으로 국제사회와 함께 취해야 할 제반 조치의 시작에 불과합니다"라고 말했다.

이어서 박근혜 대통령은 미국과의 고고도미사일방어체계, 즉 사드(THAAD) 배치 논의와 관련해서는 강력한 대북 억제력을 유지하기 위해 양국의 연합 방위력을 증강시키고 한미동맹의 미사일방어태세 향상을 위한 협의를 진행 중에 있다며 사드 배치 협의 개시도 이런 조치의 일환이라고 밝혔다. 그는 이 과정에서 "동맹국인 미국과의 공조는 물론 한미일 3국 간 협력도 강화해나갈 것이고 중국과 러시아와의 연대도 계속 중시해나갈 것"이라고 말했다. 요컨대 박근혜 대통령의 국회 연설은 북한에 대한 봉쇄정책으로 근본적 변화를 압박한 선언이며, 이로 인해 남북은 정면대결의 길로 치닫게 되었다.

그러나 더불어민주당의 문재인 의원은 개성공단을 폐쇄한 박근혜 정부를 향해 "전쟁하자는 거냐?"며 날선 비판을 가했다. 중국 공산당 국제문제 전문 기관지 《환구시보(環球時報)》는 2월 16일 한반도에 사드를 배치할 경우 중국은 이를 '협박'으로 규정하고 무력을 동원해 대응하겠다고 공언했다. 심지어 《환구시보》는 한국이 독립성을 잃을 수 있다고도 했다. 뒤이어 중국은 한반도와 가까운 동북 지역에 인민해방군을 대폭 강화하겠다는 방침도 밝혔다. 한편 미국은 북한에 압력을 가하기 위해 3월 7일부터 실시된 한미 연합훈련에 역대 최대 규모의 군사력을 참가시켰다.

북한의 4차 핵실험은 박근혜 정부의 외교정책을 파탄냈다. 박근혜 정부는 이명박 정부와 달리 친미외교에서 벗어나 중국과의 관계를 개선함으로써 미국과 중국 사이에 중간적 입장을 취하여 미국과 중국 양국에 중요한 국가가 되는 것이 목표였다. 이러한 외교정책은 한국의 경제력과 한류(韓流)로 대표되는 문화적 역량이 뒷받침되었기에 실현 가능성이 있었다. 또한 잇따른 핵실험과 미사일 발사로 북한의 대외 이미지가 급속도로 나빠진 것도 박근혜 정부의 이러한 외교정책을 펼치는 데 도움이 되었다.

그러나 4차 핵실험 후 북한에 대한 유엔 제재에 대해 중국은 북한 정권을 붕괴시킬 수 있는 제재는 받아들일 수 없다는 기존 입장을 되풀이했다. 이 같은 중국의 태도에 실망한 박근혜 대통령은 사드 배치를 결심했으며, 이로 인해 중국과의 관계가 극도로 악화되었다.

북한의 핵 위협을 방어하기 수단으로 2015년 3월경부터 사드 배치 논의가 시작되었다. 2016년 초 북한의 4차 핵실험 후 한미 간에 사드 배치가 협의되면서 한국에 대한 중국의 견제가 본격화되었다. 2월 5일 시진핑 주석은 박근혜 대통령에게 전화를 걸어 사드 배치의 위험성을 강조하며 배치를 반대했다. 그러나 박근혜 대통령은 사드는 북한을 겨냥한 것이며 중국을 겨냥한 것이 아니라면서 사드 배치를 정당화했다 . 6월 29일 시진핑 주석은 베이징에서 열린 황교안(黃敎安) 국무총리와의 회담에서 "한국은 안보에 대한 중국의 정당한 우려를 중시해야 하며, 사드를 한국에 배치하려는 미국의 시도에 대해 신중하고 적절하게 대응해야 한다"고 말했다.[223] 그럼에도 불구하고 7월 8일 류제승 국방부 국방정책실장과 토머스 밴달(Thomas Vandal) 주한미군사령부 참모장은 한국 국방부에서 사드 1개 포대를 배치한다고 발표했다.[224]

박근혜 대통령과 시진핑 주석은 9월 중국 항저우에서 열린 G20 정상회의에서 회담했다. 이 정상회담에서 박근혜 대통령은 "사드는 북한 핵을 방어하기 위한 것"이라는 점을 거듭 강조했지만, 시진핑 주석은 "한반도 사드 배치는 지역분쟁을 격화시킬 수 있다"며 반대 의사를 재확인했다. 시진핑은 사드 배치를 한국의 미국 미사일방어(MD)체제 편입의 한 과정으로 해석한 것이다. "사드는 오로지 북핵 방어 차원"이라는 우리의 입장을 인정하지 않은 것이다.

중국은 사드 배치에 협조한 한국 기업에 보복을 가하기 시작했고, 12월 16일에는 항공모함 랴오닝함과 수십 척의 해군 함정이 서해에서 사상 최초로 실탄 사격훈련을 하는 등 무력시위를 했고, 동시에 중국 외교부 대변인은 "소국(小國)이 대국(大國)에 대항해서 되겠냐. 너희 정부가 사드 배치를 하면 단교 수준으로 엄청난 고통을 주겠다"고 압박했다.[225] 2월 28일에는 중국은 "모든 필요한 조치를 취해 한국을 징벌할 수밖에 없고, 한국은 이번 처벌을 피할 수 있을 것이라고 상상도 하지 말라"고 했고,[226] 3월 1일에는 사드가 배치될 성주 골프장은 중국군의 타격 목표가 될 것이라고 위협했다.[227]

박근혜 대통령은 중국과의 관계 발전에 노력했지만, 결과는 미미했고 오히려 미국 및 일본과의 관계를 소원하게 만들었다. 그래서 '친중외교'라는 비판도 받았다. 박근혜 대통령은 북한 문제 해결을 위해 중국 전승절에 참석하는 등 중국과의 협력에 적극적이었으나, 북한의 계속된 핵실험과 미사일 발사, 그리고 사드 도입에 대한 중국 반발로 한중 협력을 강화하려 한 노력은 물거품이 되고 말았다.

박근혜 대통령은 시진핑과의 친분관계를 기대했던 것으로 보인다. 그러나 중국 지도자는 공산당이 설정한 정책노선을 벗어나지 않는다. 더구나 한국과 중국은 체제가 상이하고 국가이익이 상충되는 것이 적지 않기 때문에 지도자 간의 친분이 이를 뛰어넘을 수 없었던 것이다.

*****

박근혜 대통령이 탄핵으로 물러난 뒤 문재인 정권의 적폐청산 드라이브로 박근혜 정부의 노력이 전반적으로 부정적으로 평가되었지만, 국가안보 측면에서 박근혜 대통령의 노력은 긍정적으로 평가될 수 있는 여지가 크다. 특히 문재인 정권은 박근혜 정부의 대북 강경정책으로 남북관계가 후퇴했다고 주장했지만, 남북관계 경색의 책임은 북한에 있었다.

박근혜 대통령으로서는 북한의 계속된 핵실험 등 도발에 강력 대응할 수밖에 없었다. 3차 핵실험 대응 차원에서 전면전 대비태세를 강화(2013년 12월 12일)했고, 조건에 기초한 작전통제권 전환(2014년 10월 23일)으로 동맹관계를 안정시켰다. 동시에 사병 복무기간 단축 공약도 파기했다. 한민구 국방부장관은 아세안 확대국방장관 회의(2015년 11월 5일)에서 남중국해 항행의 자유와 관련해 미국의 입장을 지지함으로써 한미 안보협력을 강화했다. 또한 박근혜 정부는 일본과의 위안부 협상(2015년 12월 28일)을 타결함으로써 한미일 공조를 활성화했다. 북한의 4차 핵실험(2016년 1월 6일)에 대응하여 개성공단을 폐쇄(2016년 2월 11일)했으며, 그해 7월 8일 한국과 미국은 사드 배치를 공식화했다. 북한의 5차 핵실험(2016년 9월 9일) 이후 국방부는 한일 군사정보보호협정(2016년 11월 23일)을 체결했다.

제10장

◆

평화 추구로 안보태세를 악화시킨 문재인 대통령

◆

나는 가장 좋은 전쟁보다 가장 나쁜 평화에 가치를 더 부여한다.

- 문재인 -

(한미 군사훈련이) 필요하면 남북군사위원회를 통해 북한과 협의할 수 있다.

- 문재인 -

중국은 산봉우리, 우리는 작은 나라, 중국몽 함께하겠다.

- 문재인 -

◆

2016년과 2017년은 어느 때보다 북한이 핵무기와 미사일 능력의 고도화에 박차를 가하고 있었다. 이 기간 중 북한은 핵실험을 세 번 실시하고, 대륙간탄도미사일(ICBM), 잠수함발사탄도미사일(SLBM) 등 미사일 성능 완성에 광분했다. 안보전문가들은 당시 한반도 정세를 6·25전쟁 이후 가장 심각한 전쟁 위기로 인식했다. 이러한 시기에 취임한 문재인(文在寅) 대통령이 한반도 위기를 해소하기 위해 한 노력은 의미 있는 일이었다.

그렇지만 대북정책은 서두를 것이 아니라 북한의 의도와 위협의 실태를 냉철히 분석하고 치밀한 대응책으로 접근했어야 했다. 북한의 핵보유 의지가 분명했음에도 문재인 정부가 김대중·노무현 정부의 햇볕정책을 적극적으로 추진하겠다고 한 것은 잘못된 판단이었다. 우리의 안보 상황이 2000년대 초 김대중 정부 때에 비해 심각하다고 할 정도로 악화되었기 때문에 책임감 있는 대통령이라면 현실적인 대북정책과 안보전략을 내놓았어야 했다.

다행히 문재인 대통령은 국가안보실 직제를 개편하여 대통령비서실에 흩어져 있던 외교안보 관련 비서관과 국가안보 관련 기능들을 모두 국가안보실로 통합하고 기능과 인원도 확대하여 정원이 두 배로 커졌다. 그러나 정의용(鄭義溶) 국가안보실장과 김현종(金鉉宗) 2차장은 통상 전문가 출신이었고, 강경화(康京和) 외교부장관 역시 외교안보와는 거리가 있었다. 한마디로 말해, 외교안보팀은 안보 문제에는 문외한들이었다. 더구나 문재인 정부의 안보 부문 인사도 진보성향의 인사들을 우대하는 코드(code) 인사였고, 그 결과는 코드 정책으로 귀결되었다.

"한반도 평화정착을 위해 모든 일을 다 하겠다"

2017년 5월 10일 취임한 문재인 대통령은 취임사에서 "한반도의 평화를 위해 동분서주하겠습니다. 필요하면 곧바로 워싱턴으로 날아가겠습니다. 베이징과 도쿄에도 가고 여건이 조성되면 평양에도 가겠습니다. 한반도의 평화정착을 위해서라면 제가 할 수 있는 모든 일을 다 하겠습니다"라고 말했다.

이처럼 문재인 대통령은 평화만을 노래하고 있었지만, 그가 취임한 지 4일 뒤 북한은 낙하 속도 마하(Mach: 마하 1은 음속과 같은 속도) 15~24로 추정되는 신형 중거리 탄도미사일(IRBM)을 발사했다. 마하 7 이상이면 한국형 미사일방어체계는 무용지물이 되고, 마하 14까지만 요격할 수 있는 사드로도 격추시킬 수 없다. 북한은 5월 21일에도 중거리 탄도미사일을 동해상으로 발사했고, 5월 27일에는 신형 지대공 요격미사일, 6월 7일에는 신형 지대함 미사일을 발사했다.

그럼에도 불구하고 문재인 대통령은 6월 15일 6·15남북공동선언 기념식 축사에서 "북한이 핵과 미사일의 추가 도발을 중단한다면 북한과 조건 없이 대화에 나설 수 있음을 분명히 밝힌다"고 말했고,[228] 6월 20일에는 "올해 안에 대화할 수 있는 분위기가 조성되기를 희망한다"고 했고, 6월 25일에는 "내년 2월 평창 동계올림픽에 남북 단일팀을 구성하자"고 제안했다.

문재인 대통령의 계속된 대화 제의에 대해 김정은은 여전히 미사일 도발로 응수했다. 7월 4일, 북한은 미국 서부까지 타격이 가능할 것으로 추정되는 '화성-14형' 대륙간탄도미사일을 발사했다. 이날 북한은 "핵무력 완성의 최종 관문인 대륙간탄도로켓 발사에 단번에 성공해 세계 어느 지역도 타격할 수 있는 당당한 핵 강국으로서 미국의 핵전쟁 위협 공갈을 근원적으로 종식시킬 수 있게 되었다"고 선언했다.

일본《아사히신문(朝日新聞)》보도에 따르면, 같은 날 김정은은 북한 재외공관에 긴급 지령문을 보내 "미국에 심리적 압력을 가해 '북한의 핵개발 포기는 불가능하다'고 판단하게 한 뒤 평화협정 체결을 실현하라"고 지시했다는 것이다. 그는 또 "문재인 정권이 계속되는 기간이 우리에게 절호의 기회다. 호전 세력이 소란을 피우기 전에 통일 과업을 반드시 실현해야 한다"고 했다는 것이다.[229]

7월 6일, 문재인 대통령은 G20 정상회의 참석차 독일 방문 시 쾨르베르재단 초청 연설에서 "한반도 평화와 남북협력을 위한 남북 간 대화가 필요하다"며, "언제 어디서든 북한의 김정은 위원장과 만날 용의가 있다. … 북한 체제의 안전을 보장하는 한반도 비핵화를 추구하겠다. … 항구적인 평화체제를 구축해나가겠다. … 완전한 비핵화와 함께 평화협정 체결을 추진하겠다"는 요지의 '베를린 구상'을 밝혔다. 뒤이어 문재인 대통령은 자신의 구상을 실현하기 위한 구체적 방안으로 이산가족 상봉, 평창 동계올림픽 북한 참가, 군사분계선 적대행위 중단을 협의하기 위한 군사당국회담, 남북 정상회담 등 4대 제안을 했다. 그가 밝힌 베를린 구상은 '한반도 평화 프로세스'로 알려지고 있으며, 그의 대북정책 기조가 되었다.

2016년 9월 북한이 5차 핵실험을 통해 핵탄두 경량화에 성공하고 미국 본토까지 도달할 수 있는 대륙간탄도미사일 개발에 성공하면서 미국은 이를 심각한 위협으로 판단했다. 2017년 8월 5일, 맥매스터(Herbert R. McMaster) 백악관 안보보좌관은 MSNBC방송 인터뷰에서 "북한에 대한 예방전쟁이 가능하다"고 했다. 8월 8일《워싱턴 포스트(Washington Post)》신문은 국방정보국(DIA)의 2017년 기밀보고서에서 "북한이 대륙간탄도미사일에 탑재할 수 있는 핵탄두 소형화에 성공한 것으로 추정하고 있다"고 보도했다. 이에 트럼프(Donald Trump) 대통령은 같은 날 북한을 향해 "지금껏 보지 못한 '화염과 분노(fire and fury)'에 직면하게 될 것"이라 경고했다.

그럼에도 불구하고 북한은 9월 3일 6차 핵실험을 단행하는 등 위협을 계속했다. 트럼프 대통령은 9월 19일 유엔 연설에서 북한을 '불량정권'이자 '악(惡)'으로 규정하고 "미국과 동맹을 방어해야 하는 상황이라면 북한을 완전히 파괴하는 것 외에 다른 선택이 없다"는 초강경 입장을 밝혔다. 이 무렵 미국은 로널드 레이건함을 비롯한 핵추진 항공모함 3개 전단을 한반도 해역에 보내 훈련했다.[230]

그러나 문재인 대통령은 같은 날 유엔 연설에서 '평화'를 30회나 언급하며 "북한 붕괴를 원치 않는다"고 했다. 그럼에도 불구하고 북한은 11월 29일 대륙간탄도미사일인 신형 화성-15형 시험 발사 후 '국가 핵무력 완성'을 선언했다.

평창 동계올림픽을 계기로 불기 시작한 평화의 봄바람

계속된 김정은의 핵 · 미사일 도발 탓에 전쟁 직전까지 갔던 한반도 정세는 2017년 말부터 분위기가 급반전되기 시작했다. 트럼프 행정부는 북한을 압박하면서도 대화의 문도 열어놓고 있었다. 트럼프는 대통령 선거운동 당시 김정은과 테이블에 앉아 햄버거를 먹을 수 있다고 했고, 취임한 후에는 김정은과 전화통화를 할 수 있다고도 했다. 문재인 정부가 한반도 운전자론을 강조했지만, 사실은 2017년 후반부에 미국과 북한 정보 라인 간 접촉이 계속되고 있었다. 그런 가운데 2017년 12월 12일, 렉스 틸러슨(Rex Tillerson) 미국무장관은 "우리는 북한이 대화하고 싶을 때 언제든 대화할 준비가 되어 있다"고 했으며, 이에 대해 북한도 "조건이 갖춰지면 대화가 가능할 것"이라고 화답했다.

북한이 이 같은 반응을 보인 건 2016년과 2017년 당시 유엔 안보리가 채택한 네 차례의 대북제재 때문이다. 2017년 11월 29일 북한의 '화성-15호' 발사 이후에 이루어진 '대북제재 결의 2397호'는 북한의 유류 수입 제한 강화, 해외 파견 북한 노동자 24개월 이내 송환, 북한의 식품 · 농산물 · 기계류 · 전자기기 · 목재류 · 선박 수출 금지, 해상 차단 강화 등, 김정은 정권의 숨통을 누를 정도였다.

대북제재로 인해 정권을 떠받치는 토대인 '달러'가 고갈 위기에 직면하여 김정은은 못 이기는 척하며 대화 국면으로 전환했다.[231]

그런 가운데 2018년 1월 1일, 김정은은 신년사를 통해 "평창 올림픽의 성공적('성과적') 개최를 희망하고 대표단 파견을 포함하여 필요한 조치를 취할 용의가 있으며 이를 위해 북남 당국이 시급히 만날 수도 있다"고 했다.

2018년 1월 2일, 문재인 대통령은 국무회의를 주재한 자리에서 "북한 김정은 노동당 위원장이 신년사에서 북한 대표단의 평창 동계올림픽 파견과 당국 회담 뜻을 밝힌 것은 우리 제의에 호응한 것으로 평가하며 환영한다"고 말하고, "남북 대화를 신속히 복원하고 북한 대표단의 평창 동계올림픽 참가를 실현할 수 있도록 후속 방안을 조속히 마련하라"고 지시했다. 이에 따라 그날 오후 조명균(趙明均) 통일부장관은 북한의 올림픽 참가 문제 등을 협의하기 위한 회담을 1월 9일에 개최할 것을 북측에 제안했다. 북한은 기다렸다는 듯이 회담 제의를 받아들였다. 1월 9일 판문점에서 열린 남북 고위급회담에서 북측은 고위급 대표단이 포함된 선수단을 평창 동계올림픽에 파견하겠다고 했다.

김정은은 2월 9일 북한 정권의 명목상 수반인 김영남과 자신의 여동생 김여정, 현송월을 포함한 삼지연 관현악단 등 고위급 대표단과 선수단을 평창 동계올림픽에 보냈다. 당시 청와대를 방문한 김여정은 문재인 대통령에게 김정은의 방북 요청 메시지를 전달했다.

평창 동계올림픽 폐막 후인 3월 5일, 문재인 대통령은 비핵화에 관한 북한의 '진의'를 파악하겠다며 정의용(鄭義溶) 국가안보실장 등 특사단을 평양에 보냈다. 다음 날, 서울에 돌아온 정의용은 김정은과의 면담 결과를 보고하면서 '문재인 대통령과 김정은 위원장 간의 정상회담 성사'를 알렸다. 그는 김정은이 "가능한 한 조기에 트럼프 미국 대통령과도 만나고 싶어 한다"고 전했다. 정의용은 또한 김정은 위원장이 "체제 안전이 보장되면 핵을 보유할 이유가 없다"는 점을 '명백히' 했다고 말했다. 김정은이 비핵화는 '선대의 유훈'이라고 분명히 밝힌 점에 주목해달라고도 했다.

문재인 대통령은 특사단의 방북 결과를 미국에 설명하도록 했다. 3월 8일, 정의용 안보실장, 서훈(徐薰) 국정원장 등은 문재인 대통령의 특사로 백악관을 방문했다. 정의용은 맥매스터 안보보좌관에게 김정은과의 회담 결과를 설명하던 중 트럼프 대통령이 당장 만나겠다고 하여 트럼프 대통령을 만났다. 정의용은 트럼프 대통령에게 김정은의 한반도 비핵화 의지, 북한의 추가적인 핵 · 미사일 실험 보류, 한미 연합훈련 지속 가능, 트럼프 대통령과 정상회담 의향 등 네 가지 사안을 약속했다고 설명했다. 이에 트럼프 대통령은 "김 위원장을 만나겠다"며 정의용 안보실장에게 언론에 직접 브리핑하도록 요청했다.

밥 우드워드(Bob Woodward)는 자신의 저서 『공포(Fear)』에서 "정 실장은 어두워진 이후에 미국 관리는 한 명도 배석하지 않은 채 두 명의 다른 한국 고위 관리들과 함께 웨스트 윙(West Wing) 밖에서 TV카메라 앞에 섰고 [김정은이 약속한] 네 가지 사항을 밝히면서 [트럼프 대통령이] 김 위원장의 만남 요청에 동의한다고 발표했다"고 썼다. 우드워드는 정의용 안보실장의 브리핑에 대해 "이 발표는 '빅 뉴스'였다"면서 "어떤 현직 미국 대통령도 그때까지 북한의 지도자를 만난 적 없었다"고 의미를 부여했다.[232]

이렇게 형성된 대화 분위기는 4월 27일 판문점 남북 정상회담으로 이어졌다. 이 자리에서 문재인 대통령은 "김정은 위원장과 나는 평화를 바라는 8,000만 겨레의 염원으로 역사적 만남을 갖고 귀중한 합의를 이뤘습니다. 한반도에 더 이상 전쟁이 없을 것이며 새로운 한반도 평화의 시대가 열리고 있음을 함께 선언하였습니다"라고 말했다. 이 회담에서 남북 정상은 판문점 선언을 채택했다. 판문점 평화의 집에서 남북 정상이 채택한 판문점 선언에 따라 ① 개성에 남북공동연락사무소를 설치하고, ② 동해선 및 경의선 철도와 도로를 연결하며, ③ 일체의 적대행위를 전면 중지하고, ④ 서해 북방한계선(NLL) 일대를 평화수역으로 설정하며, ⑤ 항구적인 한반도 평화체제를 구축하기로 하고, 이를 위해 2018년 안에 종전선언을 하고 정전협정을 평화협정으로 전환하기 위해 노력하며, ⑥ 단계적 군축을 실시하기로 했다.

그로부터 5개월 후인 9월 19일 문재인 대통령은 평양으로 가서 2차 정상회담을 통해 평양공동선언을 발표했다. 두 정상은 "한반도를 핵무기와 핵위협이 없는 평화의 터전으로 만들어나가야 한다는 데 인식을 같이했다"고 말하고 남북군사합의, 경제협력, 이산가족 상봉 등에 관한 것도 합의했다고 했다. 비핵화와 관련해 김정은은 동창리 미사일 발사대 폐기와 미국의 '상응 조치' 이후 영변 핵시설 폐기를 약속했다. 당시 문재인 대통령은 평양 능라도경기장에 운집한 15만 군중 앞에서 연설했으며, 부인을 동반하고 김정은 내외와 함께 백두산 정상에 오르기도 했다.

평양에서 돌아온 문재인 대통령은 9월 하순 유엔 총회 참석차 뉴욕을 찾았다. 그는 유엔 총회 기조연설 대부분을 북한과 김정은에 대한 국제사회의 지지를 호소하는 데 할애했다. 다음은 문재인 대통령의 발언이다.

"김 위원장은 가능한 한 빠른 시기에 비핵화를 끝내고 경제발전에 집중하고 싶다는 희망을 밝혔습니다. … 또한 비핵화의 조속한 진전을 위해 우선 동창리 엔진 시험장과 미사일 발사대를 국제적 참관 하에 영구적으로 폐기할 것을 확약했습니다. 나아가서 북미정상회담의 합의정신에 따라 미국이 상응하는 조치를 취한다면 영변 핵시설의 영구 폐기를 포함한 추가적 비핵화 조치를 계속 취할 용의가 있다고 분명하게 밝혔습니다. … 이제 국제사회가 북한의 새로운 선택과 노력에 화답할 차례입니다. … 나는 국제사회가 길을 열어준다면, 북한이 평화와 번영을 향한 발걸음을 멈추지 않으리라 확신합니다."

사흘 뒤 문재인 대통령은 미국외교협회(CFR) 연설에서 "김정은은 젊고, 매우 솔직하며, 공손하고, 웃어른을 공경한다"고 하면서 "나는 김정은이 진실되고 경제개발을 위해 핵무기를 포기할 것으로 믿는다"고 말했다. 이처럼 김정은 옹호성 발언을 계속하는 문재인 대통령을 두고 9월 26일 블룸버그(Bloomberg) 통신은 "문재인 대통령이 유엔에서 김정은의 수석 대변인(top spokesman)이 되었다"는 제목의 기사를 보도했다.[233]

트럼프·김정은 회담, 시작은 거창했지만 결국은 파탄

미북 정상회담이 합의되고 나서도 회담 개최는 순탄치 않았다. 5월 13일, 존 볼턴(John Bolton) 백악관 국가안보보좌관이 '북한 비핵화 방식'으로 북한의 모든 핵무기를 폐기해 미국에 가져다두는 '리비아식 핵 폐기'를 공식화했다. 이에 대한 대가로 김정은 체제를 보장하는 동시에 북한의 전력망과 도로 등 인프라와 농업 발전을 지원하는 '북한판 마셜 플랜'도 제시했다.

이에 대해 북한은 발끈하고 나섰다. 5월 16일, 북한 외무성 부상 김계관은 '완전하고 검증 가능하며 되돌릴 수 없는 비핵화'를 거부하며 트럼프와의 회담을 취소할 수 있다고 했다. 김계관은 김정은이 말한 '비핵화'의 '진의'도 드러냈다. 그는 "우리는 이미 조선반도 비핵화 용의를 표명하였고 이를 위해 미국의 대(對)조선 적대시 정책과 핵위협 공갈을 끝장내는 것이 그 선결조건으로 된다는 데 대하여 수차에 걸쳐 천명했다"고 했다. 결국 5월 24일 트럼프는 김정은과의 회담을 취소했다.

트럼프가 초강수로 나오자 김정은은 문재인 대통령에게 '구원'을 요청했다. 5월 26일, 문재인 대통령은 판문점에서 김정은과 회동하고 돌아와서 "김 위원장은 다시 한 번 완전한 비핵화 의지를 분명히 했다"고 밝혔다. 문재인 대통령은 이처럼 진위가 불분명한 김정은의 '완전한 비핵화 의지'를 여러 차례에 걸쳐 '보증'했고, 트럼프는 '문재인 중재자'의 말을 믿고 김정은과의 정상회담을 확정했다.

2018년 6월 12일, 싱가포르에서 트럼프 대통령과 김정은 위원장 간 정상회담이 열렸다. 이 자리에서 두 정상은 새로운 미북 관계 개선, 한반도 평화체계 구축, '완전한 한반도 비핵화'를 위한 북한의 노력 등에 합의했다. 그러나 합의된 내용은 '비핵화'의 정의, 북한이 요구하는 '체제 보장'의 방법 등 구체적인 내용을 전혀 담지 못한, 오히려 과거 미국과 북한 사이의 합의안보다 퇴보한 것이었다. 그럼에도 불구하고 문재인 대통령은 "6월 12일 센토사 합의는 지구상의 마지막 냉전을 해체한 세계사적 사건으로 기록될 것이다. 미국과 남북한이 함께 거둔 위대한 승리이고 평화를 염원하는 세계인들의 진보"라고 격찬했다.[234]

싱가포르 미북 공동성명의 제3항인 "한반도의 완전한 비핵화를 위해 노력한다"는 조항에 대해 북한이 '북한의 비핵화'가 아닌 '한반도의 비핵화'로 해석하면서 미북 간에 논란이 일어났다. 북한 관영 '조선중앙통신'은 2018년 12월 논평을 통해 '조선반도 비핵화'의 정의를 미국이 북한 비핵화로만 받아들이는 것은 잘못되었다고 주장했다. 그러면서 '한반도 비핵화'는 한반도에 대한 미국의 핵 위협을 완전히 제거하는 것이 제대로 된 정의라고 덧붙였다. 그래서 미국과 북한 간의 비핵화 협상은 교착상태를 벗어나지 못했다.

결국 문재인 대통령이 다시 한 번 중재에 나선 가운데 트럼프 대통령과 김정은 위원장은 2019년 2월 28일 하노이에서 2차 회담을 가졌다. 정상회담이 시작되자, 트럼프 대통령은 5개의 핵시설 폐쇄를 요구했고, 김정은 위원장은 영변 핵시설 하나만을 포기하겠다고 하면서 "이 시설이 가장 큰 것(But it is our biggest)"이라고 하자, 트럼프 대통령은 "맞지만, 또한 가장 오래된 것(Yeah, it's also the oldest)"이라며 거부하여 회담은 결렬되었다.[235]

그동안 미국과 북한 간에 중재자 역할을 자임해온 문재인 대통령이 김정은의 비핵화 의지가 확고하다고 거듭 주장해왔기 때문에 하노이 회담 결렬에 대한 책임이 결코 작지 않았다. 사실 문재인 정부는 북한의 농축 우라늄 프로그램을 제대로 파악하지 못했기 때문에 영변 핵시설이 북한 핵 자산의 80% 정도 되는 것으로 과대평가했다. 쓸모없는 영변 핵시설을 버리면 비핵화가 시작도 되기 전에 유엔의 핵심 제재들이 해제되고 남북경협도 재개되리라고 기대했던 김정은은 문재인 대통령의 중재 역할에 크게 실망했다.

문재인 대통령은 트럼프와 김정은 간 협상 재개를 중재하기 위해 또다시 워싱턴으로 갔다. 4월 11일, 백악관에서 열린 회담에서 문재인 대통령은 북한의 '영변 핵시설 폐기'와 미국의 '부분적인 제재 완화'를 맞바꾸는 '스몰 딜(small deal)' 또는 '굿 이너프 딜(good-enough deal: 적당히 괜찮은 거래)'을 제안했다. 그러나 트럼프는 "지금 우리는 핵무기를 없애는 빅딜을 논의할 것"이라며 거부했다. 한미 정상회담에서 실망스러운 결과가 나오자, 김정은은 분노했다. 다음 날 북한 최고인민회의 연설에서 김정은은 문재인 대통령을 향해 "오지랖 넓은 '중재자', '촉진자' 행세를 할 게 아니라 제정신을 가지고 할 소리는 당당히 하면서 민족의 이익을 옹호하는 당사자가 되어야 한다"고 비난했다. 8월 15일, 문재인 대통령이 광복절 경축사에서 남북 경제협력을 위한 '평화경제' 구상을 발표했지만, 바로 다음 날 북한은 조평통(조국평화통일위원회)을 통해 "평화경제? '삶은 소대가리'도 웃을 일"이라고 비난하고 단거리 탄도미사일 2발을 발사했다.

북한은 5월부터 무력시위를 본격화했다. 5월 4일에는 신형 단거리 탄도미사일(KN-23) 2발과 300mm 신형 방사포를 발사했고, 5

월 9일에도 단거리 탄도미사일을 발사하는 등 연말까지 모두 14차례에 걸쳐 미사일을 발사했다. 북한의 미사일 발사는 '탄도미사일 기술을 이용한 모든 발사'를 금지한 유엔 안보리 결의와 "남과 북은 지상·해상·공중 등 모든 공간에서 상대방에 대한 일체의 적대행위를 중지한다"는 남북 '9·19군사합의'를 위반한 것이었다.

다음 해 6월 4일 김여정은《노동신문》에 실린 담화를 통해 대북 전단 살포를 비난하며 경고했다. 그는 남조선 정부가 "응분의 조처를 따라 세우지 못한다면 금강산 관광 폐지에 이어 쓸모없이 버림받고 있는 개성 공업지구의 완전 철거가 될지, 시끄럽기밖에 더하지 않은 북남공동연락사무소 폐쇄가 될지, 있으나 마나 한 북남 군사합의 파기가 될지 단단히 각오를 해둬야 할 것"이라고 협박했다. 이에 통일부는 긴급 브리핑을 통해 '전단 살포 법안'을 준비 중이라고 밝혔고, 청와대는 "대북 전단은 백해무익한 행위"라고 했다. 그러나 북한이 남북 통신연락선을 폐쇄하는 등 압박을 계속하자, 통일부는 전단 살포를 했던 탈북자 단체를 고발하고 설립 허가를 취소했다.

6월 13일 북한은 남북공동연락사무소가 폭파될 것이라고 예고했고, 사흘 후에는 실제로 폭파했다. 문재인 정권이 한반도 평화시대를 열었다고 자찬한 판문점 선언의 상징이던 남북공동연락사무소가 사라진 것이다. 남북공동연락사무소를 폭파한 다음 날 김여정은 "철면피한 감언이설을 듣자니 역스럽다"는 제목의 담화에서 문재인 대통령을 향해 "항상 연단 앞에만 나서면 어린애같이 천진하고 희망에 부푼 꿈같은 소리만 토사하고 온갖 잘난 척, 정의로운 척, 원칙적인 척하며 평화의 사도처럼 채신머리 역겹게 하고 돌아간다"고

독설을 퍼부었다. 또한 조선중앙통신은 17일 "파렴치의 극치"라는 논평에서 "잊혀져가던 서울 불바다설이 다시 떠오를 수도 있고 그보다 더 끔찍한 위협이 가해질 수도 있겠는데, (남측이) 뒤(뒷)감당을 할 준비는 되어 있어야 하리라 본다"고 했다. 북한은 판문점 선언 및 평양공동선언 미이행과 하노이 회담 실패에 대한 분노를 남국공동연락사무소 폭파를 통해 표출하면서 문재인 대통령의 '운전자론'이나 '북미관계 견인론'에 쐐기를 박았다.

그럼에도 불구하고 김정은에 대한 문재인 대통령의 '구애'는 계속되었다. 대표적인 예가 귀순한 북한 어민 강제 북송이다. 문재인 정부는 2019년 11월 5일 북측에 어민 강제 북송을 통보하고, 2시간 후에는 김정은을 한·아세안 특별정상회의에 초대하는 친서를 보냈다. '김정은 초청장'에 '어민 북송문'을 동봉한 격이다. 이 같은 비밀초청 공작은 2주 뒤인 11월 21일 북한이 일방적으로 공개하며 드러났다. 북한 조선중앙통신은 "11월 5일 남조선의 문재인 대통령은 조선민주주의인민공화국 국무위원회 위원장께서 이번 특별수뇌자회의에 참석해주실 것을 간절히 초청하는 친서를 정중히 보내왔다"고 보도했던 것이다.

대북전단 살포를 금지하는 남북관계발전법 개정안은 12월 14일 더불어민주당이 국민의힘의 필리버스터(무제한 토론)를 표결로 강제 종결시키고 일방적으로 통과시켰다. 북한 체제의 변화는 외부 정보가 유입되어야 가능한 것인데 문재인 정권이 대북전단 방지법을 제정하자, 이에 대해 북한 인민들을 정보의 감옥에 갇히게 만드는 '김여정 하명법'이라는 비아냥이 쏟아졌다.

종전선언을 통해 한반도 평화체제 구축 시도

문재인 대통령은 취임사를 통해 "한반도 평화정착을 위해 모든 일을 다 하겠다"고 선언 한 바 있다. 그는 그중에서도 종전선언을 우선적 과제로 여겼던 것 같다. 2018년 4월 27일 판문점에서 열린 남북 정상회담에서 문재인 대통령과 김정일 위원장은 "항구적인 한반도 평화체제를 구축하기로 하고, 이를 위해 2018년 안에 종전선언을 하고 정전협정을 평화협정으로 전환하기 위해 노력"하기로 했다.

《워싱턴 포스트》 부편집장 밥 우드워드의 2020년 저서 『분노(Rage)』에 의하면, 2018년 7월 말 김정은은 트럼프 대통령에게 편지를 보내 1953년의 정전협정은 단지 적대행위를 중단한 것이므로 한국전쟁을 공식적으로 끝내기를 원한다고 하면서 종전선언을 해야 한다고 요구했다는 것이다.[236] 북한은 종전선언을 통해 주한미군 철수를 노린 것이다.

9월 19일 평양 2차 남북 정상회담에서도 남북 정상은 종전선언을 비롯한 판문점 선언의 실천을 다짐했다. 평양에서 돌아온 다음 날 열린 기자회견에서 종전선언이 미칠 영향에 대한 질문을 받은 문재인 대통령은 "종전선언은 '정치적 선언'에 불과하고 유엔군사령부와 주한미군의 지위에 어떠한 영향도 미치지 않는다"고 말했다. 그리고 유엔 총회 연설차 미국으로 달려간 문재인 대통령은 9월 25일 폭스 뉴스(Fox News)와의 인터뷰에서 "종전선언은 정치적 선언이기 때문에 언제든지 취소할 수 있다"며 "설령 (대북) 제재를 완화해도 북한이 (비핵화) 약속을 어길 경우 제재를 다시 강화하면 그만"이라고 했다.

문재인 대통령은 2021년까지 유엔에서 모두 네 차례에 걸쳐 종전선언의 필요성을 강조했다. 특히 2021년 9월 유엔 연설에서 문재인 대통령은 종전선언의 필요성을 다음과 같이 말했다. "종전선언이야말로 한반도에서 '화해와 협력'의 새로운 질서를 만드는 중요한 출발점이 될 것입니다. 나는 오늘 한반도 '종전선언'을 위해 국제사회가 힘을 모아주실 것을 다시 한 번 촉구하며, 남북미 3자 또는 남북미중 4자가 모여 한반도에서의 전쟁이 종료되었음을 함께 선언하길 제안합니다. 한국전쟁 당사국들이 모여 '종전선언'을 이뤄낼 때, 비핵화의 불가역적 진전과 함께 완전한 평화가 시작될 수 있다고 믿습니다."[237]

그런데 종전선언은 문재인 대통령의 말처럼 언제든 번복할 수 있는 사안이 아니다. 종전선언은 한반도 정세에 예측할 수 없는 변화를 초래할 수 있다. 무엇보다도 종전선언을 하면, 북한이 주한미군 철수를 주장하는 논리로 악용될 수 있고, 또한 유엔군사령부의 설립 근거도 사라진다. 또한 유엔군사령부가 해체되면 주일 유엔사 후방기지 역시 90일 이내에 철수해야 한다. 빅터 차(Victor Cha) 국제전략문제연구소(CSIS) 한국석좌는 "종전을 선언하면 왜 아직도 미군이 한국에 주둔하느냐는 문제가 당장 불거질 수 있고, 북한은 물론 중국과 러시아에도 주한미군 철수 주장이 난무할 것이고, 미국인들 사이에서도 주한미군 철수 주장이 나올 수 있다"고 우려했다.[238] 북한 요구대로 주한미군까지 철수하고, 북한이 속전속결로 밀고 내려온다면 어떻게 될지 끔찍한 일이다. 미군 지원전력이 한반도에 도착하기도 전에 속수무책으로 무너질 수도 있다.

유엔군사령부가 해체되면 북한이 남침한다고 해도 국제사회가 과거처럼 개입하기 어렵다. 북한의 남침 규탄과 대북제재, 유엔군 파병에 관한 결의안은 유엔 안보리 상임이사국 중에서 북한을 감싸고 있는 중국과 러시아 중 한 나라만 반대해도 무산될 수밖에 없기 때문이다. 종전이 선언되면 대북제재도 해제되어야 한다는 주장이 빗발칠 것이다. 북한의 비핵화 이전에 대북제재를 해제하거나 완화한다면, 차후 북한이 고강도 핵·미사일 도발을 하지 않는 한 대북제재를 재개하기 어렵게 된다.

종전선언이 한반도 평화정착에 기여하기 위해서는 북한의 공세적인 군사노선부터 변해야 한다. 버웰 벨(Burwell Bell) 전 한미연합사령관은 '미국의 소리(VOA)' 방송에 보낸 성명에서 종전선언이라는 개념은 북한군의 공격적 전진 배치 태세가 중단되어야 적용될 수 있다고 했다. 그는 "북한 지상군 병력의 70% 이상이 비무장지대에 근접해 있는 데다 서울을 직접적으로 위협하는 대포와 미사일의 전진 배치는 심각한 상시 위협에 해당하는 만큼 종전선언은 단순한 정치적 선언으로 볼 수 없고, 북한군의 태세 변화가 요구되는 조건으로 봐야 한다"고 말했다.

과연 북한에 비핵화 의향이 있었는가?

북한 비핵화 협상은 진전이 없는 가운데 북한의 핵능력은 고도화되었다. 왜 이런 결과가 초래되었을까? 문재인 정권이 북한과 화해·협력하면 북한이 핵을 포기하고 개혁·개방을 하여 평화가 정착될 수 있다는 희망적 사고에 빠져 있었기 때문이다. '북한 비핵화'란 북한의 과거 · 현재 · 미래의 핵무기, 핵 생산 시설, 핵물질, 핵개발 역량 등을 완전히 해체하는 것을 말한다. 그런데 문재인 정부는 '한반도 비핵화'를 북한이 주장하는 '조선반도 비핵화'와 같은 의미로 사용한 것이다. 그렇기 때문에 북한의 비핵화 논의가 빗나갔던 것이다.

김일성과 김정일 당시의 북한은 핵을 갖지 못했기 때문에 이들이 말했던 '조선반도 비핵화'는 북한을 공격할 수 있는 한국의 핵(?)과 미국의 핵전력을 제거하기 위한 구호였다. 그래서 김일성 당시부터 북한은 수십 년간 '조선반도 비핵화'를 주장해왔다. '조선반도 비핵화'란 사실상 '한미동맹을 해체한 뒤 미국은 한반도 문제에 손을 떼라"는 의미다. 김정은이 "비핵화는 '선대의 유훈'"이라고 말한 것도 이 같은 배경에서 비롯된 것이다. 2016년 7월 6일 북한 당국이 발표한 "미국과 남조선 당국의 북 비핵화 궤변은 조선반도 비핵화의 전도를 더욱 험난하게 만들 뿐이다"라는 성명서에 "우리가 주장하는 비핵화는 조선반도 전역의 비핵화다. 여기에는 남핵(南核: 남한의 핵) 폐기와 남조선 주변(미군 지칭)의 비핵화가 포함되어 있다"고 했다.

북한 정권은 오래전부터 핵무기를 유일한 정권 생존의 수단으로 확신하며 핵개발을 위해 모든 노력을 기울여왔다. 김일성이 살아있을 때 김정일은 이렇게 말했다. "수령님 대에 조국을 통일하자면 미국 본토를 때릴 수 있는 능력을 가져야 한다. 그래야 마음 놓고 조국통일 대사변을 주동적으로 맞이할 수 있다."[239] 김정일 사망 직전인 2011년 10월 8일, 김정일은 김정은에게 이런 유언을 남겼다.

"첫째, 핵, 장거리 미사일, 생화학무기를 끊임없이 발전시키고 충분히 보유하라.

둘째, 합법적인 핵보유국으로 당당히 올라서라.

셋째, 6자회담을 우리의 핵 보유를 전 세계에 공식화하는 회의로 만들라.

넷째, 조국통일 문제는 우리 가문의 종국적 목표다.

마지막으로, 주한미군을 철수시켜 대국들이 중립적인 입장을 가지도록 하라."[240]

그래서 김정은은 무슨 수를 쓰더라도 핵무기를 완성하고 핵탄두를 미국까지 날려 보낼 수 있는 미사일 개발에 광분해왔던 것이다.

북한은 2012년 4월 개정 헌법에 '핵보유국'이라고 명시했고, 2016년 5월 노동당 대회에서 개정한 노동당 규약에는 핵·경제 병진노선을 명기했다. 2018년 초 김정은은 신년사에서 "국가 핵무력 완성의 역사적 대업을 성취했다"고 선언한 바 있다. 특히 문재인 대통령과 판문점 정상회담 1주일 앞둔 그해 4월 20일 열린 노동당 회의에서 김정은은 "국가 핵무력 완성과 핵무기 병기화"를 선언하고 핵무기를 "평화수호의 강력한 보검"이라 했다.

푸틴(Vladimir Putin) 러시아 대통령은 2017년 9월 "북한은 풀을 뜯어먹을지언정 핵무기 프로그램을 중단하지 않을 것"이라 말한 바 있다. 실제로 김정은은 지금까지 한 번도 이미 보유한 핵탄두와 핵물질을 포기하겠다고 한 적이 없다. 2018년 5월 '미국의 소리(VOA)' 방송이 미국 전문가 30명을 대상으로 설문조사한 결과에 의하면, 북한이 핵을 포기할 것으로 본 사람은 아무도 없었다. 통일한국포럼이 2018년 4월 실시한 여론조사에서 응답자의 70%가 "북한은 핵을 포기하지 않을 것"으로 인식했다. 그럼에도 불구하고 문재인 정부는 북한의 비핵화가 가능한 것처럼 쇼를 했다고 볼 수밖에 없다.

대내적으로 국방개혁, 남북 간에는 군비통제

남북화해의 열풍이 뜨거웠을 당시인 2018년 7월 27일 문재인 정부는 '국방개혁 2.0'을 발표했다. 국방개혁 2.0이라 한 것은 노무현 정부의 '국방개혁 2020'을 '국방개혁 1.0'이라 보고 이를 계승·발전시키겠다는 취지였다.

문재인 대통령은 한반도 평화정착, 작전통제권 환수 등 노무현의 꿈을 완성시킨다는 차원에서 국방개혁 2.0을 마련했다고 본다. 국방개혁 2.0의 목표는 전방위 안보위협 대응, 첨단 과학기술 군대의 건설, 선진국에 걸맞은 군대 육성으로 설정하고, 주요 추진 과제로는 ① 작전통제권 임기 내 전환, 3군 균형 편성 등 우리 군 주도의 지휘구조 개편, ② 상비 병력 50만 수준으로 감축, 사병 복무기간 18개월로 단축 등을 꼽았다.

그런데 국방개혁 2.0은 문재인 대통령의 핵심 어젠다인 대북정책과 상치되고 있다는 데 문제가 있다. 바로 3개월 전 판문점에서 남북정상이 "새로운 평화의 시대"를 선언하고 "단계적으로 군축을 해나가기로 합의"했던 것이다. 국방개혁은 현재와 미래의 안보 상황을 고려하여 마련하는 것이 원칙이다. 그런데 북한은 사실상 핵보유국이 되었고 동아시아는 신냉전시대로 접어들었는데, 국방개혁 2.0이 과연 이처럼 악화되고 있는 안보 여건을 고려한 것인지 의문이었다. 그래서 이 개혁은 개혁 과제를 나열식으로 제시했을 뿐 한국형 군사전략을 명확히 제시하지 못했다.

국방개혁 2.0에 따르면, 사병 복무기간을 18개월로 단축하고 병력 규모를 62만 명에서 2022년까지 50만 명으로 줄이기로 했다. 특히 육군의 병력은 36만 5,000명으로 줄어든다. 이미 노무현 정부의 '국방개혁 2020'을 시작한 이래 11년간 육군 2개 군단과 7개 사단이 해체되었고, 문재인 정부 임기 중 추가로 2개 군단 및 6개 사단이 해체되었다. 문재인 정권 하에서 해체된 사단은 비무장지대를 지키는 부대(2사단 · 26기계화보병사단), 그 뒤를 지탱해주는 예비사단(27사단 · 28사단), 해안경계를 맡은 사단(23사단), 유사시 북진 선봉에 설 부대(20기계화보병사단 · 30기계화보병사단)들이다.

북한의 병력은 128만 명인데 우리 군 병력은 북한의 40% 수준에 불과하다. 북한은 30개 전투사단과 60개 예비사단을 보유하고 있고, 예비군 훈련도 우리보다 훨씬 더 오랜 기간에 걸쳐 실전같이 훈련한다. 문재인 정부는 병력을 기동화하고 화력을 증강하고 첨단장비를 늘리겠다고 했지만 계획대로 되지 않았다.[241] 적정 병력 규모를 유지하기 위해서는 복무기간을 늘려야 할 형편이었지만 오히려 18개월로 줄였다.

국방개혁 2.0에 따라 북한군의 남침을 막기 위한 대전차 방어벽과 기계화보병사단들을 연이어 해체하고, 병력 부족을 보완하는 기동(機動) 전력도 약화시켰다. 실제로 기동군단의 추가 창설이 좌절되었고, 적의 핵심을 타격하기 위한 특수임무여단의 예산도 삭감되었다. 또 미군 지원 없이 독자적 타격에 필수적인 전자전 능력을 보유한 전자전기(電子戰機)의 도입이 취소되었고, 공수작전에 필수적인 대형 수송기 도입도 하지 않았다.

국방개혁 2.0 발표 당시 북핵 위협에 대한 우리 군의 핵심 대응 전력은 북한 핵미사일을 선제타격하는 킬 체인(Kill Chain), 북한의 미사일을 요격하는 한국형 미사일방어체계(KAMD), 북한 지휘부를 초토화하는 대량응징보복(KMPR)으로 구성되어 있는데 모두가 첨단무기 증강이 필수적이다. 그런데 9·19 남북군사합의는 무력증강 문제를 남북군사공동위원회에서 협의하기로 약속했기 때문에 우리의 첨단무기 증강은 어렵게 되었다. 북한《노동신문》은 2018년 말 우리 군의 무기 도입에 대해 남북군사합의에 어긋나는 것이라고 비난했다. 그래서 문재인 정부는 방위력 개선을 위한 무기 도입과 개발 사업을 중단하거나 연기했다.

국방개혁은 다른 개혁과 달리 국가와 국민의 안위와 직결되는 중요한 사안이고 시간 또한 오래 걸리는 만큼 신중을 기해야 한다. 하지만 국방개혁 2.0은 거꾸로 한반도 평화정착을 위한 분위기 조성 차원에서 군사력 축소 목표를 정해놓고 모든 것을 거기에 꿰맞추었다고 볼 수밖에 없다. 그 결과, 국방개혁 2.0은 국방력을 강화한 것이 아니라 약화시켰다는 비판을 받았다.

실제로 남북관계에서는 국방개혁에 역행되는 일이 일어났다. 2018년 4월 27일 판문점 정상회담에서 남북 지도자는 "한반도에 더 이상 전쟁은 없을 것"이라면서 "지상과 해상, 공중을 비롯한 모든 공간에서 군사적 긴장과 충돌의 근원이 되는 상대방에 대한 일체의 적대행위를 전면 중지하기로 했다"고 선언했다. 그런데 적대행위의 개념을 '군사적 긴장의 근원이 되는 행위'까지 확대한 것이다. 북한이 노린 것은 군사분계선 일대의 대북 확성기 방송과 전단 살포, 그리고 한미 연합훈련의 중단이다. 북한은 대북전단 살포와 한미훈련에 대해 시비를 걸면서 정작 자기들은 군사적 긴장과 충돌의 근원이 되는 미사일 발사를 마음대로 해왔다.

9월 19일 평양 정상회담에서 채택된 남북군사합의에 대해 엇갈린 평가가 나왔다. 문재인 대통령은 방북 뒤 대국민 보고에서 "이번 회담에서 남북관계와 관련해 가장 중요한 결실은 군사 분야 합의"라 했고, 정의용 안보실장은 이를 "사실상 불가침 합의"라고 치켜세웠다. 그러나 북한은 막강한 재래식 전력을 보유하고 있을 뿐 아니라 핵과 미사일을 보유하여 한국은 물론 동아시아와 세계에 위협이 되고 있었다. 이 같은 심각한 안보 위협을 도외시하고 한국의 군사력 증강, 군사훈련, 정찰행위 제한 등을 담은 군사합의는 한국 안보에 중대한 타격이 되었다.

남북군사합의의 문제점을 구체적으로 살펴보자.[242] 첫째, 대규모 군사훈련 및 무력증강 문제, 다양한 형태의 봉쇄 차단 및 항행방해 문제, 상대방에 대한 정찰행위 중지 문제 등에 대해 '남북군사공동위원회'를 통해 협의한다. 둘째, 2018년 11월 1일부터 군사분계선 일대의 각종 군사연습을 중지한다. 셋째, 해상에서는 서해 남측 덕적도 이북으로부터 북측 초도 이남까지의 수역, 동해에서는 남측의 속초 이북으로부터 북측의 통천 이남까지의 수역에서 포사격 및 해상 기동훈련을 중지한다. 넷째, 군사분계선으로부터 동부지역은 40km, 서부지역은 20km 범위 내 비행금지구역을 설정한다. 다섯째, 서해 해상에서 평화수역과 시범적 공동어로구역을 설정한다. 여섯째, 한강 하구를 공동 이용하기로 한다.

이 군사합의로 수도권은 사실상 무방비 상태가 된 것이나 다름없었다. 수도권은 우리 국민의 절반 이상이 살고 있고 나라의 심장과도 같은 중요한 지역이다. 수도권은 원래 군사적으로 취약지역인데 이 군사합의로 그 취약성이 극대화되었다. 인천 남쪽인 덕적도에 이르는 바다를 적대행위 금지 수역으로 설정하고, 한강 하구를 남북 공동으로 이용하기로 하면서 수도권이 북한으로부터 직접적인 위협을 받을 수 있게 되었다. 또한 이 군사합의로 북한 해군이 인천 앞바다까지 접근할 수 있게 되었을 뿐만 아니라 민간인을 가장한 북한 특수부대 병력이 한강을 통해 김포와 일산까지 침투할 수 있게 되어 수도권이 언제든 북한의 기습공격을 당할 수 있게 되었다.

또한 군사분계선 남북으로 비행금지 구역을 설정함으로써 정찰기, 헬리콥터, 무인기 등을 띄울 수 없게 되어 북한군의 장사정포와 지상부대가 기습공격을 시도하더라도 우리 군이 이를 탐지하기 어렵게 되었다. 전방 감시를 위한 휴전선 경계초소인 GP 철거도 북한의 GP가 2배 이상 많은데도 남북한이 같은 수의 GP를 철거했다.

9·19 남북군사합의에 대해 우리 군의 눈과 귀를 가리고 손발을 묶었다는 비판이 쏟아졌다. 평화를 내세우며 안보를 위태롭게 한 최악의 도박을 했다며 '항복문서' 또는 '전쟁에 패한 나라가 서명할 수준의 합의문'이라는 극단적 비판도 있었다. 전직 국방부장관, 합참의장, 참모총장 등 예비역 장성들은 "북한의 비핵화 실천은 조금도 진척이 없는데, 한국의 안보역량만 일방적으로 무력화·불능화시킨 9·19 남북군사합의서는 대한민국을 붕괴로 몰고 가는 이적성 합의서"라고 비난하며 조속히 폐기되어야 한다고 했다.[243] 평화 구축에 눈이 멀어 북한의 평화 파괴를 용이하게 만든 것이다.

북한의 비핵화 가능성은 희박하고 남북 간 기본적 신뢰도 없는 상태에서 안보역량부터 훼손시킨 것은 중대한 실책이었다. 국가가 존재하는 한 안보원칙에 따라야 하는 군사 문제를 5년 임기를 가진 대통령이 가볍게 처리할 문제는 결코 아니었다.

미국·일본과의 엇박자로 혼선을 거듭한 외교안보정책

문재인 정부의 외교안보정책은 사실상 남북관계의 종속변수로 전락했다. 그래서 전통적 우방인 미국 및 일본과의 관계는 뒤틀어졌고, 노무현의 균형외교처럼 중국에는 더 기울어졌다. 문재인 정부는 한미동맹은 견고하다고 했지만, 동맹관계가 공고하려면 적에 대한 인식, 즉 대전관(對敵觀)이 일치해야 한다. 그런데 문재인 정권은 북한을 안보 위협이 아니라 화해·협력과 통일의 파트너로 인식했지만, 미국은 북한을 안보 위협이라는 입장에서 접근했다. 문재인 정부는 남북협력 확대, 대북제재 완화, 종전선언, 한반도 평화체제 구축 등이 목표였지만, 미국은 북한의 비핵화가 우선이었다.

싱가포르 미북 정상회담까지는 문재인 대통령의 중재자 역할이 나름대로 긍정적 역할을 했고, 그래서 한미관계도 무난했다. 그러나 하노이 미북회담 결렬 이후 한미 간 갈등이 표출되기 시작했다. 싱가포르 미북회담 이후 비핵화 협상이 교착상태였음에도 불구하고 문재인 정부는 북한 핵 문제가 우리 문제라는 의식이 희박한 가운데 남북관계 개선에만 몰두하며 하노이 회담 결렬 직전까지도 낙관하고 있었다. 그래서 하노이 미북회담 결렬은 문재인 정부에 큰 충격이었다. 한 외신은 하노이 회담 결렬로 문재인 대통령이 중재자 역할을 잘못하여 트럼프와 김정은 양측으로부터 비난을 받게 되었다며 하노이 회담 결렬이 문재인 대통령에게 '정치적 재앙

(political disaster)'이 되었다고 했다.

북한 비핵화 협상을 트럼프 대통령에게 일임할 일도 아니었다. 트럼프는 한국과의 동맹관계를 가볍게 보고 있었다. 김정은과의 만남도 비핵화 협상 그 자체보다는 자신의 재선에 도움이 되는 쇼로 생각했다. 회담을 통해 무엇을 성취할 것인가보다는 언론의 주목을 받는 데 더 관심이 많았고, 북한 비핵화보다는 자신의 지지율에 더 신경을 쓰고 있었다.[244] 그는 김정은과의 정상회담 직후 열린 기자회견에서 한미 연합훈련의 중단을 선언했으며, 하루 뒤 폭스 뉴스와의 인터뷰에서는 "나는 적절한 시점에 가능한 한 빨리 (주한미군) 병력을 빼고 싶다"고 했다. 《워싱턴 포스트》의 캐롤 리오닉(Carol Leonnig)과 필립 루커(Philip Ruckeer)의 저서 『나만이 해결할 수 있다(I Alone Can Fix It)』에 의하면, 트럼프는 참모들에게 자신이 재선되면 "한미동맹을 날려버릴 것(I'll blow up the U.S. alliance with South Korea)"이라고 했다는 것이다.[245]

트럼프가 이런 생각을 하고 있는 것은 개인 의견이기도 하지만, 근본적으로 한미동맹에 대한 미국의 신뢰가 약화되고 있다는 징조였다. 문재인 정부가 북한과의 관계 개선을 최우선시하고 나아가 중국에 우호적인 정책을 편 반면, 한미 공조와 한미일 협력은 경시해왔기 때문이다. 예를 들면, 강경화 외교부장관은 사드 문제를 해결한다면서 2017년 10월 사드 추가 배치 반대, 미국의 미사일방어망 참여 반대, 한미일 군사협력의 군사동맹으로의 발전 반대 등 '3불(不)' 외에 이미 배치된 사드 운용을 제한한다는 '1한(限)' 등을 중국에 약속했던 것으로 최근 알려져 논란이 되었다.[246] 이는 우리의 안보주권을 타협한 것일 뿐 아니라 한미동맹까지 훼손한 것이었다.

실제로 성주 사드 기지는 문재인 정부에서 일반 환경영향평가를 실시하지 않아 5년간 임시 작전배치 상태에 있었다. 시설 개선을 위한 공사 자재와 장비 반입이 반대단체의 방해로 막혔지만, 정부는 사실상 이를 방치했다. 그래서 이곳에서 근무하는 한미 장병 400여 명은 컨테이너 등을 숙소로 사용해왔다. 문제는 건물이 낡은 데다, 전기나 상·하수도 등 생활 기반 시설이 완비되지 않았다는 것이다. 장병들은 겨울에도 온수·난방이 잘 공급되지 않는 상황에서 근무해왔다고 한다. 주한미군 장병들은 클럽하우스 복도나 창고에서 야전침대를 깔고 자기도 했고, 식량 공급이 이뤄지지 않아 전투식량으로 끼니를 때우기도 했다.

문재인 정부는 미국 주도의 인도·태평양전략에 참가하지 않았고, 대북 해상 차단 및 봉쇄에 불참하면서 중국의 글로벌 팽창전략인 일대일로(一帶一路)정책에는 참여했고 중국몽(中國夢)까지 적극 지지하기도 했다. 또한 남중국해를 둘러싸고 미국과 중국이 팽팽히 대립하고 있었지만, 문재인 정부는 이를 외면했다. 이미 노무현 정부 당시부터 한국이 미국과 중국 간 균형외교를 하겠다고 했지만, 이것은 곧 동맹을 가볍게 여기고 중국에 기울어지겠다는 것을 나타낸 것이다.

한미 군사동맹을 직접 관리해야 했던 에스퍼(Mark Esper) 국방장관은 한국에 대해 불만을 털어놓았다.[247] 그는 회고록에서 "미국과 한국은 모두 북한의 위협과 함께 중국의 장기적인 전략적 도전을 마주하고 있다"며 "그럼에도 서울은 통상, 무역, 지정학이라는 중력으로 인해 베이징의 궤도 안으로 이동하는 것처럼 보였다"고 했다. 그 대표적 사례로 성주 사드 기지 문제를 거론했다. 그는 문재인 정부가 사드 기지에 대해 협조하지 않아 사드를 철수하려 했다고 밝혔다. 그는 "(2017년 사드 배치 당시) 중국의 격렬한 반발에도 불구하고 박근혜 대통령은 꿋꿋이 버텼다"며 "그러나 (문재인 대통령이 취임하면서) 한국 입장이 바뀌었다. 중국 쪽으로 끌려가는 것처럼 보였다"고 했다. "육군 장관이었던 2018년부터 한국 측에 수차례 문제 제기를 했다"며 "그때마다 '조금만 참아달라'고 했을 뿐 서울은 행동하지 않았다"고 했다. 그는 "이때 한국이 중국을 '경제적 파트너'로 여기며 편을 들면서도 동시에 안보를 이유로 미국에 의존하는 '불가능한' 길을 택하는 것 아닌가 하는 우려가 (미 정부에서) 나왔었다"고 했다. 에스퍼는 마크 밀리(Mark A. Milley) 합참의장에게 "한반도에서 사드를 철수해 다른 곳에서 임무를 수행할 수 있는 방안에 대해 90일간 검토하라"고 지시했다고 한다.

2021년 3월 한국을 방문한 오스틴(Lloyd Austin) 미국 국방장관도 성주 사드 기지의 열악한 생활 여건에 대해 우리 정부에 강한 불만을 표시한 것으로 알려졌다. 이 과정에서 "동맹으로서 용납할 수 없는 일(unacceptable)"이라는 표현도 나왔다.[248]

문재인 정부 하에서 일본과의 관계도 과거사를 둘러싼 논란과 군사정보보호협정(GSOMIA) 파기 등으로 갈등이 증폭되었다. 보수세력을 친일세력이라고 몰아왔기 때문에 국내 정치적인 목적도 없지 않았다. 문재인 정부는 박근혜 정부의 위안부 합의를 박근혜 정부에 대한 공격 수단으로 활용했고, 외교부는 전후 맥락을 알면서도 '엄청난 흠'이 있었다며 위안부 합의를 사실상 파기했다. 국가 간 합의를 뒤집었다며 일본은 강력히 반발했다.

나아가 문재인 정부는 일본과의 군사정보보호협정을 종결하면서 한일관계는 물론 한미일 안보협력을 곤경에 빠뜨렸다. 2019년 8월 문재인 정부가 군사정보보호협정 종료를 결정한 배경은 직전에 이뤄진 일본의 수출 규제 조치 때문이었다. 일본이 안보상의 이유로 한국을 수출심사우대국(white list)에서 제외하자, 문재인 정부는 "신뢰 결여와 안보상의 문제를 제기하는 나라와 과연 민감한 군사정보 공유를 계속 유지하는 게 맞느냐"며 군사정보보호협정을 대응 카드로 썼다. 일본의 수출 규제 조치는 사실상 한국 대법원의 강제징용 배상 판결에 대한 보복성 조치였다. 2018년 10월 대한민국 대법원이 일본 전범 기업이 강제징용 피해자들에게 배상해야 한다는 판결을 내리자, 일본은 1965년 한일 청구권협정으로 해결된 사안을 한국이 뒤집었다며 반발했다.

문재인 정부의 한일 군사정보보호협정 파기 결정은 한일 안보협력에 돌이킬 수 없는 상처를 냈을 뿐 아니라 도리어 미국을 펄펄 뛰게 만들었다. 마이크 폼페이오(Mike Pompeo) 미 국무장관은 한국에 대해 노골적으로 "실망했다(disappointed)"고 했고, 미 국방부도 성명을 통해 "강한 우려와 실망감을 표명한다"고 했다.[249] 에스퍼 국방장관은 자신의 회고록에서 문재인 정부의 한일 군사정보보호협정 파기에 대해 "(한일 간 불화로) 북한과 중국이 이득을 보고 있었다"며 "이런 모습을 본 트럼프 대통령은 넌더리가 난 듯 머리를 흔들면서 '이런 위대한 동맹의 가치가 있나'라며 비꼬듯 말했다"고 기록하고 있다.

외형적으로 보면, 한일 군사정보보호협정은 한일 간의 약속이다. 그러나 미국이 주도하여 동북아 군사정보보호협정 체제를 구축하면서 한일 군사정보보호협정은 한미일 안보협력의 상징이 되었고,

미국의 인도·태평양 전략의 핵심 연결고리가 되었다. 한국이 일본과 다투다가 한일 군사정보보호협정 폐기를 꺼내든 순간 한미 간 문제가 되어버린 것이다. 문재인 정부는 일본에 반격 카드로 한일 군사정보보호협정 폐기를 꺼냈으나 일본에게 주는 타격은 별로 없었고, 오히려 한미동맹에 타격을 준 것이다.

*****

노무현 대통령은 "남북관계만 잘되면 다른 것은 깽판 쳐도 된다"고 했지만, 북한의 핵실험으로 그의 구상은 물거품이 되고 말았다. 노무현 대통령의 핵심 참모와 비서실장으로서 그 과정을 지켜본 사람이 문재인이다. 노무현 대통령이 실패했다면 그 원인을 분석하고 현실성 있는 정책을 추진했어야 했다. 그는 북한의 전략과 의도에 대한 냉철한 인식과 대책도 없이 남북이 대화하고 협력하면 북한이 변할 것이고 비핵화도 가능할 것이라는 희망적 사고(wishful thinking)에 빠져 있었던 것이다. 그래서 대통령 임기가 끝나기 전부터 한반도 상황은 2017년 이전으로 되돌아갔고, 그동안 북한의 핵·미사일 능력은 더욱 고도화되었다.

문재인 대통령의 안보리더십이 잘못되었다는 것은 김정은의 리더십과 비교하면 명백히 드러난다. 김정은은 핵과 미사일 등 전력 증강을 최우선 목표로 삼았고, 이를 위해 적극적인 안보리더십을 발휘했다고 본다. 반면, 문재인 대통령은 평화 우선이었기 때문에 안보리더십은 사실상 실종되었던 것이다. 전쟁의 반대가 평화를 보장하는 것이 아니다. 전쟁 억지 능력이 있을 때만이 평화가 보장되는 것이다. 전쟁이란 심각한 군사적 불균형 상태에서 일어난다. 북한이 핵으로 무장하고 있는데 우리는 전시 작전통제권을 전환하며 한미동맹을 약화시킨다면 그것이 또 다른 한국전쟁을 불러오지 않겠는가?

적대세력의 전략적 의도를 제대로 파악하는 것이 안보전략의 기초다. 그런데 햇볕정책 신봉자들은 북한의 실체 인식에 오류가 많았다. 김대중 정부는 북한은 핵을 개발할 의사도 능력도 없다고 했고, 1차 핵실험 후 노무현 정부는 북한 핵은 대미 협상용이라고 했으며, 문재인 정부는 김정은의 비핵화 의지는 확고하다고 했지만, 모두 잘못된 판단이었다.

낭만적 민족주의에 빠져 통일만을 최고의 가치로 삼고 대한민국의 건국과 국가 정통성을 부정하는 동시에 북한에 대해서는 비굴하기까지 했다. 진보 정권의 낭만적 대북정책으로 북한의 흉악한 실체가 드러난 것이다. 북한은 이제 핵을 가졌으니 무슨 짓이든 하겠다는 것이다. "북한은 절대 핵개발 안 한다. 책임지겠다"고 했던 사람들은 누구인가? "북한이 협상용으로만 핵을 개발한다"고 했던 사람들은 누구인가? 근본적 전략 없이 평화에 대한 망상에만 빠져 있었던 사람들은 누구인가?

| 결론 |

신냉전시대의 한국의 안전과 번영

◆

평화를 외친다고 평화가 이루어지는 것은 아니다.

평화는 그저 의미 없는 한 단어일 뿐이다. 우리에게 필요한 것은 영광스러운 평화다.

– 나폴레옹(Napoléon) –

무기는 설사 백 년 동안 쓸 일이 없다 해도, 단 하루도 갖추지 않을 수 없다.

(兵可百年不用, 不可一日無備)

– 정약용 –

◆

2022년 2월 24일, 러시아의 우크라이나 침공으로 제2차 세계대전 이후 70년간 유지되어온 유럽 평화가 깨지고 신냉전이 본격화되었다. 미국 중심의 서방세계와 러시아, 중국 등 권위주의체제 간 대결이 노골화되고 있는 것이다. 미국과 유럽연합은 우크라이나를 지원하고 있고, 오랫동안 중립을 유지해온 스웨덴과 핀란드가 러시아의 위협을 우려하여 나토 가입을 신청했다. 우크라이나 전쟁으로 인한 에너지와 곡물 수출의 차질로 세계경제는 위기로 치달았다. 석유와 곡물 가격이 치솟으면서 세계는 심각한 인플레이션에 휘말렸고, 이에 대응하여 각국이 기준금리를 대폭 인상하면서 환율까지 폭등하고 있다. 국제질서는 물론 세계경제와 무역질서까지 큰 혼란에 빠지고 있다.

신냉전의 시발은 10여 전으로 거슬러 올라간다. 2001년 9·11테러로 시작된 아프간·이라크전쟁과 2008년 금융위기로 미국이 어려움에 빠져 있는 동안 중국은 공세적인 대외정책을 펴기 시작했다. 이에 대응하여 오바마 행정부는 2011년 11월 중국을 견제하기 위해 아시아중시정책(Pivot to Asia)을 폈다. 뒤이은 트럼프 행정부는 무역전쟁 등으로 중국에 전방위 압박을 가하면서 미국과 중국 간에 패권경쟁이 본격화되었다. 이 과정에서 러시아는 중국과 연대하여 미국을 견제했다. 2021년 초 출범한 바이든 행정부는 중국에 대한 실질적인 견제정책을 연달아 내놓았다. 그해 3월 미국, 일본, 호주, 인도로 구성된 쿼드(Quad) 화상 정상회의를 하고 9월에는 백악관에서 쿼드 대면 정상회의를 했으며, 그해 9월에는 미국, 영국, 호주 간 안보 파트너십인 오커스(AUKUS)를 창설했고, 10월에는 공급망 동맹체인 인도·태평양 경제 프레임워크(Indian-Pacific Economic Framework: IPEF)를 창설했다. 이처럼 미국은 발 빠르게 안보와 경제 양면으로 중국을 압박하고 있다.

이 같은 신냉전의 본격화로 북한의 전략적 공간이 넓어졌다. 북한은 2022년 들어 7월까지 대륙간탄도미사일을 포함한 각종 미사일을 스무 차례나 발사했고, 7차 핵실험 준비도 마쳤다. 이 같은 북한의 도발 폭주를 징계하려는 유엔 안보리의 대북 추가 제재 결의안은 중국과 러시아의 반대로 무산되었다.

그런 가운데 2022년 6월 말 스페인 마드리드에서 나토(NATO: 북대서양조약기구) 정상회담이 열렸다. 이번 나토 정상회담은 처음으로 한국, 일본, 호주, 뉴질랜드를 '나토의 아시아 파트너십 국가(NATO's Asia Partners)' 자격으로 초청해 유럽·대서양 안보 문제와 인도·태평양 안보 문제의 연계를 도모했다. 나토 정상회담에서 새로운 전략개념(NATO 2022 Strategic Concept)을 채택하여 중국을 '체계적 도전(systemic challenge)'으로 명기하고, '중국과 러시아 간 전략적 연대'를 우려하는 내용을 담았다.

신냉전이 본격화되면서 안보와 경제가 밀접해지고 있다. 우크라이나 전쟁을 계기로 에너지를 러시아에 의존해온 유럽연합 국가들에게 비상이 걸렸다. 또한 미국, 유럽연합 등 서방세계는 그동안 중국을 세계의 공장으로 활용해왔으나 더 이상 중국에 의존할 수 없게 되었다. 그래서 서방세계는 경제적 이유뿐만 아니라 안보 차원에서 공급망 재편에 나서게 되었다. 경제패권, 기술패권이 군사패권과 직결되기 때문에 경제와 안보를 함께 고려하게 된 것이다. 그만큼 경제안보가 중요해진 것이다.

대한민국의
안전과 번영을 좌우할
윤석열 대통령의 안보리더십

◆

일시적으로 전쟁을 회피하는 취약한 평화가 아니라
자유와 번영을 꽃피우는 지속 가능한 평화를 추구해야 한다.
– 윤석열 –

안보가 경제이고, 경제가 안보다.
– 윤석열 –

강자는 할 수 있는 일을 하고, 약자는 당해야 하는 고통을 당한다.
(The strong do what they can and the weak suffer what they must.)
– 투키디데스(Thukydides) –

◆

대통령 리더십이 오래전부터 흔들려왔지만, 특히 박근혜 대통령 탄핵과 뒤이은 문재인 정부의 누적된 실정으로 한국은 복합적 위기에 직면해 있다. 코로나 위기와 안보 위기뿐만 아니라 에너지 위기, 식량 위기, 환율 위기, 물가 위기, 기후위기가 한꺼번에 닥쳤다. 이 같은 세계적 대혼란으로 인해 대외 의존도가 높은 한국은 더욱 큰 어려움에 직면해 있다. 따라서 새로 취임한 윤석열 대통령이 어떤 선택을 하느냐는 대한민국의 안전과 번영을 좌우하게 될 가능성이 크다.

윤석열 대통령은 취임사에서 "자유민주주의는 평화를 만들어내고, 평화는 자유를 지켜줍니다. 그리고 평화는 자유와 인권의 가치를 존중하는 국제사회와의 연대에 의해 보장됩니다. 일시적으로 전쟁을 회피하는 취약한 평화가 아니라 자유와 번영을 꽃피우는 지속 가능한 평화를 추구해야 합니다"라고 선언했다. 이는 자유와 번영을 꽃피우는 지속 가능한 평화를 위한 안보정책을 추진할 것임을 시사한 것이며, 한미동맹 등 국제사회와의 연대를 중시하겠다는 것을 밝힌 것이다.

그런데 윤석열 대통령 취임 직후에 바이든 미국 대통령이 한국을 방문했다. 《뉴욕 타임스》는 "바이든 대통령이 비행기에서 내린 후 가장 먼저 향한 곳은 정부청사도, 대사관도, 군사기지도 아니었다"며 "21세기의 진정한 격전지를 대표하는 거대한 반도체 공장이었다"고 보도했다. 윤석열 대통령이 취임한 지 11일 만에 바이든 대통령이 정상회담을 위해 한국에 도착하여 곧바로 삼성전자 반도체 공장으로 달려갔고, 그 자리에서 윤석열 대통령과 첫 대면을 했던 것이다. 한국이 얼마나 대단한 나라가 되었으며, 한미동맹이 새로운 차원으로 올라서고 있다는 것을 보여준 것이다. 여기에서 윤석열 대통령은 "한미 관계가 첨단 기술과 공급망 협력에 기반한 경제안보 동맹으로 거듭나기를 희망한다"며 바이든 대통령을 환영했다. 바이든 대통령은 "양국이 기술동맹으로 경제안보 협력을 위해 노력할 때 더 많이 발전할 것"이라고 화답했다.

5월 21일 용산 대통령실에서 열린 한미 정상회담에서 70년 역사의 양국의 동맹이 군사·안보동맹을 넘어 기술·공급망동맹으로 확대되는 계기를 마련했다. 양국 지도자는 북한의 핵·미사일 공격에 대비한 한미 연합훈련 확대와 미군 전략자산의 전개 등에 합의했다. 2018년 싱가포르 회담 이후 사실상 중단되었던 한미 연합훈련이 정상화된 것이다. 두 정상은 "핵은 핵으로 대응한다"는 입장도 밝혔다. 북한의 도발 등 유사시 미국이 한국에 제공하는 전력(戰力)을

'핵, 재래식 및 미사일 방어능력'으로 명시했다. 그들은 또한 2018년 초부터 중단된 확장억제전략협의체(EDSCG) 가동에도 합의했다. 확장억제는 동맹국이 핵공격 등의 위협을 받을 때 핵무기 탑재 폭격기, 핵 추진 항공모함 · 잠수함 등으로 지원한다는 개념이다.[250]

양국 정상은 공동성명을 통해 "한미 간 글로벌 포괄적 전략동맹에 대한 서로의 의지를 재확인했다"고 선언했다. 대통령실은 이번 한미 정상회담을 통해 "기존 안보 · 경제동맹이 기술 · 공급망을 포함한 글로벌 포괄 동맹으로 확장되었다"고 설명했다. 미국의 지원을 받는 수혜적 입장이 아닌, 공급망과 원자력 등에서 쌍방이 서로에게 기여해 시너지를 발휘하는 관계로 나아가는 계기가 되었다는 것이다. "한미의 국가안보실에 두 나라 간 경제안보대화 채널 출범을 지시할 것"이라고 밝힌 두 정상은 "첨단 반도체, 친환경 전기차용 배터리, 인공지능, 양자(陽子)기술, 바이오기술, 바이오제조, 자율로봇을 포함한 핵심 · 신흥 기술을 보호하고 진흥하기 위한 민관 협력도 강화하기로 합의했다"고 밝혔다.

이로써 미국과 중국 간 갈등이 본격화되고 있는 가운데 '안보는 미국, 경제는 중국'으로 줄타기를 해온 한국이 미국 중심의 인도 · 태평양 경제 프레임워크(IPEF) 참여를 선언하는 등 전략적 노선을 분명히 한 것이다.[251] 인도 · 태평양 경제 프레임워크는 미국이 글로벌 공급망과 인프라, 디지털 경제, 신재생에너지 등 분야에서 중국 의존도를 낮추기 위해 아 · 태 지역의 동맹 및 파트너 국가들을 규합해 구축하는 반중(反中) 경제 연대의 성격을 갖고 있으며, 여기에는 한국을 비롯해 일본, 인도, 호주, 뉴질랜드, 싱가포르, 필리핀 등이 참여할 전망이다.

윤석열 대통령과 바이든 대통령의 회담은 “경제·안보적 관점에서 동맹 관계를 더욱 발전시킨 중요한 이정표가 되었으며, 그리하여 경제안보와 첨단기술의 협력이 한미동맹의 주요 축으로 격상된 것이다.” 윤석열 대통령은 취임 직후부터 “경제가 안보이고, 안보가 경제”라고 강조하며, 경제안보를 핵심 국정 목표로 삼았다. 경제안보란 경제 문제를 ‘안전보장’ 차원에서 다루겠다는 것이다. 경제적 이익 실현이 이른바 총성 없는 전쟁 정도의 심각성을 넘어 나라 간의 생산·공급·소비 등의 관계가 안보를 걱정할 만큼 심하게 왜곡되고 위협받고 있다고 본 것이다.

한미 정상회담을 바라보는 중국의 시선은 곱지 않다. 장쥔(張軍) 유엔 주재 중국대사는 한미 정상회담과 미국의 인도·태평양 전략이 북한의 도발을 부추겼다는 앞뒤가 맞지 않는 강변을 하고 “전쟁의 불길” 운운하며 군사행동 가능성까지 거론했다. 그는 미국을 겨냥해 “한반도 문제를 인도·태평양 전략의 바둑판 돌로 활용한다”면서 “누군가 다른 셈법으로 전쟁의 불길로 동북아를 태우고, 한반도를 태우려 한다면 중국은 선택의 여지 없이 단호하게 조치할 수밖에 없다”고 했다.[252] 그동안 중국은 러시아와 함께 북핵 문제를 해결하기보다는 대미관계의 지렛대로 활용해왔다. 미중 갈등이 격화되고 러시아의 우크라이나 침공으로 신냉전이 확산되면서 중국과 러시아는 북한을 노골적으로 지원하고 있다.

유엔 안보리에서 북한 제재 결의안이 중국과 러시아의 반대로 부결된 다음 날인 2022년 5월 28일 한미일 외교장관이 공동성명을 통해 “한미일은 지난 5월 25일 북한이 대륙간탄도미사일과 단거리 탄도미사일들을 발사한 데 대해 깊은 우려를 표명한다”고 하면서

"최근 북한의 탄도미사일 발사들을 강력히 규탄하고, 한반도의 완전한 비핵화와 관련 유엔 안보리 결의들의 완전한 이행을 향한 3자간 협력을 강화하기로 약속한다"고 밝혔다.

5월 한미 정상회담에서 채택한 공동성명은 즉각적 이행을 수반하고 있다. 한국은 중국의 반대와 위협 속에 5월 23일 출범한 인도·태평양 경제 프레임워크(IPEF)에 창설 회원국으로 가입했고, 북한의 미사일 도발에 한미 연합 군사 시위로 즉각 대응했다. 6월 초에는 4년 7개월 만에 미국 항모와 한국 마라도함이 참여하는 한미연합 항모강습단 훈련이 재개되었고, 6월 말에는 26개국 함대가 참여하는 미국 주도 환태평양훈련(RIMPAC)에 대규모 해군 전단을 파견했다. 7월 7일에는 미국이 알래스카에 배치된 F-35A 스텔스 전투기 6대를 한국에 전진배치했다. 이는 5월 21일 한미 정상회담에서 바이든 대통령이 윤석열 대통령에게 북한의 핵·미사일 위협 증대에 따라 미국 전략자산을 추가적으로 전진배치하겠다고 한 약속에 따른 실질적 조치를 취한 것이다.

한미 정상회담 합의에 따라 8월 16일 한미 양국군이 '을지 자유의 방패(UFS)' 훈련을 시작했다. 사전 연습 격인 위기관리 연습을 진행하고 다음 단계로 북한의 기습 남침에 맞서 수도권을 방어하는 1부 연습, 전열을 정비해 반격 작전을 수행하는 2부 연습이 이어진다. 합참은 "상당 기간 축소·조정되어 시행된 야외 기동훈련을 정상화해 한미동맹을 재건하겠다"고 밝혔다. 문재인 정권에서 사실상 형해화된 한미 연합훈련이 4년 만에 제 모습을 되찾는 것이다.

윤석열 대통령은 2022년 6월 29일 마드리드에서 열린 나토 정상회의에 초청되었다. 윤석열 대통령의 나토 정상회의 참석으로 한국은 글로벌 중추 국가로의 도약을 위한 첫걸음을 내딛은 것이다. 이번 나토 정상회의는 세계질서가 미국 주도의 자유민주주의 진영과 중국 · 러시아 등 권위주의 진영 간의 대결 구도로 급속히 재편되는 가운데 열렸기 때문에 윤석열 대통령의 참석은 의미가 컸다. 윤석열 대통령은 정상회의 연설에서 "북한의 핵 · 미사일 프로그램은 유엔 안전보장이사회 결의를 명백히 위반한 것"이라고 하면서 이것을 "한반도와 국제사회 평화안보에 중대한 도전"으로 규정하고 하고 "무모한 핵 · 미사일 개발 의지보다 국제사회의 비핵화 의지가 더 강하다는 것을 분명히 보여줘야 한다"고 강조했다.

한국이 나토와의 파트너십을 강화하려는 것은 경제안보라는 시대적 흐름에서 볼 때 의미가 크다. 미중 전략경쟁으로 촉발된 글로벌 공급망의 재편은 코로나 사태와 우크라이나 사태를 계기로 가속화되고 있다. 종래의 국제경제 및 무역질서가 이익 중심이었다면, 이제는 가치와 공급망 안정성이 중시되고 경제논리와 안보논리가 융합되는 시대로 전환되고 있어 무역국가인 한국의 적극적 참여는 당연하다. 한국과 나토의 협력 강화는 중국에 대한 한국의 경제적 의존을 줄이고, 한국 기업의 유럽 진출 등 경제효과도 기대할 수 있다.

또한 나토 정상회의를 계기로 한미일 정상회담이 개최되었는데, 이 자리에서 북한 핵 위협에 대응하여 안보협력을 강화하기로 합의했다. 이로써 한일관계의 경색으로 중단되었던 한미일 안보협력이 복원되는 계기를 마련한 것이다.[253] 이 정상회의 참가를 계기로 프랑스, 네덜란드, 폴란드, 체코, 덴마크, 영국, 호주, 캐나다 정상들과 양자 회담을 갖고 북한 핵 문제뿐만 아니라 경제협력을 논의할 기회를 가졌다.

한미 간 전략적 협력이 윤석열 대통령 취임 초부터 이처럼 급진전될 수 있었던 것은 윤석열 후보가 선거 과정에서 치밀하게 준비했기 때문이다. 윤석열 후보는 대통령 선거 직전인 2022년 2월 24일 '강한 국가지도자'로서의 당당하고 튼튼한 자유 · 평화 · 번영의 외교 · 안보 글로벌 비전을 발표했다. 여기서 윤석열 후보는 "북한의 완전하고 검증 가능한 비핵화를 실현해 한반도에 지속 가능한 평화와 안전을 구현하기 위해 예측 가능한 비핵화 로드맵을 제시하고 상호주의 원칙에 따라 협상하고 한미 공조 하에 비핵화 협상 재개를 위해 판문점에 남북미 연락사무소를 설치해 3자간 대화 채널을 상설화할 것"을 제안했다. 특히 "북한의 완전한 비핵화 전까지 국제적 대북제재는 유지하되 그 이전이라도 실질적 비핵화 조치 시 유엔 제재 면제 등을 활용하며 대북 경제지원을 할 수 있다"는 입장을 밝혔다. 그러면서 "북핵 미사일 위협 억제를 위한 모든 수단을 강구할 것"이라며 "한미 간 전구급(戰區級) 연합연습, 야외기동훈련을 정상 시행하고, 환경영향평가를 완료해 성주 사드 기지를 정상화하겠다"고 말했다.

그리고 여기에 더해 "한미 외교 · 국방(2+2) '확장억제전략협의체(EDSCG)'의 실질적 가동과 전략자산(전략폭격기 · 항공모함 · 핵잠수함 등) 전개, 정례적 연습 강화를 통한 한미 확장억제(핵우산)의 실행력을 강화하고 문재인 정부에서 유명무실해진 '한국형 3축 체계'를 조기에 복원하겠다"고 약속했다. 또한 "킬 체인(Kill-chain)이라 불리는 선제타격능력 확보와 한국형 미사일방어체계(KAMD) 및 대량응징보복(KMPR) 역량 강화를 위해 북한 전 지역을 감시할 수 있는 감시정찰 능력과 초정밀 · 극초음속 미사일을 구비하고 레이저

무기를 비롯한 새로운 요격 무기를 개발할 것임을 밝히며 수도권 방어를 위한 '한국형 아이언 돔(Iron Dome)' 조기 전력화"도 약속했다.

북한은 2022년 들어 7월까지 스무 차례나 미사일을 발사했고, 지난 4월에는 김정은이 '대남 핵공격' 가능성을 시사하는 발언을 했다. 북한은 이미 대통령 선거 전부터 장거리 미사일을 발사하고 핵실험을 위협하는 한편, 선전매체를 내세워 윤석열 정부를 향해 비난을 계속해왔다. 7월 말 '전승절' 기념행사에서 김정은은 윤석열 정부를 향해 "위험한 시도는 즉시 강력한 힘에 의해 응징될 것"이라고 위협했다. 9월 8일 최고인민회의 시정연설에서 김정은은 "핵은 우리의 국위이고 국체이며 공화국의 절대적 힘"이라고 하면서 "백 날, 천 날, 십 년, 백 년 제재를 가해보라. 절대로 핵을 포기할 수 없다"고 선언했다. 이어서 그는 핵전(核戰)은 물론 비핵전(非核戰) 상황에서 북한이 언제든지 선제 핵공격을 할 수 있다는 것을 법제화했다고 밝혔다. 그는 이 법을 통과시키면서 "절대로 비핵화란 없으며 그 어떤 협상도, 서로 맞바꿀 흥정물도 없다"고 잘라 말했다.

북한의 '핵무력 법제화'는 우리의 생존과 번영을 위협하는 중대한 사안이다. 그것은 단순한 선언의 차원을 넘어선 것이다. 그동안에는 방어적 자위권 발동 차원에서 김정은이 직접 최종 명령을 하달해야만 핵 사용이 가능했다지만, 핵무력 법제화 이후에는 상대의 공격 징후뿐 아니라 주도권 장악을 위한 작전상 필요시에도 핵을 사용할 수 있다고 공언한 것이다.

따라서 우리의 안보전략은 근본적으로 달라져야 한다. 북한이 1차 핵실험을 단행한 지 16년이 지났고 이제는 사실상 핵보유국이 되었지만, 우리의 안보전략은 근본적으로 바뀐 것이 없었다. 윤석열 정부는 한반도가 핵 대결 시대에 진입했음을 직시하고 안보전략과 전쟁대비태세, 그리고 군사훈련을 전면적으로 변화시켜야 한다. 북한이 핵선제공격을 공식화하고 있는 상황에서 모든 옵션을 테이블에 올려놓고 대책을 찾아야 한다. 기본적으로 핵시대에 맞는 전략적 사고와 정책수립이 가능하도록 국가역량과 방어 시스템을 재정비해야 한다. 궁극적으로 핵은 핵으로만 막을 수 있으며, 미국의 핵우산에 의존하여 우리의 안위를 보장받기 어렵다는 점을 고려할 때, 남북 간 핵 균형을 달성하기 위한 특단의 결단이 요구되고 있으며, 이를 위해 정부와 군은 그 필요성을 국민에게 적극 설득해야 한다. 나아가 만약의 핵공격에 대비하여 주요 시설의 지하화뿐만 아니라 방폭(防爆)시설, 공기정화시설, 전자기펄스(EMP) 방호시설도 구축해야 한다.

북한에 대화의 문을 열어두는 유연한 접근도 필요하다. 윤석열 대통령은 광복절 경축사에서 "북한이 핵개발을 중단하고 실질적인 비핵화로 전환한다면 그 단계에 맞춰 북한의 경제와 민생을 획기적으로 개선할 수 있는 담대한 구상을 제안한다"고 밝혔다. 이는 지난 5월 10일 대통령 취임사에서 밝힌 '담대한 계획'을 구체화한 제안이다. 그러나 북한 체제의 속성을 고려할 때 북한이 그 같은 제안을 수용할 가능성은 희박하다. 북한에 대한 손쉬운 해결책은 없다. 우리의 진정한 목표가 평화이고 통일이라면, 인내심을 갖고 장기간에 걸쳐 북한을 원천적으로 변화시키려는 전략을 병행해야 한다.

신냉전이 본격화되고 있는 이때, 중국과의 관계 설정도 만만치 않다. 8월 9일 한중 외교장관 회담이 개최되었다. 이 자리에서 왕이

(王毅) 중국 외교부장은 회담 모두 발언에서 한중관계 발전을 위한 다섯 가지 원칙을 제시했다. 왕이 외교부장은 독립자주를 견지하고 외부간섭을 받지 말 것, 선린우호를 견지하고 상호관심사를 배려할 것, 개방과 상생을 위한 안정적이고 원활한 생산 · 공급망을 유지할 것, 내정 불간섭을 견지할 것, 다자주의와 유엔 헌장의 목적 · 원칙을 준수할 것 등을 내세웠다. 왕이 외교부장의 발언은 윤석열 정부의 외교노선을 노골적으로 비판한 것이다. 독립자주란 미국에 의존하지 말라는 것이며 상호관심사 배려는 핵심 이익을 건드리지 말라는 의미다. 중국을 배제한 공급망 재편은 용납할 수 없으며, 대만 문제와 남중국해 문제에 개입하지 말라는 의미도 전한 것이다. 이 회담에서 박진(朴振) 외교부장관은 "국익과 원칙에 따라 '화이부동(和而不同)'의 정신으로 중국과 협력을 모색해나가겠다"고 말하고, 한국의 입장을 최우선적으로 고려하겠다는 점, 다투지는 않지만 같은 방향으로 갈 수는 없다는 점을 분명히 했다.[254]

한중 외교장관 회담 다음 날 중국 외교부는 정례 브리핑을 통해 "한국 정부는 대외적으로 '3불(不) 1한(限)'의 정치적 선서를 정식으로 했다"며 윤석열 정부도 준수할 것을 촉구했다. 중국이 사드를 추가 배치하지 않고, 미국의 미사일방어(MD) 체계에 참여하지 않으며, 한미일 군사동맹을 맺지 않는다는 3불 외에 이미 배치된 사드 운용을 제한하기로 약속했다는 점을 처음으로 밝힌 것이다. 그러나 박진 외교부장관은 이른바 '사드 3불(不)'이 국가 간 합의도, 약속도 아니고 전임 정부 때 결정된 것이므로 구애받지 않을 것임을 밝혔다. 그러나 중국은 한국 정부가 바뀌었다고 해도 국가 간에 협의된 내용은 지켜져야 한다는 입장을 강하게 드러내고 있다. 이에 대해 대통령실은 8월 11일 "사드는 북핵·미사일 위협으로부터 우리 국민의 생명과 안전을 지키기 위한 자위적 방어수단"이며, 또한 안보 주권과 관련된 사안"이기 때문에 "결코 협의 대상이 아니다"라고 밝히고, "이달 중 기지 운용이 완전히 정상화될 것"이라고 밝혔다.[255] 향후 한중관계가 순탄치 않을 것임을 예상케 한다.

이처럼 한국의 안보 상황은 매우 복합적이다. 미중 대립의 최전선(最前線)에 한국이 위치해 있다. 북한 또한 우리를 수시로 위협하고 있다. 정부는 국제정세에 더 많은 신경을 써야 한다. 트럼프 대통령보다 젊고, 더 에너지 넘치는 리더가 트럼프식(式) 고립주의 같은 한반도 정책을 펴게 된다면 어떻게 대응할 것인지 염두에 두고 대비해나가야 한다. 국제정치 석학 존 미어샤이머(John Mearsheimer) 교수는 2011년 한국 언론과의 인터뷰에서 "전 세계에서 지정학적으로 가장 불리한 위치에 있는 나라가 폴란드와 한국이다"라고 하면서 "한국은 한 치의 실수도 용납되지 않는 지정학적 환경에 살고 있다. 모든 국민이 영리하게 전략적으로 사고해야 한다. 생존과 직결된 문제"라고 강조했다. 윤석열 정부가 명심하고 실천해야 할 말이다.

역대 대통령들의
안보리더십 교훈

◆

전쟁을 좋아하는 나라는 반드시 망한다. 그러나 전쟁을 잊은 나라 또한 망한다.

– 리델 하트(Basil Henry Liddell Hart) –

전쟁준비를 해야만 평화를 보장할 수 있다는 것은 참으로 유감스런 일이다.

– 존 F. 케네디(John F. Kennedy) –

평화를 원하거든 전쟁을 준비하라.

(Si vis pacem para bellum.)

– 베게티우스(Vegetius) –

◆

지금까지 분석한 역대 대통령들의 안보리더십에서 우리가 얻어야 할 교훈들을 정리하고자 한다.

1. 국가안보를 대통령의 일차적 책무로 인식 못한 지도자들이 있었다.

한국은 가장 심각한 안보 위협에 직면해온 대표적인 나라다. 북한은 지난 70여 년 동안 '남조선혁명', 즉 적화통일을 최우선 목표로 삼고 끊임없이 도발을 해왔으며, 지금은 핵미사일로 생존까지 위협하고 있다. 국제정세에 민감하게 영향을 받는 한국에서 대통령의 외교 · 안보리더십은 국가와 국민에게 엄청난 영향을 줄 뿐 아니라 대통령의 성패와 직결된다.

그러나 역대 대통령들의 최우선 국가목표는 이승만 · 박정희 대통령을 제외하고는 경제발전, 민주주의, 국민복지, 평화 같은 것이었다. 북한은 3대에 걸쳐 모든 것을 걸고 핵개발에 매달렸지만, 우리는 북한에 대응할 수 있는 근본 전략 없이 정부가 교체될 때마다 새로운 대북정책을 펴면서 상황을 계속 악화시켜왔다.

더구나 한국은 지정학적으로 매우 불리한 위치에 있다. 중국, 일본 등 주변국들이 군비경쟁으로 치닫고 있는데, 한국은 국가안보가 우선순위가 되지 못하고 있다. 주한미군을 믿기 때문인가? 베트남이나 아프간에서 보듯 미국은 스스로 지키려 하지 않는 국가에서는 언제든 철수할 수 있는 나라다.

대통령 책무 중에서 가장 중요한 것은 국가안보다. 경제가 중요하다고 하지만, 경제는 먹고사는 문제고, 안보는 그보다 더 중요한 죽고 사는 문제다. 교육, 복지, 보건의료 같은 것도 기존 체제에 의해 굴러갈 수 있지만, 안보는 그 무엇과도 바꿀 수 없으며 단 한 번의 실수도 용납되지 않는다. 또한 안보는 외교, 국방, 통일 등 다양한 부분을 통합·관리해야 하고 유사시 국민총력전을 펴야 하기 때문에 무엇보다 대통령이 안보리더십이 중요하다. 외교·안보에 대한 대통령의 결정 하나하나가 국가와 국민의 생존과 번영에 직결된다.

대통령은 국가안보 여론 형성의 선도자로서 국민의 안보의지를 하나로 모아야 한다. 결정된 안보정책에 대해서는 다양한 방법을 통해 몸소 국민에게 설명하고 호소하여 국민적 합의를 이끌어내야 한다. 안보정책을 민족 간 대결과 증오를 조장하는 것으로 잘못 인식해서는 안 되고, 안보를 부정적으로 보거나 경시해서는 안 된다. 보편화된 안보불감증도 관심을 가져야 하고, 학교교육은 물론 각종 교육에서 안보교육도 강화하도록 해야 한다.

2. 대통령의 국가정체성이 외교안보정책에 큰 영향을 미쳤다.

대통령의 국가정체성이 불분명하면 우리나라에 대해 부정적으로 인식하게 될 뿐만 아니라 적이 누구인지 불분명하게 되어 외교안보정책에 중대한 차질을 불러올 수 있다. 국가정체성이 불분명한 지도자들은 안보 부문까지 코드 인사로 채워 안보정책을 코드 노선에 따라 좌지우지한다. 대통령을 비롯하여 집권층의 국가정체성이 불분명하고 안보 위협을 제대로 인식하지 못하면 외교안보 당국과 군대는 물론 국민마저 안보경각심이 흐트러져 국가안보태세가 허물어지게 된다. 그동안 일부 대통령들은 대한민국의 건국과 그 이후의 정부들의 정통성을 부정하면서 북한에 대해서는 지나치게 우호적이어서 안보정책에 심각한 차질을 초래했다.

여기에는 대한민국 초기의 역사에 대한 잘못된 인식이 자리 잡고 있다. 대한민국은 공산세력과의 투쟁 속에서 건국되었고, 건국 한지 1년 반 만에 6 · 25전쟁이라는 열전(熱戰)을 겪으며 겨우 생존한 나라다. 당연히 국가안보가 최우선 목표가 될 수밖에 없었고, 그런 가운데 70만 대군이 육성되면서 군부의 영향력이 커졌다. 결국 군부세력이 쿠데타를 통해 집권하여 경제발전과 국가안보에 매진하면서 장기집권하는 가운데 민주화운동을 억압했기 때문에 당시 민주화세력의 핵심 구호는 '군사독재 타도'였다.

민주주의라는 기준에서 보면 잘못된 것이었지만, 당시 최악의 여건을 감안한다면 국가안보와 경제발전을 우선한 것은 바람직했다. 문제는 민주화세력이 대한민국의 건국과 안보를 중시했던 정권들의 정통성을 부정하는 동시에 군대는 물론 국가안보정책을 부정적으로 인식하게 되었다는 것이다. 그러나 국가안보가 보장되지 않고는 민주주의도 존재할 수 없기 때문에 민주세력과 안보세력은 서로 적대시할 대상이 아니다. 더구나 민주화세력에는 이적단체, 미군철수를 주장하는 세력, 김일성 주체사상을 맹종하는 세력 등도 포함되어 있다.

운동권 세력의 이념노선은 왜곡된 역사인식에 바탕을 두고 있다. 그들은 대한민국의 현대사는 '민족분단사'에 불과하다면서 대한민국의 정통성을 사실상 부정한다. 그들은 대한민국 건국이 민족분열을 초래했으며, 이승만 대통령을 분단의 원흉이라고 주장하고, 반공·안보정책이 분단을 지속시키고 민족 간 증오와 대결을 조장해왔다고 비난하며, 주한미군도 통일의 장애요인이라며 철수를 주장한다. 그들은 분단 극복, 즉 통일을 민족정체성 회복의 유일한 길이라 믿으며, 북한을 대상으로 한 화해·협력정책은 분단 극복을 위해 바람직하다고 믿는다. 다시 말하면, 통일정책을 안보정책보다 우선시한다.

그들은 이승만·박정희 정권은 반민족세력인 친일세력 또는 분단세력이 주도해왔다고 비난한다. 그들은 북한을 같은 민족일 뿐 아니라 통일의 파트너로 보기 때문에 북한이 우리의 안보 위협이라는 인식이 희박하다. 그들은 보수정권이 안보를 정치적 목적에서 악용해왔다며 안보에 대해 부정적 인식을 가지고 있다. 다시 말하면, 안보는 민주주의에 배치될 뿐 아니라 반평화·반민족·반통일적이라 여긴다. 그래서 군대를 포함한 안보기관을 수시로 숙정 또는 적폐청산의 대상으로 삼는다. 안보가 중요하다는 주장을 펴면 그들은 냉전시대의 낡은 반공 이데올로기라고 비난한다. 그들은 체제경쟁에서 한국이 완전히 승리했기 때문에 북한을 두려워할 필요가 없다고 주장한다.

오늘날 북한이 사실상 핵보유국이 된 데에는 이러한 잘못된 역사관과 국가관에 빠졌던 대통령들과 지지세력들의 책임이 적지 않다.

3. 북한의 실체와 의도를 제대로 인식하지 못했다.

안보 문제는 희망적 사고나 이상주의적으로 접근하는 것은 위험하다. 위협의 실체에 대한 냉철한 판단 위에 전략적으로 접근하지 않으면 안 된다. 『손자병법(孫子兵法)』의 모공편(謨功篇) 결론에 다음과 같은 유명한 구절이 있다.

지피지기 백전불태(知彼知己 百戰不殆), 즉 적을 알고 나를 알면 백 번 싸워도 위태로울 것이 없다.

부지피이지기 일승일부(不知彼而知己 一勝一負), 즉 적을 모르고 나를 알면 승과 패를 주고받는다.

부지피부지기 매전필태(不知彼不知己 每戰必殆), 즉 적을 모르는 상황에서 나조차 모른다면 모든 싸움에서 반드시 위태롭다.

지난 몇 십 년간 우리의 대북정책은 과연 어느 쪽에 가까웠는가? 북한이 핵무기와 미사일로 위협하게 된 데에는 과거 우리 위정자들이 적도 모르고 우리 자신도 몰랐던 것은 아닌가? 우리의 외교안보정책이 바로 서려면 대북정책부터 바로 서야 한다. 과거 우리 외교안보정책이 혼선과 파행을 거듭해온 데에는 잘못된 대북정책에서 비롯된 바 크다. 실제로 국익과 안보를 희생한 채 남북관계에만 몰두했던 정권들이 얻어낸 건 무의미한 합의문 몇 장뿐이다. 북한 눈치 보기와 퍼주기로 환심을 사서 피상적으로 남북관계를 진전시키려는 정책으로는 비핵화도 평화도 이룰 수 없고, 평화통일도 불가능하다. 한반도 냉전은 끝난 적이 없으며, 지금은 심각한 대결로 치닫고 있다.

북한에 대해 잘못 판단하게 된 원인은 여러 가지다. 무엇보다 집권세력의 불투명한 국가정체성 때문이다. 그래서 그들은 북한의 위협을 과소평가하며, 적화통일이라는 북한의 대남전략이 근본적으로 변한 적이 없다는 사실을 간과한다. 북한을 대상으로 "아무리 나쁜 평화라도 전쟁보다는 낫다"는 사고는 위험하다. 이는 곧 북한의 핵미사일 도발에 굴복하여 평화적으로 적화통일되는 것이 전쟁보다는 낫다는 주장과 크게 다르지 않다.

둘째, 우리는 남북 체제경쟁에서 승리했으며 북한의 붕괴가 임박했다는 착각에 빠져 북한을 과소평가해왔던 것이다. 북한을 흡수통일한다거나 북한을 변화시킬 수 있다고 오판을 했다. 북한에 대해 너무 몰랐고, 같은 민족이라는 낭만적 감정에 젖어 경계심도 없었기 때문이다. 그래서 북한 정권이 무엇을 노리며 어떤 전략을 추구하고 있는지 관심도 없었다. 그 같은 잘못된 대북정책의 결과로 북한은 핵보유국이 되어 한국의 생존과 번영을 위협하고 있다. 세계 6위 군사력을 가진 한국군에게 낙후한 인민군은 위협이 될 수 없다고 믿고 있는 것일까? 과연 우리의 재래식 군사력으로 북한의 핵을 막을 수 있을까? 핵무기가 권총이라면, 한국의 최첨단 재래식 무기는 물총이다. 또다시 이승만 시대처럼 북한과 죽느냐 사느냐 사생결단으로 대결할 수밖에 없게 되었다.

셋째, 북한은 개방 · 개혁할 수밖에 없다는 낙관론에 빠져서는 안 된다. 수령체제가 있는 한 개방 · 개혁할 수 없고, 개방 · 개혁하지 않는 한 북한은 정상국가가 될 수 없고, 남북관계도 평화로워질 수 없다. 북한의 입장에서 보면, 번영되고 자유로운 대한민국의 존재 자체가 최대 위협인 것이다. 그래서 남북 간 진정한 화해 · 협력은 불가능한 것이다. 김정은 정권은 자유롭고 잘사는 남한과 교류하고 경쟁할 수 없다는 것을 잘 알고 있다. 북한 주민들이 남한 사람들과 접촉하면 할수록 그들의 폐쇄적 수령체제에 대한 충성심이 흔들릴 수밖에 없다. 그래서 북한은 개성공단이나 금강산 관광 구역 등 통제된 지역에서 한정된 사람들만 남한 사람들과 접촉하게 해왔다. 남북교류를 하면 북한이 변하게 된다는 것은 잘못된 판단이다.

북한의 개혁 · 개방 시도였던 두만강개발계획과 개성공단사업은 실패했다. 2조 원이나 투입되었던 금강산관광사업도 김정은의 말 한마디로 모두 철거되었다. 2003년 발효된 남북 간 투자 보장, 이중과세방지, 상사분쟁조정, 청산결재 등 경협 합의서는 휴지조각에 불과했다. 이런 나라가 어떻게 개방 · 개혁을 할 수 있으며, 그러한 나라에 투자할 외국 기업이 어디 있겠는가?

그럼에도 불구하고 김대중 대통령은 햇볕정책을 통해 북한을 개혁 · 개방시켜 통일의 길로 유도하려고 했고, 이 햇볕정책을 계승한 노무현 대통령과 문재인 대통령도 북한에 대한 유화정책에 몰두했다. 북한붕괴론이 유행할 시기에 대통령이었던 김영삼은 북한이 붕괴하여 통일 대통령이 될 수 있다는 생각을 했고, 박근혜 대통령도

"통일은 대박이다"를 외치면서 통일 대통령의 꿈을 꿨는지도 모른다. 김종인 박사는 2022년 초 출간한 『대통령은 왜 실패하는가』에서 대통령들에게 건네는 여섯 가지 조언 중 하나로 "'통일 대통령'의 꿈을 버리고 '대한민국의 대통령'이 되라"고 했다.

넷째, 북한을 경계해야 할 대상이라기보다는 도와주어야 할 대상으로 규정하고 북한에 우호적인 입장을 유지함으로써 북한에 대한 국민의식에 혼란을 초래하고 남남갈등을 부추기는 결과를 초래했다. 마지막으로, 북한이 더 이상 위협이 아니라는 점을 강조하기 위해 한반도에서 전쟁은 끝났고 평화시대가 도래했다는 인식을 확산시켰다. 이로 인해 남북 간 이념적 대립과 군사적 대치라는 엄연한 현실을 망각하면서 정신무장이 해제된 것이다. 동시에 미국의 대북정책을 한반도 긴장을 조성한다고 인식하여 반미운동에 나서는 사람들도 적지 않다.

4. 안보 문제를 둘러싼 국론분열이 안보를 위태롭게 했다.

국가안보는 통합된 총력전으로 대응해야 한다. 안보 문제에 대한 국론분열은 곧 적전분열이며, 적이나 외세가 침투할 틈을 열어주는 것이다. 역사를 되돌아보면, 임진왜란, 병자호란은 물론 구한말에도 국론분열이 가장 심각한 문제였다. 우리의 안보 환경이 엄중함에도 불구하고 대북정책을 비롯한 외교안보정책을 둘러싼 국론분열이 심각하다. 안보태세의 기본이 국민통합인데, 국론분열은 국가안보를 위태롭게 한다.

국론분열의 주된 원인은 정치세력이 국민들을 편 가르기 하고, 이것을 남북관계와 외교관계에까지 확대한 데 있다. 예를 들면, 백낙청은 "진보세력은 민족세력이고 민주세력이며 또한 통일주도세력"이라고 규정하는 동시에 "보수세력은 반민족세력이고 반민주세력이며 반통일세력"이라고 매도한다. 민족과 반민족의 이분법에 따라 북한에 대해 화해 · 협력을 추구하면 민족세력이라고 하고, 미국, 일본과 안보협력을 하면 친일 · 친미적 반민족세력이라고 매도해왔다.

천안함 폭침 이후 그 원인을 둘러싸고 벌어진 남남갈등은 북한에 대한 정부의 대응을 어렵게 했다. 합동조사단이 북한이 어뢰로 천안함을 폭침시켜 46명의 승조원이 사망했다고 결론을 내자, 이명박 정부는 북한에 책임이 있다고 맹비난했다. 그러나 북한은 처음부터 자신들의 연루 의혹을 일축하며 남측의 자작극이라고 했다. 이 사태에 대한 한국의 진보단체들의 주장은 북한의 입장과 차이를 발견할 수 없었다. 보수진영과 진보진영 간의 갈등과 논란은 대북정책에 혼선을 초래했다.

또한 진보진영은 "전쟁이냐 평화냐"라는 구호를 자주 동원한다. 자신들을 '평화세력'이라고 하면서 반대세력을 '호전세력'이라고 몰아붙인다. 진보정권 하에서 국가안보는 전쟁세력 또는 분단세력이 만들어낸 단어이자, 전쟁광들이 좋아하는 개념으로 치부되었다. 전쟁을 원하는 세력이 어디 있겠는가? 문제는 전쟁의 반대가 곧 평화의 보장이 아니라는 것이다. 전쟁을 억지할 능력이 있을 때만이 평화가 보장되는 것이다. 그런데 평화만 강조하다 보면 적에 대한 경계와 감시를 소홀히 하게 된다. 진보정권 15년간 대북정책에서 평화를 추구했지만, 북한은 그 기회를 이용하여 핵보유국이 되었다. 그뿐만 아니라 대북정책을 두고 보수와 진보로 갈라져 싸울 때 북한의 대남전략은 더욱 적극적이 되었다.

외교안보 문제를 둘러싼 국론분열 때문에 한미동맹이냐 친중·친북이냐, 친일이냐 반일이냐 등을 둘러싼 논란이 끊이지 않고 있다. 일본과의 과거사 문제도 그래서 잘 해결되지 않는다. 그런데 정권이 바뀌면 대북정책을 포함한 안보정책이 근본적으로 달라진다. 그래서 안보정책에 일관성과 연속성이 없는 일이 능사가 되어왔다.

비스마르크(Otto von Bismarck)는 후대에 두 가지 생존의 지혜를 남겼다. 하나는 독일의 지정학적 현실에 대한 냉철한 인식이고, 다른 하나는 국론분열 없는 국민통합이라는 것이다.

5. 안보 포퓰리즘의 위험성을 과소평가했다.

안보 포퓰리즘이란 정치인이 안보 문제를 정치적으로 이용하는 현상을 말한다. 전쟁과 평화는 상식적 판단이 적용될 수 없는 영역이기 때문에 포퓰리즘에 의해 흔들려서는 안 된다. 국가 생존 등 사활적 이익(survival interests)이 걸린 중요한 외교안보정책은 정책 당국자들과 전문가들의 냉철한 분석과 판단에 의해 이루어져야 하며, 대중의 감성에 끌려가서는 안 된다. 대통령은 국군통수권자, 즉 국가안보의 최고 책임자이기 때문에 안보 포퓰리즘을 특별히 경계해야 한다. 대다수 국가에서 외교안보정책은 초당적 차원에서 이루어지고 있으며, 정권이 바뀌더라도 일관성과 연속성이 유지된다. 따라서 한국처럼 안보 상황이 심각한 나라에서 안보 포퓰리즘은 국가적 '자살행위'나 다름없다.

한국의 안보 포퓰리즘은 우려되는 수준이다. 안보 포퓰리즘을 조장하는 첫 번째 요인은 배타적 민족주의다. 배타적 민족주의는 항일투쟁을 국가정체성의 핵심으로 삼고 현대사를 친일 · 친미 · 반자주 세력이 지배해왔다는 역사인식에 뿌리를 두고 있다. 이러한 주장을 하는 사람들은 미국이 분단에 책임이 있을 뿐 아니라 여전히 통일의 장애가 되고 있다고 본다.

그래서 반미(反美)감정이나 반일(反日)감정이 수시로 폭발해왔고, 그 결과로 한미동맹과 한미일 안보협력에 부정적이다. 또한 자주성을 표방하고 전작권 조기 환수를 주장하여 극단적인 경우에는 미군철수까지 주장한다. 반일감정도 안보 포퓰리즘으로 수시로 동원되고 있다. 북한의 핵 · 미사일 위협에 대한 한미일 안보협력은 필수적이다. 그런데 이명박 대통령이 인기를 의식하여 독도를 방문하면서 한일관계를 더욱 악화시켰고, 한미일 안보협력에 부정적 영향을 미쳤던 것이다.

안보 포퓰리즘을 조장하는 두 번째 요인은 감상적 평화론이다. 평화를 주장한다고 평화가 보장되는 것이 아니다. "평화를 원하거든 전쟁을 준비하라"는 말을 되새겨야 한다. 과거 중요한 선거를 앞두고 "전쟁이냐 평화냐"라는 양자택일 구호를 내세우며 안보노선을 폄훼하기도 했다. 북한은 시종일관 군사제일주의 노선을 고수해왔는데 우리만 평화를 주장하고 대비를 소홀히 한다면, 그것은 전쟁을 불러들이는 것이나 마찬가지다.

병사 복무기간을 18개월로 줄인 것도 대표적인 안보 포퓰리즘이다. 첨단장비가 많은 현대식 군대에서 교육훈련이 부족하고 단기간에 대규모 병력 교체가 계속된다면 과연 전투력을 발휘할 수 있을

지 의문이다. 문재인 정부 당시 핵무장한 120만 북한군 앞에서 국군 병력을 62만 명에서 50만 명으로 줄이기로 했다. 초저출산으로 병역 의무자가 대폭 감소하고 있는 상황에서 전력(戰力)을 유지하려면 복무기간을 늘리는 것이 정답이다.

복무기간 감축 못지않게 무책임한 주장이 모병제 도입이다. 모병제를 실시한다면 군대를 갈 필요가 없어지기 때문에 많은 젊은이들과 부모들이 솔깃해할 수밖에 없다. 그런데 2022년 대통령 선거에서 이재명, 심상정, 안철수 후보가 모병제를 공약한 바 있다. 2015년 한국국방연구원의 설문조사에 의하면, 45%의 병사들이 "가능하면 국방의무를 피하고 싶다"고 응답하고 있어 모병제를 도입한다면 심각한 결과가 예상된다.

역사에서 훌륭한 대통령으로 기억되려면 무엇보다 안보 문제를 정치적 목적을 위한 수단으로 이용하는 포퓰리즘 유혹을 이겨내는 것이 필수적이다.

6. 북한 문제에 매몰되어 동북아 안보의 중요성을 등한시했다.

지정학적 취약성이 큰 한국은 북한 이외에 국제정세 변화에도 기민하게 대응해야 한다. 구한말 우리는 국제정세 변화를 직시하고 효과적으로 대응하지 못하여 비극적 종말을 맞았다. 지금 세계는 대격변이 일어나고 있다. 러시아의 우크라이나 침공을 계기로 미국-나토(NATO)와 중국-러시아를 양극으로 하는 범세계적 신냉전이 본격화되고 있다. 중국이 2050년까지 미국을 능가하는 국가를 건설하겠다는 중국몽을 향해 질주하고 있기 때문에 향후 미중 간 신냉전은 심화될 가능성이 크다.

2017년 미중 정상회담에서 시진핑 주석은 "한반도는 역사적으로 중국의 일부였다"고 했다. 이 말은 한국이 중국의 영역권이라는 의미를 함축한 말이다. 중국은 사드 압박 등을 통해 한미동맹을 이완시키고 나아가 경제수단을 동원하여 정치외교적 압박을 가하며 다양한 방식으로 국내 정치에 개입하여 친중국가로 바꾸려 한다.

호주의 클라이브 해밀턴(Clive Hamilton) 교수는 그의 저서 『중국의 조용한 침공(Silent Invasion)』 한국판 서문에서 "중국의 전략적 목표는 미국 동맹의 해체이며, 따라서 중국이 인도 · 태평양 지역에서 노리는 주요 국가는 호주, 일본, 한국이다. … 호주는 베이징의 압력에 맞섰지만, 한국은 지레 겁을 먹고 중국과 미국 사이에서 '전략적 모호성'이라는 나약한 태도를 유지하고 있다. … 한국 정부가 중국과 긴밀한 관계를 유지하면서 독립도 지킬 수 있다고 생각한다면 위험한 도박을 하는 것"이라고 경고하고 있다. 전문가들은 미중 경쟁 문제가 향후 최소한 한 세대, 또는 21세기 내내 한국 외교의 최대 과제가 될 것이라고 경고한다. 미국과 중국 간 신냉전에 따른 우리의 생존전략도 심각히 고민하고 대처하지 않으면 안 된다. 현실주의 국제정치학자 존 미어샤이머 교수는 2015년 한국 방문 시 한국의 안보에 대해 이렇게 우려했다.

"한국이 앞으로 연합국 세력(balancing coalition)에 가담하여 중국의 부당한 압박에 대항하거나, 아니면 중국의 위성국가(bandwagon state)로 전락하여 주권 평등을 인정하지 않는 노예 상태로 살아가

느냐를 선택해야 하는 뼈아픈 순간이 올 것이다."[256]

향후 더욱 강해진 중국은 한국에 공세적인 개입을 시도할 것이고, 그렇게 되면 한국으로서는 미국에 의지하는 것 말고 다른 방안이 없다. 중국은 북한이 독립국가로 유지되기를 원한다. 북한이 미국의 동맹국인 한국과 중국 사이에서 완충지대 역할을 할 것으로 보기 때문이다. 이에 대응하여 미국은 한국 등 동맹국들과 함께 중국을 견제함으로써 중국이 지역 패권국으로 등장하는 걸 막으려 하고 있으며, 특히 미국은 한국과 동맹을 더욱 강화하고자 할 것이다. 한국의 지정학적 · 지경학적 위치가 한국을 미국의 매우 중요한 전략적 파트너로 만들고 있는 것이다. 한국은 중국의 제국주의적 패권주의로부터 주권과 자주권, 그리고 국가정체성을 지키겠다는 단호한 자세가 필수적이다.

중국의 영향력으로부터 한국이 자율성을 확대하기 위해서는 중국 시장에 대한 과도한 의존도를 줄여야 한다. 또한 한미일 안보협력은 물론 매우 중요한 이웃나라인 일본과의 협력 확대도 필수적이다.

7. 한미동맹의 중요성을 간과하여 외교안보정책에 혼선을 가져왔다.

지난 70년 가까이 한국은 한미동맹의 혜택을 누려왔다. 북한이 사실상 핵보유국이 되었고, 미국과 중국이 패권을 다투고 있으며, 러시아가 우크라이나를 침공하는 등 신냉전이 본격화되고 있는 상황에서 한미동맹의 중요성은 더욱 커지고 있다. 그럼에도 불구하고 이재명 의원은 국회 국방위원회 질의에서 "외국군에 의존하지 않아도 자주국방이 가능하다"고 했다. 이러한 말을 지지하는 사람이 많이 있기 때문에 이런 말을 당당히 하는 것이다. 한미동맹의 장애요소를 제거하고 동맹을 강화하기 위한 국가적 · 국민적 노력이 절실하다.

북한은 미국을 직접 위협할 수 있는 핵무기와 미사일을 이미 보유하고 있거나 조만간 갖게 될 것이다. 북한이 목숨 걸고 핵무기를 미국까지 날려 보낼 수 있는 대륙간탄도미사일과 잠수함발사탄도미사일(SLBM)을 확보하려 했던 이유가 무엇인가? 유사시 한미동맹을 마비시키고 한국과 미국을 분리하는 가장 효과적 수단이 바로 대륙간탄도미사일이라고 확신하기 때문이다.

이와 관련하여 란코프(Andrei Lankov) 교수는 《조선일보》 인터뷰에서 한미동맹에 대해 이렇게 우려하고 있다. "미국이 서울을 지키기 위해 북한과 대결하려 한다면, 미국 대통령은 LA나 샌프란시스코 또는 뉴욕이 북한의 핵미사일 공격을 여러 발 받아 많은 희생자가 날 가능성을 고려하지 않을 수 없다. … 미국에서 경제 위기가 발생하거나 고립주의가 고조될 때, 남한을 지킬 의지(意志)가 약한 미국 대통령이 등장하는 경우, 북한은 이를 '기회'로 보고 도발을 감행할 수 있다. 미국이 증원군 등을 남한으로 보내려 할 때 북한이 '한반도 평화를 위해' 뉴욕이나 LA에 대해 핵으로 위협한다면, 미국 대통령은 딜레마에 빠질 것"이라고 했다.[257]

그렇다면, 한국은 어떻게 해야 할 것인가? 란코프는 한미동맹을 획기적으로 강화해야 한다며 다음과 같이 말했다.

"한국 일각에서 제기하는 자체 핵개발은 불가능하다. 한국이 정말 핵무장을 시도한다면, 국제 제재로 경제가 무너진다. 미국의 전술핵 배치나 미국과의 핵 공유는 유의미하지만 최종적으로 핵무기 사용 버튼을 누르는 딱 한 명은 미국 대통령이다. 마지막이자 유일한 방법은 한미(韓美)동맹을 미영(美英) · 미일(美日)동맹에 버금가도록 대폭 강화하는 것이다. … 미영 · 미일동맹의 결속도가 10점이라면 한미동맹은 6~7점에 불과하다. 이게 9~10점이 되도록 한국의 전략적 가치와 매력을 더 높여야 한다. 한미동맹을 과신(過信)해서는 절대 안 된다. 그러나 한국의 생존을 지켜주는 다른 대안(代案)은 없다."[258]

한국과 미국 각각에게 한미동맹은 최선의 선택이다. 강력한 한미동맹은 북한과 중국 문제에 대한 한국의 대처를 보다 용이하게 해준다.

*****

필자는 지금까지 이 책에서 역대 대통령들의 안보에 대한 업적과 더불어 시행착오도 살펴보았다. 지난 70여 년의 한국 현대사를 되돌아보면, 남북관계가 표면적으로는 오르내림이 심했을지 모르지만, 그 저변을 들여다보면 화합 불가능한 두 체제 간 제로섬(zero-sum) 대결이 계속되어왔다. 그래서 한국의 현대사는 한마디로 말해 자유를 지키기 위한 투쟁사였다. 그런데 지금의 상황을 더욱 우려하지 않을 수 없다. 북한이 핵선제공격을 공언할 정도로 한국의 안보는 6 · 25전쟁 이후 최악이라고 할 수 있고, 국제적으로도 미국 중심의 서방세력과 중국 · 러시아 간 전방위 대결로 치닫고 있어 제2차 세계대전 이후 최악의 지정학적 위기라는 말이 나온다.

한국은 안보는 물론 국민경제에 있어서도 어느 나라보다 국제적 영향을 많이 받는 나라다. 한마디로 말해 나라의 안전과 번영이 갈림길에 서 있다 해도 과언이 아니다. 그런데도 외부의 위협과 불안정에는 관심이 없고 우리끼리 편을 갈라 아귀다툼을 벌이고 있다. 한국인의 DNA에서 가장 결핍된 것이 안보의식이 아닌가 하는 의심이 든다. 우리 모두가 바짝 긴장하지 않으면 안 된다. 모두가 위기의식을 가지고 나라의 안전과 번영을 위해 헌신할 수 있어야 하며, 그러한 방향으로 국민을 이끌어갈 책무가 대통령과 정치권에 주어져 있다.

세계 역사는 안보가 모든 가치에 우선한다는 것을 말해주고 있다. 안보가 최악의 상황에 다다른 지금, 더 이상의 시행착오는 용납될 수 없다. 지도층은 물론 우리 모두가 역사적 경험에서 배워야 한다. 신채호 선생은 "역사를 떠나 애국심을 구하는 것은 눈을 감고 앞을 보려는 것이며, 다리를 자르고 달리고자 하는 것이다"라고 말했다. 역사를 모르면 아무것도 제대로 할 수 없다는 뜻이다. 트루먼(Harry S. Truman) 대통령도 "모든 실책의 원인은 무지에서 비롯된다. 대통령이 된 사람은 무엇보다 역사에 대해 잘 알아야 한다"고 했다. 그런 점에서 역대 대통령들의 안보리더십이 주는 교훈을 담은 이 책이 국가안보와 번영에 조금이나마 기여할 수 있기를 기대해본다.

| 미주(尾註) |

1 존 미어샤이머 인터뷰, "한국, 폴란드처럼 지정학 위치 최악, 미중 갈등 대비를", 《중앙일보》, 2011년 10월 10일.

2 북한의 『조선말대사전』에 따르면, 국토완정은 "한 나라의 령토를 단일한 주권에 완전히 통일하는 것"이다. 국토완정은 북한 체제로 한반도를 완전히 정리하겠다는 의미이며, 북한은 국토완정과 통일을 동일시하고 있다.

3 Michael Hickey, *The Korean War*, John Murray, London, 1999, p. 19.

4 "김정은 남벌 야망, 꿈 아닌 현실", 《조선일보》, 2022년 6월 5일.

5 김충남, 『당신이 알아야 할 한국 현대사』, 기파랑, 2016년, 37-41쪽.

6 짐 하우스만 · 정일화 공저, 『한국대통령을 움직인 미군 대위』, 한국문원, 1995, 216쪽.

7 Robert T. Oliver, *Syngman Rhee and American Involvement in Korea, 1942-1960*, Seoul: Panmun, 1978, pp. 248-249.

8 Soon Sung Cho, *Korea in World Politics 1940-1950*, Berkeley, University of California Press, p. 232.

9 *U.S. News and World Repor*t, June 5, 1950.

10 정일권, 『정일권 회고록』, 고려서적, 1996, 262쪽.

11 정일권, 앞의 책, 373-374쪽.

12 남정옥, 『이승만 대통령과 6 · 25전쟁』, 이담출판사, 2010, 17쪽.

13 Military Situation in the Far East, Hearings Before the Joint Senate Committee on Armed Services and dn Foreign Relations, First Session, 1951, p. 82.

14 Jon Woronoff, *Korea's Economy: Man-made Miracl*e, Arch Cape, Oregon, Pace International, 1983, p.18에서 재인용.

15 Oliver, *Syngman Rhee and American Involvemen*t, pp. 310-312.

16 남정옥, "이승만 대통령의 전시지도자 역할", 김영호 외 지음 『이승만과 6 · 25전쟁』, 연세대학교 출판부, 2012, 128쪽.

17 박정희, 『국가와 혁명과 나』, 도서출판 지구촌, 1997, 26쪽.

18 박정희, 『평설 국가와 혁명과 나』, 기파랑, 2017년, 216-217쪽.

19 『박정희대통령연설문집: 제1집(1963. 12~1964. 12)』, 대통령공보비서관실, 1965, 39쪽.

20 Notes of the 485th Meeting of the National Security Council, June 13, 1961, *FRUS(Foreign Relations of the United States), XXI*I, no. 229.

21 Memorandum of Conversation, June 20, 1961, *FRUS 1961~1963, XXI*I, pp. 489-490.

22 Donald S. MacDonald, *U.S.-Korea Relations from Liberation to Self-relianc*e, Boulder: Westview Press, 1992, p. 134.

23 "한일회담 타결에 즈음한 특별담화문", 『박정희대 통령연설문집』 제2집(1965. 1~1965. 12)』, 대통령비서실, 1966, 208쪽.

24 "대외개방: 월남파병", 《조선일보》, 1999년 8월 25일.

25 Stanley R. Larson and James L. Collins, Jr., *Allied Participation in Vietnam*, Washington, D.C.: Department of the Army, 1975, p. 95.

26 Joungwon A. Kim, "Korean Participation in the Vietnam War", *World Affairs*, Spring 1966, p. 34

27 김충남, 『대통령과 국가경영』, 서울대출판부, 2006년, 253쪽.

28 해군, 당포함 피격사건. https://www.navy.mil.kr/mbshome/mbs/navy/subview.do?id=navy_060411010000.

29 오동룡, "제2의 한국전쟁은 한미 양국과 북한이 치른 전쟁," 《월간조선》, 2022년 5월호.

30 앞의 글.

31 《조선일보》, 1968년 2월 13일.

32 Korea, Memorandum from the Director of Defense Research and Engineering(John Foster) to Secretary of Defense McNamara, December 7, 1967, *FRUS 1964-1968, XXIX*, no. 138.

33 Ambassador William Porter and Winthrop Brown in their joint congressional testimony in 1970: U.S. Congress Report, *U.S. Security Agreements and Commitments Abroad*, 1970, pp. 1530-1533.

34 조영길, 『자주국방의 길』, 도서출판 플래닛미디어, 2019, 40쪽.

35 오원철, 『박정희는 어떻게 경제강국을 만들었나』, 동서문화사, 2006, 121쪽.

36 합동통신사, 『합동연감』(1976), 107쪽.

37 국방부, 『율곡사업의 어제와 오늘 그리고 내일』, 1994, 37쪽.

38 "Korea Close to N-bomb Development in Late 1970s", *Korea Herald*, October 6, 1975.

39 《연합뉴스》, 2014년 3월 27일.

40 Don Oberdorfer, *The Two Koreas*, Reading, Mass. Addison-Wesley, 1997, p. 72.

41 조영길, 앞의 책, 120쪽.

42 Oberdorfer, 앞의 책, p. 63에서 재인용.

43 Jimmy Carter Presidential Library; https://www.jimmycarterlibrary.gov/assets/documents/memorandums/prm13.pdf.

44 "카터 주한미군 철군론 무너뜨린 암스토롱 보고서", 《서울신문》, 2014년 12월 1일.

45 김충남, 『대통령과 국가경영』, 327-329쪽.

46 앞의 책, 465-467쪽.

47 Robert D. Schulzinger, *U.S. Diplomacy Since 1900*, 4th Edition, New York: Oxford University Press, 1998, pp. 326~331.

48 U. S. Embassy in Seoul to Department of State, May 7, 1980; and Deputy Secretary of State to U.S. Embassy in Seoul, May 8, 1980.

49 Embassy Cable, "The Kwangju Crisis", May 21, 1980, quoted in Oberdorfer, 앞의 책, p. 128.

50 Washington Post, May 27, 1980.

51 NSC meeting on Kwangju, "Summary of Conclusion", National Security Council Memorandum, quoted in Oberdorfer, 앞의 책, p. 129.

52 William H. Gleysteen, Jr., *Massive Entanglement, Marginal Influence*, Washington, D. C.: Brookings, 1999, p. 65.

53 1980년 말 레이건 당선자가 카터 대통령과 만난 자리에서 레이건은 박정희가 학원소요에 대해 대학을 휴교시키고 시위 학생들을 강제 징집하는

등, 강력히 대응한 것에 대해 긍정적으로 말했다고 한다. Jimmy Carter, *Keeping Faith: Memoirs of a Presiden*t (New York: Bantam Books, 1982), p. 578.

54 Gleysteen, 앞의 책, pp. 182-189.

55 Memorandum, Richard Allen to President Reagan, January 29, 1981.

56 "전두환 · 레이건 대통령 정상회담, 주한미군 철수계획 백지화 등 14개 항 공동성명", 『시사 110년사』, 하권, 1275-1276쪽.

57 Cable, SecState to Amembassy Seoul, February 6, 1981.

58 Cable, SecState to Amembassy Seoul, February 5, 1981.

59 이흥한 편저, 『미국 비밀문서로 본 한국 현대사 35장면』, 삼인, 2002.

60 "용산 국방부 · 계룡대 3軍 본부의 非효율", 《월간조선》, 2005년 4월호.

61 신장섭, "전두환 정권의 대일 경제외교", 《매일경제》, 2019년 7월 15일.

62 고성혁, "한일을 동맹급으로 이끈 나카소네 총리", 《미래한국》, 2019년 12월 12일.

63 박보균, 『청와대 비서실 3』, 중앙일보사, 1994, 396~404쪽.

64 김달중, "북방정책과 한국과 동유럽간의 관계개선의 의의", 《민족지성》, 1989년 8월호, 32쪽.

65 《조선일보》, 1981년 7월 4일.

66 Chae-Jin Lee, "South Korea in 1983: Crisis Management and Political Legitimacy", *Asian Survey*, 24:1(January 1984), pp. 113-114.

67 《조선일보》, 1983년 9월 2일.

68 장세동, 『일해재단』, 한국논단, 1995, 3-100쪽 참조.

69 오버도퍼, 『두 개의 코리아』, 중앙일보사, 1998, 142쪽.

70 앞의 책, 141쪽.

71 조영길, 앞의 책, 203쪽, 재인용.

72 앞의 책, 205~209쪽.

73 노태우, "노태우 육성회고록 1", 《월간조선》, 1995년 5월호, 85쪽.

74 Hwang Jang-yop, *The Problems of Human Rights in North Korea* (3) [see chap. 9, n. 25], trans. Network for North Korean Democracy and Human Rights(Seoul: NKnet, 2002), http//nknet.org/en/keys/lastkeys/2002/8/04.php.

75 Chan Young Bang, "Prospects of Korean-Soviet Economic Cooperation and Its Impact on Security and Stability of the Korean Peninsula", *Korean Journal of Intentional Studies*, 21:3 (Autumn 1990), p. 313.

76 노태우, 『노태우 회고록(하)』, 조선뉴스프레스, 2011, 395쪽.

77 노태우, "노태우 육성증언 1", 《월간조선》, 1999년 5월호, 86쪽.

78 앞의 책, 141-142쪽.

79 국사편찬위원회, 『고위관료들, 북핵위기를 말하다』, 2009.

80 Hakjoon Kim, "The Process Leading to the Establishment of Diplomatic Relations between South Korea and the Soviet Union", *Asian Survey*, 37:7(July 1997), pp. 637-651.

81 "[비사] 역대 주한 주미 대사들이 밝히는 한미관계", 《월간조선》, 2009년 5월호.

82 《중앙일보》, 1992년 9월 28일.

83 통일부, 『98 통일백서』, 1998, 432-435쪽.

84 《조선일보》, 1988년 10월 19일.

85 통일부, 「한민족 공동체 통일방안」, 1989.

86 Karen House and Damon Darlin, "Roh Says He Won't Seek Korean Summit", *Wall Street Journal*, July 1, 1992.

87 "민병돈 전 장군, '직언할 땐 모든 걸 버릴 각오로 해야지'", 《일요신문》, 2017년 2월 2일.

88 "박정희 · 노태우 · 노무현까지 이어진 국방개혁 걷어찬 MB", 《시사IN》, 2010년 7월 13일.

89 "노태우 육성회고록(4) 국방 비사편(2)", 《월간조선》, 2003년 7월 14일.

90 앞의 자료.

91 김종대, "국방개혁 실패의 역사 ① 노태우와 818 군제개편", D&D Focus, 2011년 6월.

92 Kyung-Won Kim, "No Way Out: North Korea's Impending Collapse", *Harvard International Review*, XVII: 2(Spring 1996).

93 동아일보사, 『잃어버린 5년: 칼국수에서 IMF까지』 1권, 1999, 36-49쪽.

94 조영길, 앞의 책, 355-357쪽.

95 Steve Glain, "Maverick Minister: One Lonely Voice in Seoul Calls for Helping the North", *Asian Wall Street Journal*, August 10, 1993.

96 신동아 특별취재반, "은둔자에서 수퍼스타로", 《신동아》, 2000년 7월.

97 David E. Sanger, "Seoul's Leader Says North Is Manipulating U. S. on Nuclear Issue", *New York Times*, July 1, 1993.

98 Joel S. Wit, Daniel B. Poneman, Robert L. Gallucci 지음, 김태현 옮김, 『북핵 위기의 전말: 벼랑끝의 북미협상』, 모음북스, 2005.

99 스콧 스나이더 지음, 안진환 · 이재봉 옮김, 『벼랑끝 협상: 북한의 외교전쟁』, 청년정신, 2003, 118-164쪽.

100 오버도퍼, 『두 개의 코리아』, 중앙일보사, 1998, 288쪽.

101 앞의 책, 291쪽.

102 앞의 책, 299쪽.

103 미국은 해외에서 전쟁, 정치 · 사회 불안, 자연재해가 임박하거나 발생하면 자국민을 소개하는 '비전투원 후송작전'을 실시한다. 이것은 주한미군 홈페이지에 내용이 소개될 정도로 비밀도 아니다. 주한미군은 그 훈련인 '포커스드 패시지(Focused Passage)'를 연례적으로 실시하고 있는데 대상자들을 집결지로 이동시켜 안전지역이나 본국으로 대피시키는 방식이다.

104 《한겨레신문》, 2000년 6월 26일.

105 정종욱, "1994년, 남북정상회담이 성사되었다면", 『공직에는 마침표가 없다』, 명솔출판, 2001, 50쪽.

106 오버도퍼, 앞의 책, 316쪽.

107 앞의 책, 340-341쪽.

108 최평길, 『미리 보는 코리아 2000』, 장원, 1994, 40쪽.

109 마커스 놀랜드 지음, 심달섭 옮김, "김정일 이후의 한반도", 《시대정신》, 2004, 47-48쪽.

110 이재봉, "북한 붕괴, 가능성도 낮고 바람직하지도 않다", 《프레시안》, 2014년 8월 22일.

111 Glenn Kessler, "South Korea Offers To Supply Energy if North Gives Up Arms", *Washington Post*, July 13, 2005. Washington-post.com. 2022년 7월 7일 확인.

112 Chung-in Moon, "Sunshine Policy Bearing Fruit", *Korea Times*, February 24, 2000.

113 도널드 커크 지음, 정명진 옮김, 『김대중 신화』, 부글북스, 2010, 216쪽.

114 조성관, "김대중의 통일정책 해부", 《월간조선》, 1991년 7월호, 304-323쪽.

115 앞의 자료, 66쪽.

116 아태평화재단, 『김대중의 3단계 통일론』, 아태평화출판사, 1995, 34-51쪽.

117 앞의 책, 37쪽.

118 다섯 가지 요건은 1998년 12월 31일 《한겨레신문》의 신년특집 "남북관계 전망과 대북정책 방향"에서 임동원 외교안보수석이 밝힌 것이다.

119 임동원, "한반도 냉전 종식의 길", 《월간조선》, 1999년 6월, 374-375쪽.

120 다른 사업으로는 선박수리, 석유시추, 통신사업 등이 포함되었다. 《코리아 헤럴드》, 1998년 11월 4일.

121 정부의 영향력으로 현대는 하이닉스 반도체에 대한 은행의 자금공급을 받을 수 있었다. 전문가들은 정부의 지시 없이 그 같은 대규모 융자는 불가능했을 것으로 보았다. 현대중공업도 북한에 대한 투자를 결정하고 나서 정부의 구제금융으로 부도를 막을 수 있었다. Edward M. Graham, "Reform of the Chaebol in Korea," *Korea's Economy 2003*(Washington, D.C.: Korea Economic Institute, 2003), pp. 24-25.

122 김정일, "올해를 강성대국의 위대한 전환의 해로 빛내이자", 『김정일선집』 14, 465쪽.

123 김정일, "전 당과 온 사회를 주체사상화 하자", 노동당 중앙위원회 책임일꾼과 한 담화.

124 이정복, "대북 햇볕정책의 문제점과 극복방향", 『한국정치연구』, Vol.8, 313-354쪽.

125 《조선일보》, 2000년 2월 3일.

126 "공로명의 통렬한 김대중의 외교노선 비판", 《월간조선》, 2002년 6월호, 1000-1118쪽.

127 Howard W. French, "Two Koreas Reach Agreement to Ease Cold

War Tensions", *New York Times*, June 14, 2000.

128 Bradley K. Martin, *Under the Loving Care of the Fatherly Leader: North Korea and the Kim Dynasty*, New York: St. Martin's Press, 2004, p. 650에서 재인용.

129 Jane Perlez,"South Korean Says North Agrees U.S. Troops Should Stay", *New York Times*, September 11, 2000.

130 장철현, "북한의 통일전선사업부 해부", 『북한조사연구』, 국가안보전략연구소, 2007년 6월.

131 "북한 통일전선부 출신 탈북자가 증언한 '대남공작부서의 모든 것", 《신동아》, 2007년 7월호;

132 "호랑이 등에 탄 DJ", 《조선일보》, 2000년 7월 1일.

133 "DJ는 왜 김정일 답방에 집착했나", 《동아일보》, 2005년 11월 23일.

134 《동아일보》, 2001년 2월 22일.

135 대통령비서실, 『김대중 대통령 연설문집』 제3권, 2001, 686쪽.

136 《내일신문》, 2000년 12월 5일.

137 도널드 커크, 『김대중 신화』, 355쪽.

138 김기삼, "전직 국정원 직원, DJ 노벨상 위해 국정원이 공작한 증거 있다", 《주간조선》, 2008년 5월 5일; "2년 간의 추적- 김대중의 노벨 평화상 수상 로비와 국정원 역할", 《월간조선》, 2004년 10월호.

139 김기삼, "회칠한 가면, 악마의 초상: 김대중의 노벨상 공작과 대북 뒷거래 실상", https://niswhistleblower.tistory.com/26.

140 *Wall Street Journal*, November 13, 2002.https://niswhistleblower.tistory.com/26

141 " [해군] 교전규칙 어떻게 변해왔나", 《한국일보》, 2002년.7월 1일; "안보구멍 왜 뚫렸나", 《동아일보》, 2002년 7월 2일.

142 Larry A. Niksch, "Korea: U.S.-Korean Relations", *Issues for Congress*, April 14, 2006., pp. 11-12.

143 North Korea Advisory Group, Report to the Speaker U.S. House of Representatives, November 1999. p. 2. 이 그룹은 1999년 8월 미 하원의장이 지난 5년간 미국에 대한 북한의 안보 위협이 증가했는지 여부를 검토하도록 요청하여 구성되었으며, 하원의원 9명이 참여했다.

144 《동아일보》, 2002년 10월 21일.

145 《조선일보》, 2002년 10월 28일.

146 《조선일보》, 2003년 7월 10일.

147 North Korea's Weapons Programmes: A Net Assessment (London:The International Institute for Strategic Studies, 2004), p. 46.

148 조갑제, 『대한민국이 김대중을 고발한다』, 월간조선사, 2003년.

149 《중앙일보》, 2003년 6월 25일.

150 "박지원, 30억弗 불법 대북송금에 서명", 《한국경제》, 2020년 7월 27일.

151 『2008 남북협력기금 백서』, 통일부, 2008, 34쪽, 39쪽.

152 하기와라 료(萩原 遼) 지음, 양창식 옮김, 『김정일의 숨겨진 전쟁: 김일성의 죽음과 대량 아사의 수수께끼를 푼다』, 자유미디어, 2011년.

153 "The Politics of Peril", *BusinessWeek*, February 24, 2003.

154 김충남, 『노무현과 이명박 리더십의 명암과 교훈』, 오름, 2011, 80-86쪽.

155 강만길, 『20세기 우리역사』, 창작과 비평사, 1999.

156 백낙청, 『흔들리는 분단체제』, 창작과 비평사, 1998.

157 통일부, 「참여정부의 평화번영정책」 2003년 3월, 1쪽.

158 국가안전보장회의, 『국가번영과 국가안보』, 2004. 23쪽.

159 박건영, "이명박 정부의 대미정책과 대안: 외교안보 문제를 중심으로", 『국가전략』, 14권 4호, 14쪽.

160 「참여정부의 평화번영정책」, 5쪽.

161 Joseph Curl, "U.S. keeps preemption doctrine'open'", *Washington Times*, May 13, 2003.

162 "대통령의 친북외교", 『경제풍월』, 2005년 1월호, 24-25쪽.

163 "버시바우 노-부시 정상회담은 최악의 한미 정상회담", 《동아일보》, 2009년 12월 7일.

164 "South Korea: Roh Harnesses the Tide of Nationalism", *Strategic Forecast*, March 1, 2004.

165 《중앙일보》, 2005년 4월 24일.

166 "얼굴 없는 탈북자 김철추의 北說: '는 감히 김대중 · 노무현 정권이 북한 3대 세습을 가능케 했다고 말할 수 있다", 《조선일보》, 2014년 7월 8일; "동북아 균형자론 어떻게 볼 것인가", 《조선일보》, 2005년 4월 14일.

167 허남성, "한미동맹은 한국 안보의 보험이다", 『아니야, 문제는 안보리더십이야』, 도서출판 플래닛미디어, 2021, 110-112쪽.

168 김희상, "전시작전통제권 전환 논란", 김영호 외 지음, 『대북정책의 이해』, 명인문화사, 2010, 221-222쪽.

169 김희상, 앞의 글, 220쪽.

170 윤광웅은 노 대통령의 부산상고 후배이며 노 대통령의 국방보좌관을 지냈다.

171 Evan Ramstad, "Rumsfeld Seized Roh's Election to Change Alliance", *The Wall Street Journal*, February 8, 2011.

172 "국민은 대통령다운 대통령을 지지한다", 《조선일보》, 2007년 4월 5일.

173 이명박 정부에 와서 세계적 금융위기로 한국 경제도 침체되었기 때문에 국방개혁 2020은 조정될 수밖에 없었다. 국방개혁 2020은 2020년까지 국방예산 증가율을 8%로 잡았지만, 계획 시작 연도인 2007년 8.8%였고, 이명박 정부 5년 평균 5.1%, 박근혜 정부 4.2%, 문재인 정부 6.3%에 그쳤다.

174 "노 대통령 '북 핵실험 했어도 군사균형 안 깨져", 《동아일보》, 2006년 11월 3일.

175 윤창중, 『만취한 권력』, 해맞이, 2007년, 90-91쪽.

176 "햇볕정책 바꾸어야 78%", 《중앙일보》, 2006년 10월 11일.

177 "'60조 경협' 위해 국방비 까고 세금 더 걷어", 《동아일보》, 2007년 8월 10일.

178 남시욱, "참여정부 노무현 집권 5년 진단 '국정실패 6가지'", 《브레이크뉴스》, 2009년 9월 16일.

179 "사설: 좌파 정부 10년 남북협력기금 펑펑 써 뭘 남겼다", 《조선일보》, 2008년 12월 17일. 김대중 정부는 북한에 2조 7,028억 원을 보냈고, 김정일 비자금으로 현대를 통해 9,000억 원을 더 보냈으며, 노무현 정부가 북한에 지원한 액수는 5조 6,777억 원이다(《동아일보》, 2008년 9월 30일).

180 《시사저널》, 2018년 5월 24일.

181 "나는 감히 김대중 · 노무현 정권이 북한 3대 세습을 가능케 했다고 말할 수 있다", 《조선일보》, 2014년 7월 8일.

182 이 부분은 김충남, 『한국의 10대 리스크』, 176-180쪽 참조.

183 박세일, "햇볕 8년에 8조 … 그 참담한 실패의 이유", 《조선일보》, 2006년 10월 30일.

184 "구멍 뚫린 위기관리 기능", 《동아일보》, 2008년 6월 12일.

185 황호택, "청와대 '교수비서실'," 『동아일보』, 2008년 5월 22일.

186 《중앙일보》, 2010년 10월 8일.

187 "한일 '성숙한 동반자관계' 신시대 개척 합의", 《조선일보》, 2008년 4월 21일.

188 "중 외교부 대변인 '돌출발언' 수습 진땀", 《한겨레신문》, 2008년 5월 28일.

189 이태환, "천안함 외교와 중국", 『정세와 정책』(세종연구소), 2010년 7월호.

190 임수호, "한국의 정권교체와 대북정책 변화: 이명박 정부를 중심으로", 『한국정치연구』, 제19집 제2호(2010), 135-163쪽.

191 전현준, "이명박 정부의 대북정책 전망: 남북관계 문 닫고선 경제 사리기도 어려워", 『민족 21』, 2008년 8월호.

192 《동아일보》, 2007년 11월 5일. 2007년 12월 《내일신문》이 실시한 여론조사에서도 국민의 76.3%가 "차기 정부의 대북정책은 현재와 달라져야 한다"고 했다(《내일신문》 2007년 12월 31일).

193 '비핵 · 개방 · 3000' 구상은 북한이 핵을 완전히 폐기한 후 보상이 주어질 수 있다는 것이 아니라 3단계로 나누어져 단계에 따라 보상을 제공한다는 것이다. 즉, 1단계에서는 핵시설 불능화와 연계하여 남북한 경제공동체 실현을 위한 협의에 착수하고, 2단계로 핵폐기가 이행되면 5대 대북 개발지원 프로젝트(경제, 교육, 재정, 인프라, 생활향상) 중 교육, 생활향상에 국한하여 프로젝트를 가동하며, 3단계에서는 핵폐기가 완료되면 5대 분야 프로젝트를 본격 가동한다는 것이다(통일연구원, 2008, 26-27).

194 2002년에는 쌀 40만 톤, 옥수수 10만 톤, 비료 30만 톤을 지원했고, 2006년에는 쌀 10만 톤, 비료 35만 톤을 지원했으나 2007년에는 쌀 40만 톤, 비료 30만 톤을 지원했다. 2006년 북한의 핵실험 이후 국제사회가 대북제재를 추진했으나 한국의 대북 경제협력은 급증했다.

195 통일부, 『통일백서 2009』 참조.

196 "남북경색은 북 때문", 《조선일보》, 2009년 2월 23일.

197 "이 대통령 "내가 배 만들어봐 아는데…북 개입 증거 없어", 《한겨레신문》, 2010년 4월 2일.

198 대통령, 국무총리, 국정원장, 비서실장 등 NSC 주요 맴버들이 군 복무하지 않았다.

199 "천안함 사건 조사한 장군 입 열다 … 오병흥 전 합참 전비태세검열차장", 《조선일보》, 2016년 4월 11일. 오 장군은 천암함 피격은 몇 달 전 대청해전에서 피해가 컸던 북한의 보복으로 판단했다.

200 이상호, "천안함 사태로 드러난 정부 대응의 문제점과 향후 대책", 『정세와 정책』(세종연구소), 2010년 10월.

201 "전 대통령실장 임태희가 털어놓은 MB정부 對北 접촉 전말", 《월간조선》, 2013년 2월.

202 "천안함 때와 확 달라진 여론", 《조선일보》, 2010년 11월 29일.

203 천안함 폭침 당시 이명박 정부에 병역 미필자가 유난히 많았다. 즉, 이명박 대통령, 정운찬 총리, 김황식 감사원장, 원세훈 국정원장, 정정길 비서실장, 이만의 환경장관, 정종환 국토해양장관, 김성환 외교안보수석 등이다. "청와대 안보라인 '초토화' 위기", 《조선일보》, 2010년 12월 3일.

204 박휘락, "이명박 정부의 군 상부 지휘구조 개편 분석: 경과, 실패원인, 그리고 교훈", 『입법과 정책』 제4권 제2호(국회입법조사처, 2012. 12), 1-28쪽

205 조영길, "군지휘체계개편 바로 가고 있는가?", 『성우소식』, 86호(2011년 3월); 문정인, "국방개혁, 지휘구조 뒤흔들 때 아니다", 《중앙일보》, 2011년 3월 7일.

206 "한일 군사정보보호협정, 청와대가 비공개 통과 주도", 《조선일보》, 2012년 6월 29일; "반감 큰 한일협정, 막판 허둥지둥 연기", 《조선일보》, 2012년 6월 30일.

207 《조선일보》, 2012년 6월 29일.

208 박영준, "한국외교와 한일안보 관계의 변용, 1965-2015", 『일본비평』 12권, 159-162쪽.

209 이성환, "일본의 독도정책과 한일관계의 균열: 2012년 이명박 대통령의 독도 방문을 중심으로", 『한국정치외교사논총』, 36권 2호, 150-152쪽.

210 김장수는 한미연합사 부사령관, 육군참모총장, 국방부장관, 국회의원을 지냈다.

211 정상모, "박근혜 정권의 외교 · 안보 '무능'과 주도권 상실", 《미디어투데이》, 2014년 6월 5일.

212 김근식, "박근혜 정부의 대북정책: 신뢰의 빈곤과 원칙의 과잉", 『한반도 포커스』, 2015년 봄호(제31호), 35-41쪽.

213 "박근혜 전 대표 '대선 행보 본격화'", 《중앙일보》, 2006년 11월 3일.

214 그랙 스칼라튜, "김정은의 끝없는 공포정치", 《자유아시아방송》, 2017년 1월 3일.

215 북한은 2016년 1월 6일 4차 핵실험, 2016년 9월 9일 5차 핵실험 등 박근혜 집권 기간 중 세 차례나 핵실험을 했다.

216 호사카 유지, "새 정부의 바람직한 대일정책", 『한반도포커스』, 2017년 봄호 (제39호) 21-31쪽.

217 "시진핑 방한의 성과와 과제: 일장중몽(一場中夢)과 흔들리지 않는 여론", 《이슈브리프》, 2014년 7월 14일.

218 신욱희, "일본군 위안부 피해자 문제 합의와 한일 관계의 양면 안보 딜레마", 『아시아리뷰』, 제9권 제1호, 2019년, 151-177쪽.

219 "[박근혜-시진핑 4년 애증] 냉 · 온탕 오간 한중 외교관계", 《시사위크》, 2016년 9월 6일.

220 "문재인, '박 대통령의 중 전승절 행사 참석' 공식 권유", 《한겨레신문》, 2015년 8월 17일.

221 《한국경제》, 2014년 3월 29일.

222 정창열, "2015年 목함지뢰 사건을 복기(復棋)하다", 《DailyNK》, 2022년 월 3일.

223 "시진핑, 黃총리 면담서 "北의 核병진노선 인정 안해", 《조선일보》, 2016년 6월 30일.

224 "사드 한반도 배치 공식 발표… 지역 이르면 7월 확정", 《문화일보》, 2016년 7월 8일.

225 "중 외교부 간부 '한국 사드 배치땐 단교 버금가는 조치'", 《한겨레신문》, 2017년 1월 5일.

226 "中 당기관지 '사드 배치 한국과 準단교 불사'…환추스바오 '롯데 · 한국 벌해야'", 《뉴시스》, 2017년 2월 28일.

227 "中 '성주 타격' 도넘는 협박…한미, 사드 조기배치 '맞불'", 《연합뉴스》, 2017년 3월 1일.

228 "문 대통령 6 · 15 남북정상회담 17주년 기념식 축사", 《한겨레신문》, 2017년 6월 15일.

229 "北 김정은 '문재인 집권 기간이 절호의 기회… 美와 평화협정 체결하라'", 《조선일보》, 2017년 7월 19일.

230 "미 항모 3척 한반도 해역 공동훈련…북 겨냥 무력시위", 《연합뉴스》, 2017년 11월 9일.

231 "실패한 비핵화 사기극", 《월간조선》, 2020년 2월호.

232 "우드워드 신간 '격노'에 그려진 文대통령…결정적 순간들", 《동아일보》, 2020년 9월 16일.

233 "South Korea's Moon Becomes Kim Jong Un's Top Spokesman at UN", Bloomberg (September 26, 2018).

234 "문재인 대통령 6·12 북미 정상회담 관련 입장문", 《뉴시스》, 2018년 6

월 12일.

235 Bob Woodward, *Rage*, New York: Simon & Schuster, 2020, p. 175.

236 앞의 책, p. 172.

237 "제73차 유엔 총회 기조연설," 청와대, 2018년 9월 26일.

238 "흔들리는 한미동맹과 우리의 안보", 아산정책연구원 『이슈브리프』(2022. 01. 20), 12쪽.

239 이춘근, "미·북 평화협정의 함정", 『미래한국』, 2016년 6월 20일.

240 김충남, 『한국의 10대 리스크』, 183쪽.

241 형혁규, "'국방개혁 2.0'의 평가와 향후과제," 국회입법조사처 현안분석, 2020년 2월 6일,

242 김충남, 『한국의 10대 리스크』, 215-217쪽.

243 "'대한민국수호예비역장성단' 출범 … 9·19군사합의 폐기해야", 《연합통신》, 2019년 1월 30일.

244 Woodward, *Rage*, pp. 179 and 181.

245 Carol Leonnig and Philip Rucker, *I Alone Can Fix It*, New York: Random House, 2021, pp. 503-504.

246 2022년 8월 10일 중국 외교부는 정례 브리핑에서 "한국 정부는 대외적으로 '3불(不) 1한(限)'의 정치적 선서를 정식으로 했다"며 윤석열 정부도 준수할 것을 촉구했다. 중국이 사드를 추가 배치하지 않고, 미국의 미사일방어(MD) 체계에 참여하지 않으며, 한미일 군사동맹을 맺지 않는다는 3불 외에 이미 배치된 사드 운용을 제한하기로 약속했다는 점을 처음으로 밝힌 바 있다.

247 "에스퍼 회고록 '文정부 사드 방치, 동맹 대하는 태도냐 항의했다'", 《조선일보》, 2022년 6월 30일.

248 “美국방 ‘성주 사드기지 방치, 동맹으로 용납 못할 일’”,《조선일보》, 2021년 3월 26일.

249 “美당국자 ‘한국 지소미아 결정, 우리에게 알려준 것과 정반대…문재인 정부 집단안보 약속에 근본 의문’”,《한국경제》, 2019년 8월 23일.

250 “‘싱가포르 환상’ 벗어나 4년 만에 궤도 찾은 韓 · 美 안보 체계”,《조선일보》, 2022년 5월 23일.

251 “반도체 배터리 원전 3각협력… 韓美, 테크 · 에너지까지 힘합쳐”,《조선일보》, 2022년 5월 22일.

252 “유엔 중국대사의 ‘전쟁’ 발언 유감스럽다”,《중앙일보》, 2022년 5월 30일.

253 “윤 대통령 나토 정상회의 참석 · 한미일 정상회담 개최 의미”, 대한민국 정책브리핑(www.korea.kr).

254 “중국이 바라는 한미 · 한중관계… 왕이 ‘5개 요구’에 담겼다”,《동아일보》, 2022년 8월 10일.

255 “대통령실 ‘사드 이달 말 정상화… 中과 협의대상 될 수 없다’”,《조선일보》, 2022년 8월 12일.

256 이춘근,『미중 패권 경쟁과 한국의 전략』, 김앤김북스, 2016, 312-315쪽.

257 “김정은 남벌 야망, 꿈 아닌 현실… 핵공격 위협에 美 참전 주저할 수도”,《조선일보》, 2022년 6월 5일.

258 앞의 자료.

한국국방안보포럼(KODEF)은 21세기 국방정론을 발전시키고 국가안보에 대한 미래 전략적 대안을 제시하기 위해 뜻있는 군·정치·언론·법조·경제·문화 마니아 집단이 만든 사단법인입니다. 온·오프라인을 통해 국방정책을 논의하고, 국방정책에 관한 조사·연구·자문·지원 활동을 하고 있으며, 국방 관련 단체 및 기관과 공조하여 국방 교육 자료를 개발하고 안보의식을 고양하는 사업을 하고 있습니다. http://www.kodef.net

| KODEF 안보총서 116 |

대통령의 안보리더십

1948-2022 : 역사의 검증, 우리의 교훈

초판 1쇄 인쇄 | 2022년 9월 27일
초판 1쇄 발행 | 2022년 10월 4일

지은이 | 김충남
펴낸이 | 김세영

펴낸곳 | 도서출판 플래닛미디어
주소 | 04029 서울시 마포구 잔다리로 71 아내뜨빌딩 502호
전화 | 02-3143-3366
팩스 | 02-3143-3360
블로그 | http://blog.naver.com/planetmedia7
이메일 | webmaster@planetmedia.co.kr
출판등록 | 2005년 9월 12일 제313-2005-000197호

ISBN | 979-11-87822-69-1 03390